D1701669

Paul Fingerhut

Schieferdächer

Altdeutsche Deckungen
Bogenschnittdeckung und Schuppendeckung
Rechteckdoppeldeckung

5., aktualisierte Auflage

Rudolf Müller

Die Deutsche Bibliothek – CIP-Einheitsaufnahme

Fingerhut, Paul:
Schieferdächer :
Altdeutsche Deckungen, Bogenschnittdeckung und Schuppendeckung,
Rechteckdoppeldeckung /
Paul Fingerhut. –
5., akt. Aufl. –
Köln : Müller, 2000

ISBN 3-481-01735-9

NE: HST

ISBN 3-481-01735-9

© Verlagsgesellschaft Rudolf Müller GmbH & Co. KG, Köln 2000
Alle Rechte vorbehalten
Fotos und Zeichnungen vom Verfasser
Lektorat: Dr. Ina Germes-Dohmen, Kempen
Umschlaggestaltung: Büro für Design Hattab/Lörzer, Köln
Satz: Medienhaus Froitzheim AG, Bonn, Berlin
Druck: Media-Print Informationstechnologie GmbH, Paderborn
Printed in Germany

Das vorliegende Buch wurde auf umweltfreundlichem Papier
aus chlorfrei gebleichtem Zellstoff gedruckt.

Inhaltsverzeichnis

Vorwort		9
Konturen		10

**Teil I   Altdeutsche Deckungen
Bogenschnittdeckung
Schuppendeckung**

1	**Dachsysteme**	13
1.1	Belüftete Schieferdächer	13
1.1.1	Normbedingungen	14
1.2	Unbelüftete Schieferdächer	16
1.3	Althausdächer	16
2	**Funktionen**	18
2.1	Regensicher	18
2.1.1	Schlagregensicher	18
2.2	Wasserdicht	18
2.3	Schneedicht	18
2.4	Sturmsicher	20
3	**Dachneigung**	21
3.1	Mindestdachneigung	21
3.1.1	Relationen	21
3.1.2	Bemessungskriterien	21
4	**Konstruktionsbedingte Schwachstellen**	23
5	**Schalung**	26
5.1	Anforderungen	26
5.1.1	Abmessungen	26
5.1.2	Baumkanten	26
5.1.3	Äste	26
5.1.4	Holzfeuchte	27
5.1.5	Holzschutz	27
5.1.6	Verlegung	27
5.1.7	Altdacherneuerung	27
6	**Vordeckung**	29
6.1	Vordeckbahnen	29
6.1.1	Diffusionsoffene Vordeckbahnen	29
6.1.2	Bitumendachbahnen	29
6.2	Anwendungstechnik	29
7	**Schiefersortierung**	30
7.1	Decksteine	30
7.1.1	Decksteinproportionen	30
7.2	Rohschiefer für Zubehörformate	31
7.3	Steindicke	31
7.4	Werkstoffaufwand	32
8	**Deckstein**	33
9	**Zurichten und Sortieren**	35
9.1	Behauen und Lochen	36
9.1.1	Hieb von oben, Hieb von unten	36
9.1.2	Behauen »auf Lager«	36
9.1.3	Hiebfolge beim Deckstein	37
9.1.4	Lochen	38
9.2	Sortieren	38
10	**Wahl der Decksteingrößen**	40
11	**Deckrichtung**	41
12	**Überdeckung**	42
12.1	Seitenüberdeckung	42
12.2	Höhenüberdeckung	43
12.2.1	Mindesthöhenüberdeckung	44
12.2.2	Drittelüberdeckung	44
12.3	Fersenversatz	44
13	**Gebindesteigung**	46
13.1	Mindestgebindesteigung	46
13.2	Höchstgebindesteigung	46
14	**Steinbefestigung**	48
15	**Traufe und Fußgebinde**	49
15.1	Vorgehängte Dachrinnen	49
15.2	Aufliegende Dachrinnen	50
15.2.1	Liegerinnen	50
15.2.2	Sonderformen	51
15.3	Fußgebinde	52
16	**Giebelortgang**	54
16.1	Anfangort	54
16.2	Endort als Doppelort	57
16.3	Endort als Endstichort	59
17	**Grat**	60
17.1	Anfangort am Grat	60
17.1.1	Stehendes Anfangort	62
17.2	Endort am Grat	63
17.3	Aufgelegtes Ort	65
18	**Übersetzungen**	67
19	**First**	70
20	**Dachknick**	71
20.1	Dachknick mit Gesims	71
20.2	Dachknick ohne Gesims	72
21	**Grundbegriffe der Kehlendeckung**	73
21.1	Deckrichtung	73
22	**Kehlsparrenneigung**	74

23	**Kehlsteinformate**	76	33.5.3	Kehlgebindeanschluss mit Wasserstein und Schwärmer	122
24	**Überdeckung der Kehlgebinde**	78	33.6	Wangenbekleidung	122
24.1	Höhenüberdeckung	78	**34**	**Wandanschluss**	**124**
24.2	Seitenüberdeckung	78	34.1	Seitlicher Anschluss durch Wandkehle	125
25	**Kehlschalung**	79	34.2	Seitlicher Anschluss mit unterliegenden Schichtstücken	126
25.1	Hauptkehlen	80	34.3	Seitlicher Anschluss mit unterliegenden Anschlussblechen	126
25.2	Wangenkehlen	80	34.4	Stirnflächenanschluss	127
25.3	Wandkehlen	80	34.4.1	Stirnflächenanschluss mit aufliegenden Anschlussblechen	127
26	**Verlegen der Kehlsteine**	81	34.4.2	Stirnflächenanschluss durch Ankehlung	128
26.1	Lager der Kehlsteine	81			
27	**Kehlanschlusssteine**	83	**35**	**Flachdachgaube**	**129**
27.1	Wasserstein	83	35.1	Metalldeckung	129
27.2	Einfäller	84	35.2	Dachabdichtung	130
27.3	Schwärmer	86	**36**	**Schleppgaube**	**131**
27.4	Wasserstein und Schwärmer	88	36.1	Schleppdach	131
28	**Linke Kehle**	90	36.2	Wangenkehlen	133
28.1	Unregelmäßiger Kehlverband	90	36.3	Abgewalmte Schleppgaube	134
28.2	Regelmäßiger Kehlverband	94	**37**	**Geschweifte Schleppgaube**	**135**
29	**Rechte Kehle**	96	37.1	Gaubendach	135
29.1	Einfällerkehle ohne Schwärmer	97	37.2	Wangen	137
29.1.1	Arbeitsablauf	97	**38**	**Sattelgaube**	**139**
29.2	Kehlgebindeanfang mit Wasserstein	100	**39**	**Spitzgaube**	**141**
29.2.1	Kehlgebindeanfang mit Wasserstein und Endortstein	101	**40**	**Fledermausgaube**	**142**
29.3	Kehlgebindeanschluss mit Wasserstein und Schwärmer	101	40.1	Rahmenbedingungen	142
			40.1.1	Stirnbogenlinie	143
30	**Versetzte Kehle**	104	40.2	Deckung	143
31	**Herzkehle**	108	40.2.1	Eingehende Deckung	144
31.1	Einteilung und Schnürung	108	40.2.2	Ausgehende Deckung	144
32	**Eingehende Wangenkehle**	111	**41**	**Schornsteinkopf**	**147**
32.1	Kragengebinde	113	**42**	**Wohnraumdachfenster**	**148**
32.1.1	Ausgehendes Kragengebinde	113	42.1	Eindeckung	148
32.1.2	Eingehendes Kragengebinde	114	**43**	**Dachhaken**	**149**
32.1.3	Metallabdeckung des Kragens	114	43.1	Einbau und Eindeckung	149
32.2	Wangenbekleidung	115	43.1.1	Einbau auf Unterlagsblech	149
33	**Ausgehende Wangenkehle**	116	43.1.2	Einbau auf Rastnagel	150
33.1	Kehlschalung	116	43.1.3	Einbau von Schneefangstützen	151
33.2	Kehlgebindesteigung	118	**44**	**Pfostenbekleidung**	**152**
33.3	Einteilung und Schnürung	118			
33.4	Kehlgebindeanschluss mit Schwärmer	120	**45**	**Altdeutsche Doppeldeckung**	**153**
33.5	Kehlgebindeanschluss mit Kehlanschlusssteinen	121	45.1	Anforderungen	153
33.5.1	Regelmäßiger Kehlgebindeanschluss	121			
33.5.2	Durchgedeckter Kehlgebindeanschluss	121			

46	**Bogenschnittdeckung**	156	**4**	**Überdeckung und Verband** ... 169
46.1	Anwendungstechnik	157	4.1	Überdeckung ... 169
46.1.1	Dachneigung	157	4.2	Halbverband ... 169
46.1.2	Deckrichtung	157	4.3	Arbeitsvorbereitung ... 170
46.1.3	Seitenüberdeckung	157	**5**	**Steinbefestigung** ... 171
46.1.4	Höhenüberdeckung	157	**6**	**Giebelortgang** ... 172
46.1.5	Fußgebinde	157	**7**	**Grat** ... 174
46.1.6	Giebelortgang	158	7.1	Aufgelegte Gratdeckung ... 174
46.1.7	Kehlen	158	7.2	Gratdeckung mit stehenden Ortsteinen ... 174
47	**Schuppendeckung**	159	7.3	Gratdeckung mit Nocken ... 176
			8	**Kehle** ... 180
			8.1	Untergelegte (durchgehende) Blechkehle ... 180
			8.2	Nockenkehle ... 182

Teil II Rechteckdoppeldeckung

1	**Konturen**	163
2	**Dachneigung und Unterdach**	164
2.1	Unterdachsysteme	164
2.1.1	Traufe	167
2.1.2	Ortgang	167
2.1.3	Wandanschluss	167
2.1.4	First	167
3	**Unterlage**	168
3.1	Lattung	168

Anhang

Anhang 1: Dachreparatur ... 183

Anhang 2: Leistungsbeschreibung ... 185

Anhang 3: Fachwortverzeichnis ... 186

Anhang 4: Literatur ... 197

Anhang 5: Stichwortverzeichnis ... 199

Vorwort

Das vorliegende Buch definiert die Technik und Gestaltung der Schieferdeckung aus der Perspektive des Dachdeckerhandwerks. Belange der Dacharchitektur sind ebenso angesprochen wie die schieferdachgerechte Detaillierung der Unterkonstruktion. Grundlage des Buches sind die Fachregeln des Dachdeckerhandwerks.

Die positive Aufnahme der bisherigen Auflagen bei Architekten und Dachdeckern hat dazu veranlasst, den Stoff neu zu bearbeiten, zu ergänzen und durch mehr Bilder und Skizzen zu illustrieren.

Neu aufgenommen wurde nach der Bogenschnittdeckung nun auch die Schuppendeckung. Auch diese rationelle und wirtschaftliche Schieferdeckungsart ist der Altdeutschen Deckung ähnlich und Bestandteil der Fachregeln des Dachdeckerhandwerks.

Ein Fachwortverzeichnis mit Kurzinformationen zu den unterschiedlichen Schieferdeckungsarten erleichtert die Definition und eindeutige Anwendung der dem Schieferdach zugeordneten Begriffe.

Tüchtige Dachdecker schufen durch ihre handwerkliche Leistung die Voraussetzung für die fotografische Dokumentation dieses Buches. Ich bedanke mich bei allen Firmen, die dafür ihre Dachbaustellen und ihren Rat uneigennützig zur Verfügung stellten.

Bei der Wertung der Bildbeispiele ist zu bedenken, dass eine nach funktionsorientierten Regeln fachgerecht ausgeführte Schieferdeckung sowohl individuell bevorzugte Ausführungsvarianten wie auch regional überlieferte Stilarten zulässt. Das gilt auch für die zeichnerischen Darstellungen dieses Buches. Diese sind nicht unbedingt maßstäblich und berücksichtigen aus Gründen der rationellen Strichführung auch nicht den Fersendurchhang der einzelnen Schiefer.

Nachdrücklich sei darauf hingewiesen, dass die abgebildeten Schieferdeckungen keine konstruierten Lehrmodelle sind und auch die übrigen Illustrationen keinen Anspruch auf Perfektion erheben. Zwischen Theorie und Praxis steht die bekannte Tatsache, dass niemand perfekt ist.

Mögen Hinweise und Bildbeispiele dieses Buches Architekten und Dachdecker dahin gehend stimulieren, dass Dächer unsere Umwelt gestalten. Wünschen wir uns, dass wir uns auch morgen noch zu den Bauleistungen von heute bekennen.

Paul Fingerhut
Dachdeckermeister

Hagen, im Juni 2000

Konturen

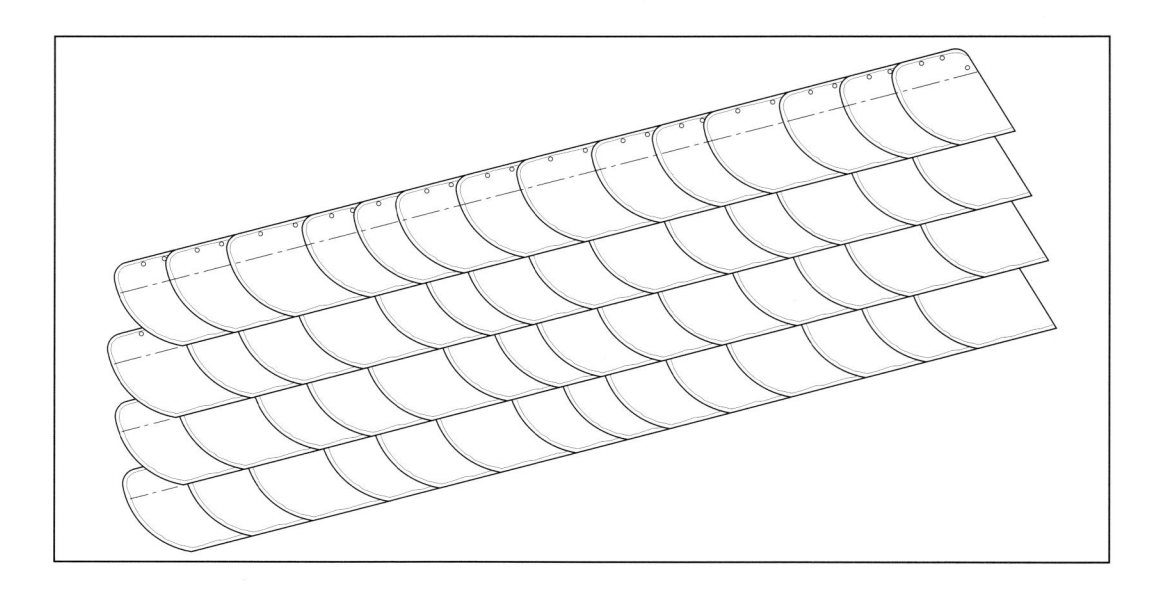

0.1 Die Altdeutsche Deckung ist ein Steinverband aus unterschiedlich hohen und unterschiedlich breiten Decksteinen. Diese sind in schräg ansteigenden, zwischen Traufe und First in der Höhe abnehmenden Gebinden verlegt. Die seitlichen Dachkanten haben eingebundene Anfang- oder Endorte; die Kehlen sind mit Schiefer gedeckt.

0.2 Die Altdeutsche Doppeldeckung hat ähnliche Konturen und die gleiche Anwendungstechnik wie eine normale Altdeutsche Deckung. Der spezifische Unterschied besteht in der größeren Höhenüberdeckung der Decksteine für Doppeldeckung von mehr als der halben Decksteinhöhe.

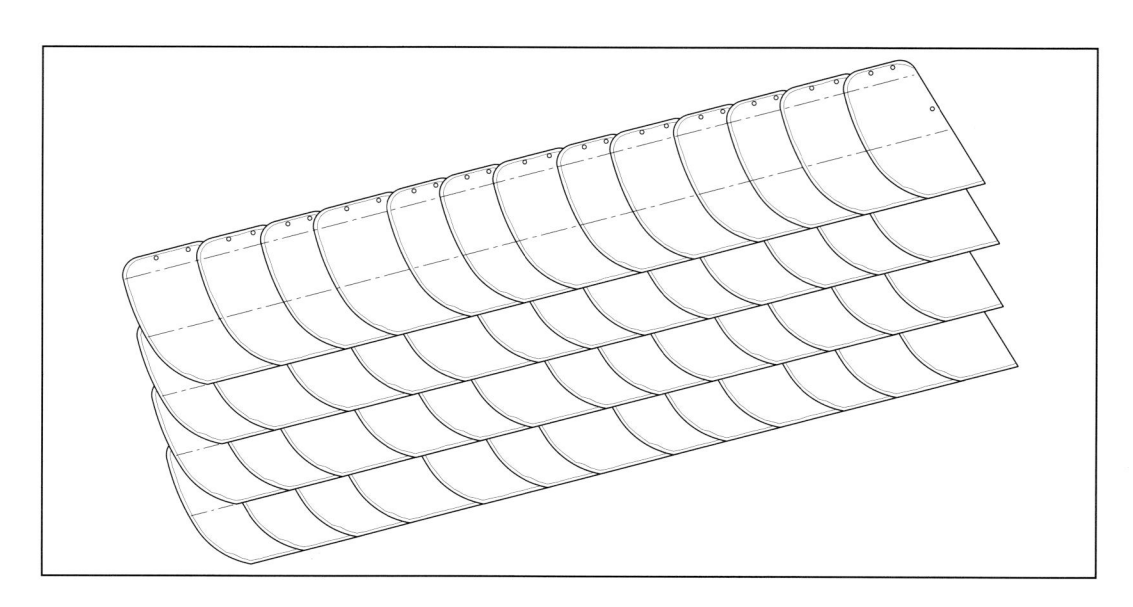

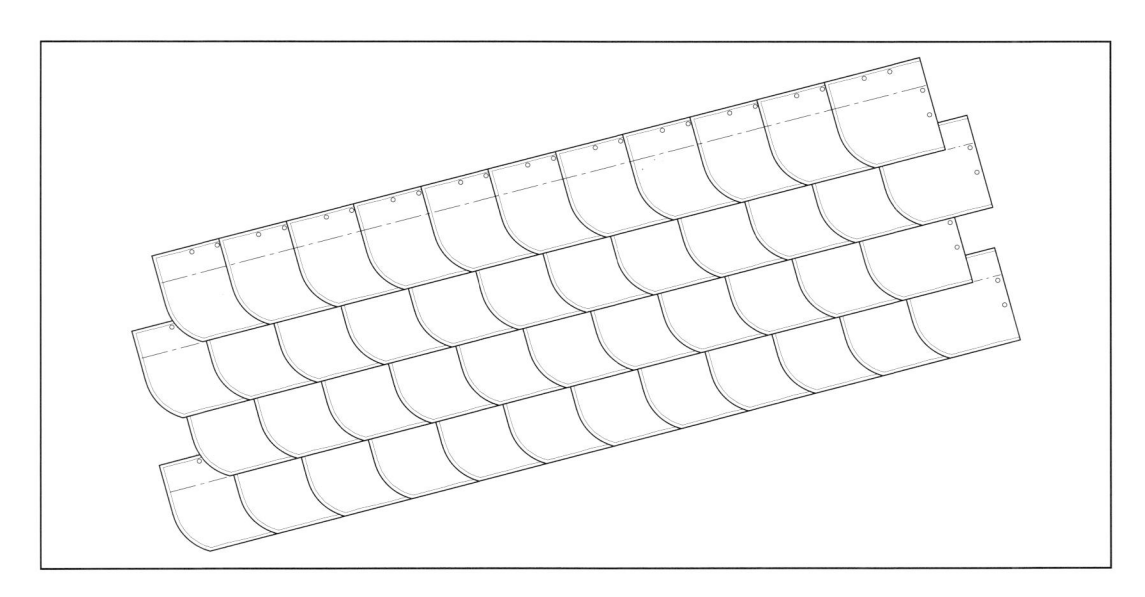

0.3 Die Bogenschnittdeckung besteht aus quadratförmigen, innerhalb einer Handelsgröße kongruenten Bogenschnittschablonen. Diese haben an einer Seite eine dem Deckstein für Altdeutsche Deckung ähnliche bogenförmige Kante, den Bogenschnitt. Auf der einzelnen Dachfläche sind alle Bogenschnittschablonen gleich groß.

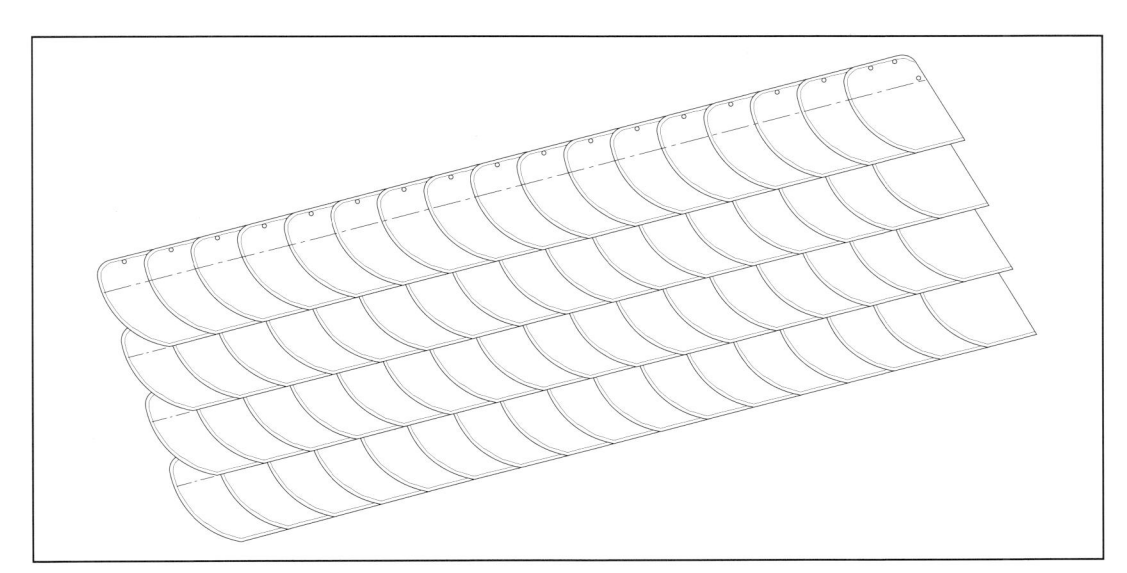

0.4 Die Schuppendeckung besteht aus decksteinähnlichen, innerhalb einer Handelsgröße kongruenten Schiefern, den so genannten Schuppen. Die Konstruktionsparameter einer Schuppe entsprechen denen eines im normalen Hieb zugerichteten Decksteins für Altdeutsche Deckung. Auf der einzelnen Dachfläche sind alle Schuppen gleich groß.

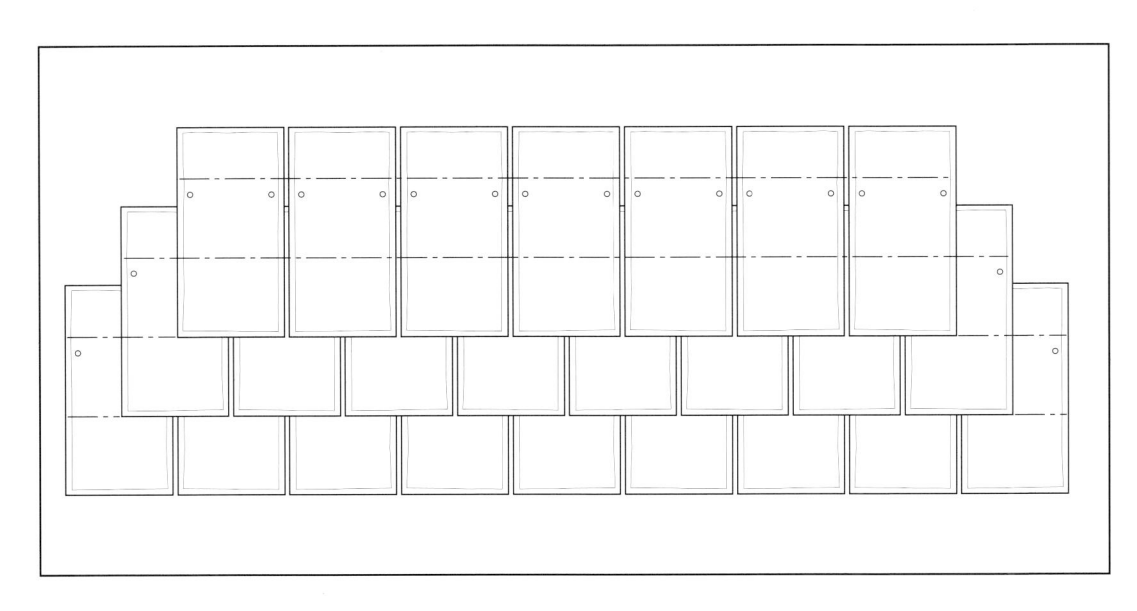

0.5 Bei der klassischen Rechteckdoppeldeckung sind die innerhalb einer Handelsgröße kongruent zugeschnittenen rechteckigen oder ähnlichen Schiefer in der Höhe mehr als die halbe Steinhöhe überdeckt. Typisch für das Deckungsbild ist die Anordnung der Schiefer im Halbverband mit seitlichem Versatz der Langfugen um eine halbe Steinbreite.

Teil I
Altdeutsche Deckungen
Bogenschnittdeckung, Schuppendeckung

0.6 Gealterte Schieferdeckung in Marburg (Lahn)

1 Dachsysteme

1.1 Historisches Beispiel eines belüfteten Schieferdaches über einem nicht ausgebauten Dachraum.

Schieferdächer können als belüftete oder unbelüftete Konstruktion erstellt werden.
Beide Dachsysteme sind bei bauphysikalisch richtiger Planung und handwerklich fehlerfreier Herstellung gleichermaßen funktionssicher.
Die größtmögliche Funktionssicherheit sowohl des belüfteten wie auch des unbelüfteten Daches wird durch schlichte, ausreichend steile Dachflächen und durch Verzicht auf komplizierte Dachverschneidungen erreicht.

1.1 Belüftete Schieferdächer

Kennzeichen des belüfteten Daches ist der zwischen Wärmedämmung und Dachschalung befindliche, an die Außenluft angeschlossene Lüftungsraum. Dieser kann ein nicht ausgebauter Dachraum oder eine Luftschicht in den Sparrenfeldern sein.
Im Lüftungsraum soll der aus dem Gebäude in das Dach eindringende Wasserdampf ins Freie abgeführt werden. Die dafür erforderliche Strömungsmechanik wird durch den thermischen Auftrieb der sich im Lüftungsraum erwärmenden Luft bewirkt. Zeitweilig ist auch Windanströmung des Daches mitwirkend.
Entspricht die Dachlüftung nicht den Anforderungen, kann im Lüftungsraum die Luftfeuchtigkeit derart ansteigen, dass an Abkühlungsflächen Tauwasser entsteht. Mögliche Folgen sind:

- Pilzbefall an Tragwerkhölzern und Dachschalung.
- Tauwasserbildung im Dämmstoff. Dadurch erhöhte Wärmeleitfähigkeit der Wärmedämmschicht und erhöhter k-Wert der Dachinnenschale. Wasser ist fünfundzwanzigmal wärmeleitfähiger als Luft.

Die Dachlüftung wird durch folgende Risikofaktoren belastet:
- Hohe Einbaufeuchte der Baustoffe,
- geringe Dachneigung und/oder lange Lüftungswege,
- verschachtelte Dächer mit Gauben, Kehlen, Grabenrinnen, lüftungsschwachen oder abgeschotteten Dachhohlräumen,

- unzureichende Lüftungsquerschnitte in den Sparrenfeldern,
- höhere Nachbarbebauung,
- Küchen und Bäder unter Dachschrägen.

1.1.1 Normbedingungen

Bei belüfteten Dächern mit ausreichendem Wärmeschutz und normalem Wohnraumklima ist im Dachquerschnitt schadensursächliche Tauwasserbildung nicht zu erwarten, wenn Dachsysteme den Normbedingungen DIN 4108 und den Vorgaben des Dachdeckerhandwerks [3] entsprechen. Es ist zu beachten:

(1) Freier Lüftungsquerschnitt über der Wärmedämmschicht mindestens 200 cm²/m beziehungsweise Abstand zwischen Wärmedämmschicht und Dachschalung, senkrecht zur Strömungsrichtung gemessen, mindestens 2 cm.

Da der Lüftungsquerschnitt möglicherweise durch baustellenübliche Maßtoleranzen, ungenaue Handwerksarbeit oder durch eingezwängte Dämmstoffe reduziert wird, sollten Luftschichten mindestens 4 cm hoch geplant werden.

Ist eine funktionsbeständige Lüftung über der Wärmedämmung, zum Beispiel wegen verschachtelter Dachform oder Ausfachung der Sparrenfelder mit Dämmstoff in zeitgemäßer Dicke, nicht zu gewährleisten, muss das Dach als unbelüftetes Dachsystem ausgebildet werden.

(2) Freier Lüftungsquerschnitt an den Traufen mindestens 2 ‰ der zur jeweiligen Traufe zugehörigen geneigten Dachfläche, jedoch mindestens 200 cm² je m Traufe.

Eine längs der Traufe, hinter der Dachrinne angeordnete Spaltlüftung ist effizienter als mehrere Einzellüfter, zumal solche nicht flugschneesicher sind und bei aufliegender Schneedecke ausfallen. Bei der Planung der Spaltlüftung müssen reduzierende Sparrenquerschnitte und Insektenschutzgitter berücksichtigt werden.

Zuluftöffnungen (Einzellüfter) neben Schieferkehlen sind riskant und optisch meistens unerwünscht. Soll bei einem Dach mit Luftschicht über der Wärmedämmung auf Zuluftöffnungen neben der Schieferkehle verzichtet werden, muss unter der gesamten Dachfläche auf der Raumseite der Wärmedämmung eine Dampfsperre mit $S_d \geq 100$ m verlegt und die Vordeckung mit diffusionsoffenen Bahnen ausgeführt werden.

(3) Lüftungsöffnung am First oder Grat mindestens 0,5 ‰ der gesamten dazugehörigen geneigten Dachfläche.

Bei belüfteten Schieferdächern müssen Lüftungsöffnungen, außer am First, auch entlang der Grate und an den Hochpunkten aller lüftungsschwachen oder abgeschotteten Dachhohlräume oder Dachschrägen eingebaut werden. Bei am First angrenzenden Wandflächen ist ein entlüfteter Wandanschluss zweckmäßig.

Am First oder Grat sind Lüftungsöffnungen nicht erforderlich, wenn zur Vordeckung des gesamten Daches diffusionsoffene Bahnen verwendet werden und unter der gesamten Dachfläche auf der Raumseite der Wärmedämmung eine Dampfsperre mit $S_d \geq 100$ m verlegt wird.

Anmerkungen: Das Formelzeichen S_d ist ein feuchteschutztechnischer Kennwert. Es bezeichnet den Widerstand einer Bauteilschicht gegen Wasserdampfdiffusion im Vergleich zu einer ebenso dicken Luftschicht. Der so genannte S_d-Wert ist das Produkt aus der dimensionslosen Wasserdampf-Diffusionswiderstandszahl [µ] und der Dicke der jeweiligen Stoffschicht [m].

- Bei Abweichungen von den in DIN 4108 definierten Regelkonstruktionen und Normbedingungen muss die Unbedenklichkeit des geplanten Dachsystems in Bezug auf schädliche Tauwasserbildung rechnerisch nachgewiesen werden.

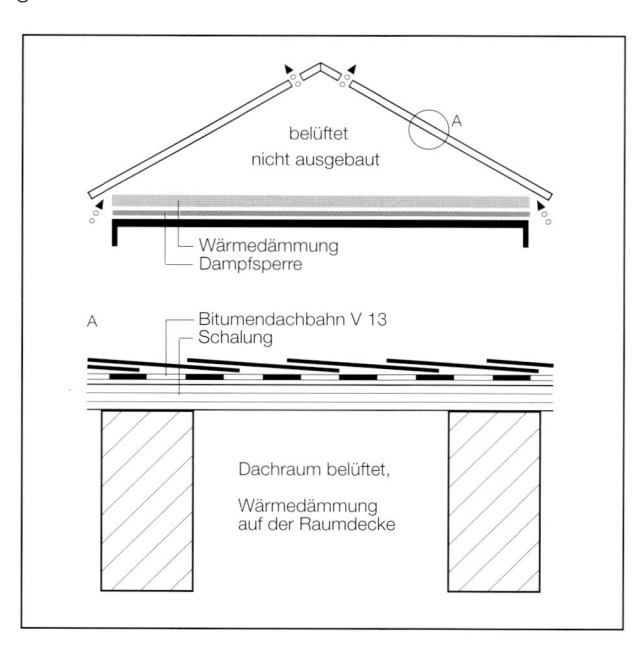

1.2 Belüftetes Schieferdach über einem nicht ausgebauten Dachraum. Oberste Raumdecke aus Stahlbeton. Bei normalem Raumklima ein wärme- und feuchteschutztechnisch problemloses Dachsystem. Eine Dampfsperre mit geringem Sperrwert auf der obersten Raumdecke verhindert während der Rohbautrocknung eine schädliche Tauwasserbildung im Dämmstoff und an Dachbauteilen. Diffusionsoffene Mineralfaserdämmung zweilagig mit Fugenversatz.

1 *Dachsysteme* 15

1.3 Belüftetes Schieferdach über einem ausgebauten Dachraum von Gebäuden mit normalem Raumklima. Schnitt A zeigt den Aufbau der belüfteten Dachschräge. Dieses Dachsystem ist funktionsfähig, wenn die Hinterlüftung der gesamten Dachfläche gewährleistet ist. Andernfalls Aufbauvorschlag gemäß Bild 1.4.

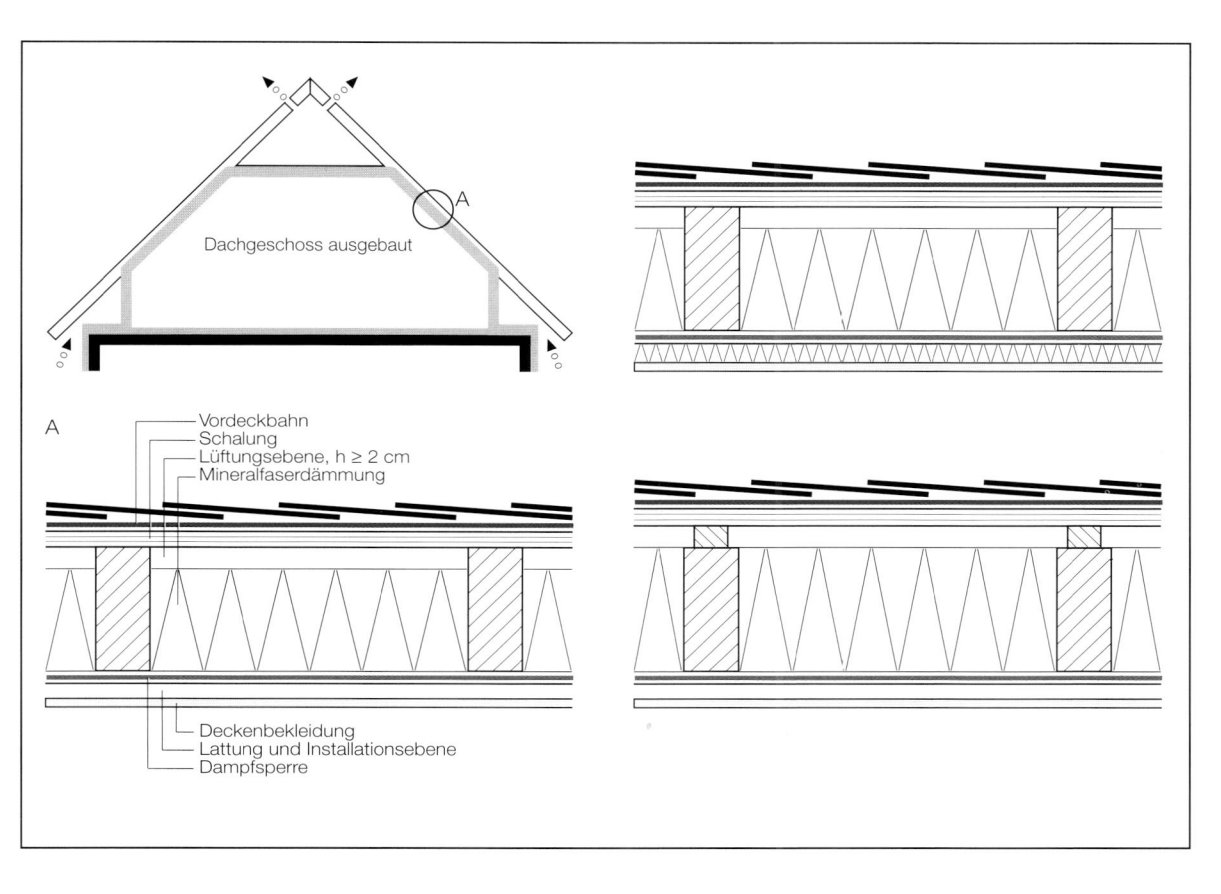

Dachgeschoss ausgebaut

A
- Vordeckbahn
- Schalung
- Lüftungsebene, h ≥ 2 cm
- Mineralfaserdämmung

- Deckenbekleidung
- Lattung und Installationsebene
- Dampfsperre

(4) Luftdichtheitsschicht

Offene Fugen, Risse oder Aussparungen in der Deckenbekleidung sind schadensursächliche Wasserdampfschleusen. Durch diese können Wärme und Feuchtigkeit der Raumluft in den Lüftungsraum entweichen und dort kondensieren. Über eine 1 mm breite und 1 m lange Fuge geht über achtmal so viel Wärme verloren wie durch 1 m² wärmegedämmte Dachfläche bei 140 mm Dämmstoffdicke.

- Bei Deckenbekleidungen mit luftdurchlässigen Element- oder Anschlussfugen (Paneele, Profilbretter mit Nut und Feder) muss unter der gesamten Dachfläche an der Raumseite der Wärmedämmung eine Luftdichtheitsschicht aus dafür geeigneten Bahnen verlegt werden. Spezifizierte Vorgaben in [3]. Die Luftdichtheitsschicht verhindert Feuchteschäden durch Konvektion sowie Wärmeverluste durch Luftaustausch.

Die Funktionen und Anwendungstechnik einer Luftdichtheitsschicht (Luft- und Windsperre) und einer Dampfsperre sind identisch, so dass diese Schichten nachfolgend kurz »Dampfsperre« genannt werden.
Für die Dampfsperre werden spezielle Kunststoffbahnen mit einem S_d-Wert bis über 100 m angeboten. Die Bahnen sind verarbeitungsfreundlich und können auch in engen Bereichen des Dachgeschosses, Ecken und Winkeln perforationssicher verlegt werden. Die Überlappungen der Dampfsperrbahnen müssen mit bahnenverträglichen Klebebändern abgedichtet werden. Luftdichte Anschlüsse der Dampfsperrbahnen an Wände, Wohnraumdachfenster, Schornsteine oder Dunstrohre werden mit vorkomprimierten Dichtbändern hergestellt.
Zur Herstellung eines luft- und wasserdampfdichten Anschlusses der Dampfsperrbahnen an ebene Wandflächen werden die davor umgeschlagenen, mit einem vorkomprimierten Dichtband hinterlegten Bahnen mittels Latte gegen die Wand gepresst. Unebenes Rohbaumauerwerk sollte im Bereich des Dampfsperrenanschlusses streifenbreit vorgeputzt werden.
An Raumecken, Schornsteindurchgängen oder Wohnraumdachfenstern sollten die Dampfsperrbahnen möglichst nicht durch Scherenschnitte, sondern durch Quetschfalten angearbeitet werden. Offene Scherenschnitte müssen mit bahnenverträglichen Klebebändern geschlossen werden. Für den An-

schluss der Dampfsperrbahnen an Wohnraumdachfenster empfehlen sich vorgefertigte Ecken oder Kragen.

Die Dampfsperre darf durch Innenausbauarbeiten nicht beschädigt werden. Zweckdienlich ist eine auf der Raumseite der Dampfsperre durch Abstandlattung hergestellte Installationsebene. Elektroleitungen, Steckdosen und Rohre sollten möglichst vor dem Verlegen der Dampfsperrbahnen, spätestens vor dem Anbringen der Deckenbekleidung, verlegt und montiert werden. Spätere Installationsdurchgänge hinterlassen in der Dampfsperre wärme- und feuchtigkeitsdurchlässige Spaltöffnungen.

Fugenlose Deckenbekleidungen, zum Beispiel aus Innenputz oder Gipskartonplatten mit verspachtelten Fugen, sind zwar luftundurchlässig, sie unterbinden aber nicht die Wasserdampfdiffusion von innen nach außen. Auch durch Diffusion, besonders von Küchen und Bädern im Dachgeschoss ausgehend, kann Feuchte in den Dachaufbau gelangen. Deshalb ist auch bei geputzten oder mit Gipskartonplatten bekleideten Decken oder Dachschrägen des Dachgeschosses eine auf den Einzelfall zu bemessende Dampfsperre erforderlich.

Polyethylen-Folien mit einer Dicke von 0,2 mm und einem S_d-Wert von 20 m sind bei geringen Anforderungen an die Sperrwirkung nur dann als Dampfsperre geeignet, wenn sie auch brandschutztechnischen Anforderungen genügen.

1.2 Unbelüftete Schieferdächer

Unbelüftete Schieferdächer sind einschalige Dachsysteme, bei denen die Hohlräume zwischen den Sparren meistens ganz mit Dämmstoff ausgefacht sind.

Als unbelüftetes Dach gelten auch Dachsysteme mit einer nicht durch Lüftungsöffnungen an die Außenluft angeschlossenen Luftschicht über der Wärmedämmung.

Unbelüftete geneigte Dächer funktionieren schadensfrei, wenn an der Raumseite der Wärmedämmung eine Dampfsperre mit $S_d \geq 100$ m und auf der Außenseite des Dachsystems diffusionsoffene Vordeckbahnen verlegt werden. Die Überlappungen der Dampfsperrbahnen und deren Anschlüsse an Wände und dachdurchdringende Teile müssen in der unter Ziffer (4), S. 15 beschriebenen Ausführung luftundurchlässig gedichtet werden. Versagt die Dampfsperre infolge undichter Fugen oder Anschlussverbindungen oder wird die eingebaute Dampfsperre durch nachgeholte Installationen beschädigt, entsteht eine für Bauschäden ursächliche Wasserdampffalle.

Folien aus Polyethylen, 0,2 mm dick, S_d 20 m, sind als Dampfsperre für unbelüftete Dächer ungeeignet.

Soll zwischen einer Vollsparrendämmung und einer darunter befindlichen Zusatzdämmung eine Dampfsperre mit $S_d \geq 100$ m verlegt werden, darf der Wärmedurchlasswiderstand der Zusatzdämmung höchstens 20 % des gesamten Wärmedurchlasswiderstandes der unter dem Lüftungsraum angeordneten Bauteilschichten betragen.

1.3 Althausdächer

Die luft- und wasserdampfdichte Verlegung der Dampfsperre auf der Raumseite eines hölzernen Dachtragwerks kann bei ausgebauten, bewohnten Dachräumen wegen der oft zahlreichen Dachverschneidungen, Kehlen und Gauben handwerkliche Probleme bereiten. Im Bereich schwer zugänglicher Ecken, Winkel, Abseiten sind luft- und

1.4 Unbelüftetes Schieferdach über einem ausgebauten Dachraum. Dampfsperre $S_d \geq 100$ m und diffusionsoffene Vordeckbahnen $S_d \leq 0,3$ m.

1.5 Belüftetes Schieferdach.

dampfdichte Anschlüsse der Dampfsperre an die in den Dachraum hineinragenden, vor- und rückspringenden Tragwerkhölzer handwerklich oft nicht möglich, zumindest äußerst aufwendig. Ebenso sind bei verschachtelten Althausdächern einzelne Dachknotenpunkte oder niedrige Engstellen mitunter vom Dachraum aus überhaupt nicht zugänglich. Meistens wird auch nur die Schieferdeckung erneuert, während Wand- und Deckenputz erhalten bleiben und die Sparrenunterseite zum Verlegen einer Dampfsperre nicht erreichbar ist.

Aus den genannten Gründen ist beim bewohnten Althausdach nicht nur ein unbelüftetes, sondern auch ein belüftetes Dachsystem oft problematisch, da bei verschachtelten Dachformen und komplizierten Dachstühlen eine an jeder Stelle des Daches durchgehend freie Belüftungsebene kaum zu realisieren ist.

Wenn bei bewohnten Althausdächern weder ein belüftetes noch unbelüftetes Dachsystem zuverlässig optimiert werden kann, ist die Vordeckung des Schieferdaches mit diffusionsoffenen Bahnen eine halbwegs praktikable Problemlösung. Denn: Versagt bei einer Vordeckung aus Bitumendachbahnen die Dampfsperre infolge durchlässiger Anschlussverbindungen, wird der im Dachaufbau eingesperrte Wasserdampf Tauwasserschäden verursachen.

2 Funktionen

Das Dach ist ein Funktionssystem. Es wird von außen durch Regen, Eis, Schnee, Wind und Temperaturextreme, vom Raum her durch Bau- und Nutzungsfeuchte beansprucht.
Um diesen Anforderungen entsprechen zu können, bestehen Dächer aus mehreren, in ihrer Funktion aufeinander abgestimmten Bauteilschichten und Werkstoffen. Eine dieser Bauteilschichten ist die Schieferdeckung.
Funktionen und Gewährleistungsumfang einer fachgerecht hergestellten Schieferdeckung sind nachstehend definiert.

2.1 Regensicher

Eine Schieferdeckung besteht aus kleinformatigen, ebenflächigen Steinen, die in der Höhe und seitlich überdecken und durch den schuppenförmigen Verband das Regenwasser von der Dachfläche ableiten.
Aus der Höhen- und Seitenüberdeckung der Schiefer resultieren durchgehend offene, in der Ebene des abfließenden Wassers liegende Überdeckungsfugen. Diese sind dem Wasser zugänglich und demzufolge Schwachstellen der Deckung.
- Bei zweckmäßiger Dachkonstruktion und fachgerechter Schieferdeckung ist gewährleistet, dass kein unter normalen Bedingungen traufwärts fließendes Wasser durch die Überdeckungsfugen nach innen eindringt. Das gilt auch für Kehlendeckungen und fachgerecht hergestellte Anschlüsse an Wandflächen oder Einbauteile.

Die sichere Ableitung des Regenwassers von geneigten Dächern wird in technischen Regeln mit »regensicher« bezeichnet.
Regensicherheit ist eine vom Dachdeckerhandwerk zugesicherte Eigenschaft fachgerecht hergestellter Dachdeckungen und wichtigster Bestandteil des Gewährleistungsumfanges.
Der Begriff »regensicher« relativiert den von Laien für Ansprüche an Dachdeckungen verwendeten Ausdruck »dicht« oder »wasserdicht«. Um Missverständnissen bei der Wertung von Gewährleistungsansprüchen vorzubeugen, wird nachstehend der Begriff »regensicher« gegen vermeintlich gleichbedeutende Begriffe abgegrenzt.

2.1.1 Schlagregensicher

Normale Wetterbedingungen schließen ein, dass Regen oft vom Wind getrieben wird. Somit kann davon ausgegangen werden, dass die in Fachregeln auf den Normalfall abgestimmten Anforderungen an die Dachkonstruktion und Ausführungstechnik auch eine angemessene Sicherheit für normale Schlagregenbeanspruchung einschließen.
- Bei einer für Schieferdeckung geeigneten Dachkonstruktion ist eine bezüglich Decksteingröße, Überdeckungen und gegebenenfalls Deckrichtung fachgerecht ausgeführte Schieferdeckung auch bei normaler Schlagregenbeanspruchung regensicher.

Starker Wind treibt aber nicht nur niederfallenden Regen, sondern kann auf zu wenig geneigten oder unzweckmäßig detaillierten Dächern den Wasserablauf derart stören, dass Wasser in die Überdeckungen hineinstaut und die Regensicherheit der Dachdeckung gefährdet.
Schlagregengefährdet ist beispielsweise eine Dachdeckung aus zu kleinen Decksteinen. Diese haben eine relativ schmale Überdeckungsbreite ohne Sicherheitsreserve. Zu klein gewählte Decksteine sind besonders auf flach geneigten Dachflächen ein eminentes Schlagregenrisiko.

Ebenfalls schlagregengefährdet, besonders auf flach geneigten Dächern, sind Lüfterfirste und unzweckmäßig gestaltete Einzellüfter.

2.2 Wasserdicht

Regensicher darf nicht verwechselt werden mit »wasserdicht«.
Der Begriff »wasserdicht« besagt, dass auf geneigten oder gefällelosen Dachflächen weder fließendes noch stehendes noch rückstauendes Regen- oder Schmelzwasser an irgendeiner Stelle des Daches, der Dachränder oder Anschlussverwahrungen nach innen eindringen wird.
Im Gegensatz zur Dachdeckung ist eine Dachabdichtung eine auf der gesamten Dachfläche sowie im Bereich aller Anschlussverwahrungen fugenlose feuchtigkeitsbeständige Dachhaut mit wasserdichten Nahtverbindungen. Sie besteht zum Beispiel aus Bitumenbahnen oder Kunststoffdachbahnen.
- Ein wasserdichtes Dach ist durch keine Dachdeckung zu erreichen, sondern nur mit einer Dachabdichtung, wie sie von Flachdächern bekannt ist.

2.3 Schneedicht

Fachgerecht verlegte Vordeckbahnen verhindern das Einwehen von Schnee durch die Schalungsfugen nach innen. Insofern sind Schieferdächer schneedicht.
Allerdings ist nicht auszuschließen, dass vom Wind getriebener oder auf der Dachfläche verwirbelter Pulverschnee durch unvermeidbare winddurchgängige Öffnungen oder Anschlussfugen nach innen eindringt. Dies zum Beispiel durch Einzellüfter mit Sieb oder Lüfterfirste. Unter diesen sind Dachschalung und Vordeckbahnen ausgespart, damit

Dachraum oder Sparrenfelder entlüften können. Die dazu benötigte, von innen nach außen gerichtete Luftströmung muss besonders im Winterhalbjahr zuverlässig funktionieren. Es wäre töricht, die Lüftungsöffnungen von innen schneedicht zuzustopfen; Tauwasserbildung im Dachsystem wäre möglich. Weitgehende Schneedichte wird mit einer Vordeckung aus diffusionsoffenen Bahnen erreicht. Diese, kombiniert mit einer richtig bemessenen Dampfsperre, machen lüftungsbedingte Aussparungen in der Dachschalung unnötig; das gesamte Dach kann lückenlos eingedeckt werden (siehe Teil I, Kapitel 1 und 6).

Funktionsstörungen durch Schnee sind auch möglich, wenn eine auf dem Dach aufliegende Schneedecke ungleichmäßig abtaut oder Schnee- oder Eisbarrieren den Wasserlauf behindern. Als Ursachen kommen in Betracht:

- Erwärmung des Dachraumes infolge einer unzureichenden Wärmedämmung und/oder einer nicht funktionierenden Dachlüftung. In solchen Fällen bewirkt die unter dem First des Spitzbodens stauende Warmluft, auch bei Frost, ein vorzeitiges Abtauen der firstnahen Schneedecke. Das darunter nur langsam abfließende Schmelzwasser wird auf dem frostkalten Traufüberstand erneut anfrieren und Eisbarrieren bilden. Diese behindern bei Tauwetter den Wasserablauf in die Dachrinne und lassen Schmelz- oder Regenwasser in die Überdeckungen hineinstauen.
- Südwärts orientierte Steildachflächen werden um die Mittagszeit stark erwärmt, während flach geneigte oder der Sonne abgewandte Dachflächen kalt bleiben. Der sich auf der Steildachfläche bildende Schmelzwasserfilm lässt Teile der Schneedecke oder Dachlawinen auf flach geneigte Dachpartien oder in den Mündungsbereich von Hauptkehlen abgleiten.

2.1 bis 2.3
Eine auf dem Dach ungleichmäßig abtauende Schneedecke oder im Mündungsbereich von Kehlen länger festsitzende Dachlawinen können die Dachentwässerung erheblich stören. Daraus resultierende Schäden sind kein Hinweis auf eine mangelhafte Dachdeckung.

Dort können sie über Nacht anfrieren, nach Wetterumschlag erstaunlich lange verweilen und den Wasserablauf in die Dachrinne behindern.

Durch extreme Winterverhältnisse verursachte Funktionsstörungen des Daches sind kein Hinweis auf eingeschränkte Tauglichkeit der Dachdeckung. Dachdeckungen gleich welcher Art können ohne zusätzliche Maßnahmen nicht rückstausicher hergestellt werden.

Durch Schnee und Eis verursachte Leckstellen sind zwar für die meisten Hausbesitzer gleichbedeutend mit einem »undichten Dach«, doch sind diesbezüglich an den Dachdeckungsbetrieb gerichtete Gewährleistungsansprüche unbegründet.

2.4 Sturmsicher

Bei der Anströmung eines Gebäudes durch zerstörende Windgeschwindigkeiten sind Dächer hohen Windlasten ausgesetzt. Auf der windzugewandten Seite des Daches entsteht Staudruck, auf der Gegenseite (Lee) der für Sturmschäden an Dächern meistens ursächliche Windsog. Bei Umkehrung der Windrichtung, zum Beispiel vor aufgehenden Dachbauteilen oder angrenzenden Wandflächen, sind schadensursächliche Turbulenzen oder Windverwirbelungen möglich.

- Die vom Dachdeckerhandwerk aufgestellten Regeln für die Ausführung gehen von Windstärken aus, »die durch Messungen des Deutschen Wetterdienstes und aufgrund statistischer Erhebung angenommen werden. Einzelne auftretende Stürme können dabei diese Annahmen teilweise erheblich überschreiten und wesentlich größere Windlasten auf Bauwerke und Bauwerksteile verursachen. Eine absolute Sturmsicherheit ist auch bei fachgerechter Ausführung nicht möglich.« [9]

Von Einfluss auf die Lagesicherheit einer Dachdeckung sind die mehr oder weniger freie Lage des Gebäudes, die Gebäudehöhe und die durch Einzeldachflächen oder Gauben mehr oder weniger gegliederte Dachform.

Eine fachgerecht hergestellte Schieferdeckung bietet hohe Sicherheit gegen Sturmschäden, da jeder der kleinformatigen Steine mit mehreren Schiefernägeln oder Schieferstiften auf der Dachschalung befestigt ist. Diese Befestigungen leisten einen hohen Widerstand gegen Windlast, so dass Sturmschäden an einer fachgerecht befestigten Schieferdeckung nicht zu befürchten sind. Das gilt gleichermaßen auch für eine fachgerecht genagelte oder geklammerte Rechteckdoppeldeckung.

Sturmgefährdet ist die Vordeckung einer noch nicht fertig gestellten Schieferdeckung. Mehr oder weniger große Teile der Vordeckbahnen können von der Dachschalung abreißen und wegfliegen. Bei gleichzeitigem Regen kann das in die Schalungsfugen der freiliegenden Dachschalung einfließende Wasser einen erheblichen Schaden im Gebäude anrichten.

Um Sturmschäden an der Vordeckung eines in Arbeit befindlichen Schieferdaches vorzubeugen, empfiehlt sich das Aufnageln von Leisten auf die vorgedeckte Dachfläche im gleichen Arbeitsgang mit dem Verlegen der Bahnen. Dies besonders dann, wenn das Gebäude bereits genutzt wird, sich die Schieferdeckungsarbeiten über längere Zeit hinziehen werden oder wegen zu feuchter Dachschalungsbretter aufgeschoben werden müssen.

Sturm mit zerstörenden Windgeschwindigkeiten ist höhere Gewalt. Wenn dadurch Schäden, zum Beispiel an einer noch nicht fertiggestellten oder noch nicht abgenommenen Schieferdeckung entstehen, hat der Auftragnehmer bei VOB-Aufträgen Anspruch auf Vergütung der beschädigten oder zerstörten Leistung (VOB/B, § 7).

3 Dachneigung

Regensicherheit setzt voraus, dass alles auf die Dachfläche regnende Wasser ungehindert traufwärts fließen kann, die Dachfläche immer zügig entwässert und nirgends auf der Dachfläche Wasser staut.

Zügiger Regenwasserabfluss erfordert Gefälle, beim geneigten Dach Dachneigung genannt. Eine der jeweiligen Dachgeometrie und den klimatischen Standortbedingungen angemessene Dachneigung ist Grundbedingung für eine funktionierende Dachdeckung.

3.1 Mindestdachneigung

Die Mindestdachneigung ist der für eine Dachdeckungsart kleinste Dachneigungswinkel, bis zu dem eine Dachfläche unter normalen Bedingungen regensicher gedeckt werden kann.

- Die Fachregeln des Dachdeckerhandwerks [1] fordern für Altdeutsche Deckung sowie für Bogenschnittdeckung und Schuppendeckung eine Dachneigung von mindestens 25°. Das entspricht einer Dachhöhe von 466 mm auf 1000 mm Sparrengrundmaß. Diese Dachneigung muss, besonders im Bereich der Traufe und bei Schleppdächern, mindestens vorhanden sein.

Die Mindestdachneigung 25° gilt nur für Dachflächen; bei Hauptkehlen muss die Neigung des Kehlsparrens mindestens 30° betragen.

Die Dachneigungsregeln stützen sich auf die Langzeiterfahrung des Dachdeckerhandwerks und der Schieferindustrie. Es sind anerkannte Regeln der Technik.

Diesbezüglich dürfte interessieren, dass 1926 der Reichsverband des Deutschen Dachdeckerhandwerks für die Altdeutsche Deckung eine Neigung »nicht unter 35°« als Grundregel erkannte [12]. Die spätere Festlegung auf 25° wurde damit begründet, »dass auch bei einem 25° geneigten Dach noch eine regensichere Eindeckung mit Schiefer möglich ist, unter der Voraussetzung allerdings, dass eine entsprechende Überdeckung vorgenommen wird. Die Eindeckung derart geneigter Dachflächen mit Schiefer ist aber nur je nach Lage zur Wetterseite durch Rechts- oder Linksdeckung und entsprechende Steigung der einzelnen Gebinde regensicher möglich« [13].

3.1.1 Relationen

Wie jede technische Regel oder Norm, gilt auch die in [1] bestimmte Mindestdachneigung für den Normalfall. Da dies ein relativer Begriff ist, ist auch die auf den Normalfall bezogene Mindestdachneigung relativ. Das bedeutet:

Die bei Schieferdeckung geforderte Mindestdachneigung ist ein Richtwert. Sie kann etwas unterschritten werden, wenn die Voraussetzungen für eine funktionssichere Schieferdeckung erheblich günstiger als im Normalfall sind. Dies zum Beispiel bei Kleinflächen, sofern diesen kein Wasser von einem oberhalb gelegenen Dachflächenteil zugeführt wird.

Geringere Dachneigungen als die vom Dachdeckerhandwerk geforderten sind grundsätzlich riskant bei

- Dachflächen mit einem Sparrengrundmaß von mehr als 2 m,
- schlagregenbeanspruchten Dachflächen,
- Schleppdächern von Gauben,
- breiten Dachvorsprüngen.

3.1.2 Bemessungskriterien

Bei der Wertung einer geplanten oder am Bau vorhandenen Dachneigung ist das Sparrengrundmaß die vorrangige Bemessungsgrundlage.

Die bei Regen auf einer Dachfläche anfallende und davon abzuleitende Wassermenge ist nicht von der Sparrenlänge, sondern von der Grundfläche der einzelnen Dachfläche abhängig. Diese Grundfläche ist das Produkt aus Traufenlänge und Sparrengrundmaß.

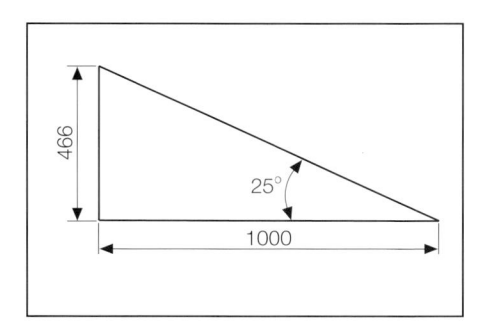

3.1 Die Mindestdachneigung für Altdeutsche Deckung, Bogenschnittdeckung und Schuppendeckung ist 25° (46,6 %), entsprechend einer Dachhöhe von 466 mm auf 1000 mm Sparrengrundmaß.

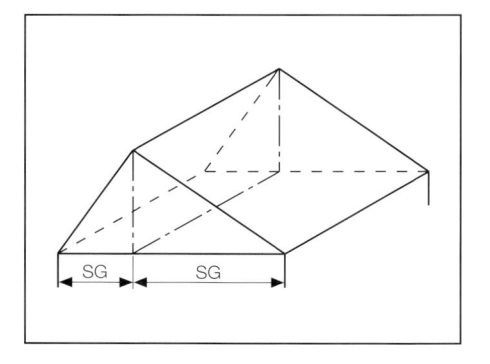

3.2 Bestimmung des Sparrengrundmaßes (SG) am Beispiel eines Satteldaches mit ungleicher Neigung.

3.3 Die bei einer Regenspende auf der Dachfläche anfallende Wassermenge ist abhängig von der Größe der jeweiligen Dachgrundfläche und somit von ihrem Sparrengrundmaß. Bei Dachflächen mit unterschiedlicher Sparrenlänge oder Dachneigung, aber gleichem Sparrengrundmaß, ist die auf dem Dachgefälle anfallende Wassermenge gleich groß.

- Das Sparrengrundmaß, meistens nur Grundmaß genannt, ist die Projektion eines Dachsparrens auf der Dachgrundfläche. Es entspricht zum Beispiel der Dachbreite eines Pultdaches oder der halben Dachbreite eines Satteldaches mit mittig liegendem First.

Auf Dachflächen mit gleichem Sparrengrundmaß ist die auf dem Dachgefälle bei gleicher Regenspende anfallende und abzuleitende Wassermenge trotz unterschiedlicher Sparrenlänge oder Dachneigung gleich groß (Bild 3.3). Die auf dem Dachgefälle jeweils anfallende Wassermenge ist umso größer, je größer das Sparrengrundmaß ist, unabhängig von der Dachneigung oder Sparrenlänge. Das bedeutet:
Je größer das Sparrengrundmaß einer Dachfläche ist, desto größer muss deren Neigungswinkel sein. Beispiele:
- Sparrengrundmaß bis 2 m: Mindestneigung 22°
- Sparrengrundmaß 2 bis 7 m: Mindestneigung 25°
- Sparrengrundmaß größer als 7 m: Mindestneigung 30°

Ist die Dachneigung dem Sparrengrundmaß nicht angemessen, entwässert die Dachfläche infolge des dann zu trägen Wasserlaufes nicht in dem Maße in die Dachrinne, wie Regenwasser neu hinzukommt. Zur Traufe hin kann Wasser in die Überdeckungen hineinstauen und diese überfluten.

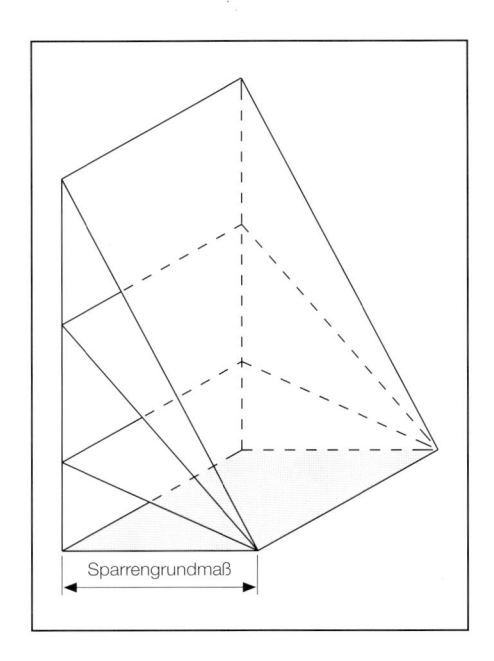

Im Falle einer nicht risikofreien Dachneigung muss auf eine andere, in den unteren Neigungsbereichen funktionstüchtigere Dachdeckungsart ausgewichen und dieser gegebenenfalls ein Unterdach zugeordnet werden (siehe Teil II, Kapitel 2).
Die Altdeutsche Doppeldeckung kommt als Alternative kaum in Betracht, da dieser in [1] eine nur um 3° geringere Mindestdachneigung als der üblichen Einfachdeckung zugestanden wird. Auch ist bei Altdeutscher Schieferdeckung auf Dachschalung ein darunter angeordnetes wasserdichtes Unterdach keine Problemlösung bei riskanter Dachneigung. Das durch die zeitweilig überforderte Schieferdeckung nach innen ablaufende Wasser würde zwar vom Unterdach aufgefangen und zur Traufe abgeleitet, indes wären Feuchtigkeitsschäden an der unter der Schieferdeckung befindlichen Dachschalung nicht auszuschließen.

4
Konstruktionsbedingte Schwachstellen

4.1 Zwischen Steildachflächen durch Doppelstehfalzdeckung aus Kupferblechen rückstausicher ausgebildeter Dachtrichter.

Bei der Planung und Ausführung eines Daches bietet die Schieferdeckung einen großzügig bemessenen Gestaltungsspielraum. Die kleinformatigen Steine sind sehr anpassungsfähig, so dass auch differenzierte Dachformen dauerhaft und funktionssicher eingedeckt werden können.

Kreative Dachgestaltung ist jedoch an Grundregeln gebunden. Diese haben das Ziel, einen zügigen Wasserablauf an jeder Stelle des Daches sicherzustellen. Wird dies durch unzweckmäßige Konstruktionsdetails infrage gestellt, kann Wasser in die Überdeckungen hineinstauen und nach innen ablaufen. Dachdeckungen, gleich welcher Art, verkraften kein stauendes Wasser!

Steildächer über einem einfachen Dachgrundriss sind die beste Voraussetzung für eine langfristig funktionierende Schieferdeckung. Solche Dächer sind aber nicht die Regel. Viele individuell gestaltete Häuser oder ältere Gebäude mit nachträglich ausgebautem Dachgeschoss haben ein mehr oder weniger verschachteltes Dach mit variantenreicher Detaillierung.

Komplizierte Dachkonstruktionen und knifflig gefügte Dachknotenpunkte können zwar tüchtige Dachdecker herausfordern, sich mit der Schieferdeckung bis an die Grenze des technisch Machbaren heranzuwagen; das damit verbundene Ausführungs- und Gewährleistungsrisiko darf jedoch nicht übersehen werden. Riskante Dachdetails sind beispielsweise:

- Trichterförmige Engstellen in Gefällerichtung, verursacht zum Beispiel durch mehrere, auf einen gemeinsamen Traufenabschnitt entwässernde Dachflächen und Kehlen.
- Ungenügender Abstand (weniger als 0,80 m) zwischen einer Schieferkehle und einem angrenzenden Bauwerksteil (Gaubenwange, Schornsteinkopf, Wandfläche).
- Extremer Dachneigungswechsel durch ein zu flaches Gaubenschleppdach oder eine sich an der Traufe mit weniger Neigung fortsetzende Hauptdachfläche.
- Zu wenig Kehlsparrenneigung im Mündungsbereich einer Steildach-Hauptkehle.
- Riskant geneigte Gaubendächer sowie gewölbte Gaubendächer mit unzureichender Scheitelneigung.

Auch bei fachgerechter Ausführung der Schieferdeckung muss damit gerechnet

4.2 Faltdach mit trichterförmiger Engstelle im Traufenbereich. Die Schieferkehle mündet in eine rückstausicher ausgebildete Wanne aus Kupferblech mit genieteten und weich nachgelöteten Nahtverbindungen. Die Bitumenschweißbahnen der Kehlenvordeckung und flach geneigten Zwischendächer sind auf das Kupferblech aufgeschweißt. Der Auslauf der Kupferwanne ist an die Kupfereindeckung des Betonwasserspeiers angeschlossen.

4.3 Durch Bauklempnerarbeit entschärfte Schwachstelle der Dachkonstruktion. Die strahlenförmig ausgerichteten Doppelstehfalze der Kupferblechdeckung enden vor einer holzkonstruktiv hergestellten Gefällestufe. Von da aus führt der Wasserlauf über eine versenkte Auffangwanne aus Kupferblech und eine mehrfach gekantete Kehle zur Hauptdachtraufe.

werden, dass im Bereich konstruktionsbedingter Schwachstellen zeitweilig Wasser durch die offenen Überdeckungsfugen nach innen abläuft. Dann zum Beispiel, wenn Dachlawinen von einer Steildachfläche in eine trichterförmige Engstelle des Daches oder auf eine flach geneigte Dachpartie abgleiten, dort anfrieren und bei Wetterumschlag den Wasserablauf blockieren. Oder, wenn verharschte Schneeschollen sich über eine Traufe schieben, auf tiefer gelegene Zwischendächer stürzen und dort Leckstellen verursachen. In schneereichen Landschaften ist der Winterzustand des Daches ein wichtiges Planungskriterium. Verschachtelte Dachknotenpunkte sind oft nicht wintertauglich.

Im Bereich konstruktiver Engstellen oder flach geneigter Zwischendächer ist die Schieferdeckung auch durch punktuell einwirkende Verkehrslasten gefährdet. Enge oder zu flache Dachpartien können zu einem Betreten der Schieferdeckung, insbesondere durch dachfremde Handwerker, herausfordern. Dabei können Schiefer unbemerkt zu Bruch gehen. Die auf verschachtelten, flachen Dachpartien angeknickten oder zerbrochenen Steine rutschen nicht immer sogleich aus dem Steinverband heraus und verursachen bei Längsbruch auch nicht unbedingt eine sogleich sichtbare Leckstelle.

Mitunter werden die Folgen einer unzweckmäßigen Dachdetaillierung erst nach Jahren sichtbar. Das Wasser kriecht oft nur sporadisch bis auf die Dachbahnen vor oder wird zunächst von der Schalung und Holzkonstruktion aufgesogen. Oder es fließt auf der Kehlschalung oder den darunter befindlichen Kehlbahnen bis in die Traufgesimse oder staubbedeckte Gewölbezwickel. Auf diese Weise können im Bereich der Traufe, Abseiten oder Dachknotenpunkte die Balken- oder Sparrenköpfe, Kehl- oder Dachschalungs-

4 Konstruktionsbedingte Schwachstellen

4.4 Schieferdach mit konstruktionsbedingten Schwachstellen.

bretter über längere Zeit unbemerkt vor sich hinfaulen oder massive Bauwerksteile durch Nässe verkommen. Schleichende Feuchtigkeit ist für ein Dach gefährlicher als akute Tropfstellen. Voraussetzungen für eine auf Dauer funktionssichere Dachdeckung sind zum Beispiel:

- Schieferdachgeeignete Detaillierung. Jederzeit freie Wasserwege, zügiger Wasserablauf. Objektspezifische Dachneigung.
- Ausbildung riskanter Dachknotenpunkte mit Metall, zum Beispiel Bleiblech oder Kupferblech. Die Materialbeständigkeit und die Funktionssicherheit einer fachgerecht ausgeführten Metalldeckung rechtfertigen durchaus den Verzicht auf die bei Schieferdächern angestrebte Materialanalogie. Die Entscheidung, ob ein kritisches Konstruktionsdetail ohne Risiko mit Schiefer eingedeckt werden kann oder einer Metalldeckung bedarf, fällt in die Verantwortung des auftragausführenden Dachdeckermeisters.
- Regelmäßige Inspektion und Wartung des Daches durch einen mit Schieferdeckungsarbeiten vertrauten Fachbetrieb. Besagter Kundendienst umfasst zum Beispiel das Auswechseln beschädigter Schiefer, die Säuberung der Kehlmündungen und Dachrinnen von Schmutz und Laub, eine Prüfung elastischer Fugendichtungen sowie der an Giebelortgängen oder Gauben freiliegenden Holzteile. Auch die zugängliche Dachinnenseite muss inspiziert werden. Verschachtelte Dächer sind unter anderem dadurch gefährdet, dass sich störanfällige Knotenpunkte des Dachtragwerks und der Dachschalung im Bereich der Traufe, Kehlmündungen oder Gewölbezwickel gern der Sichtkontrolle entziehen. Diese liegen meistens im Dunkeln oder hinter unzugänglichen Abseiten, so dass den Hausbewohnern Feuchtigkeitsschäden im Frühstadium nicht auffallen.

5 Schalung

Eine Schieferdeckung kann nur so gut hergestellt werden, wie es die Vorleistungen anderer Gewerke zulassen. Eine wichtige Vorleistung ist die Schalung. Sie beeinflusst die Arbeitsbedingungen des Dachdeckers vor Ort sowie die Qualität und das Aussehen der Schieferdeckung.

Dachschalung wird vom Dachdecker- oder Zimmerhandwerk ausgeführt. Wird die Schalung vom Zimmermann aufgebracht, obliegt dem Dachdeckungsbetrieb die Verpflichtung, die Beschaffenheit der Schalung vor Beginn der Schieferdeckungsarbeiten zu prüfen und durch Augenschein wahrnehmbare, auf die Schieferdeckung sich nachteilig auswirkende Mängel beseitigen zu lassen. Die Prüfungspflicht erstreckt sich auch auf die fachgerechte Ausführung der Mängelbeseitigung.

5.1 Anforderungen

Anforderungen an die Schalung des Schieferdaches sind in DIN 4074-1 »Sortierung von Nadelholz nach der Tragfähigkeit« und in DIN 1052 »Holzbauwerke« geregelt. Für den baulichen Holzschutz gilt die in mehreren Teilen vorliegende DIN 68800. Praxisorientierte Vorgaben für die Schalung von Schieferdächern enthält das den bauaufsichtlichen DIN-Normen entsprechende Regelwerk »Hinweise für Holz und Holzwerkstoffe« [5].

Holzschalungen mit einem Sparrenabstand ≤ 1 m sind »tragende Bauteile«, die wegen ihrer geringen statischen Funktion im Sinne der Standsicherheit keines rechnerischen Nachweises bedürfen.

Bretter mit einer Nenndicke von ≥ 24 mm werden im Sägewerk nach den in DIN 4074-1 bestimmten Sortiermerkmalen visuell oder maschinell sortiert und einer Sortierklasse zugeordnet.

- Für die Schalung von Schieferdächern müssen Bretter der Sortierklasse S 10 oder MS 10 verwendet werden.

Normgerechte Bretter genügen nicht unbedingt in allen Kriterien den an die Schalung für genagelte Schieferdeckungen gestellten Anforderungen. Für diesen Verwendungszweck nicht geeignete Bretter einer Liefermenge sollten aussortiert und anderweitig verwendet werden.

5.1.1 Abmessungen

Die Nenndicke der Dachschalungsbretter muss bei Auflagerabständen bis 600 mm, zum Beispiel zwischen den Sparren gemessen, mindestens 24 mm betragen. Bei größeren Abständen sind dickere Bretter oder Bretter mit Nut und Feder erforderlich.

Die Nenndicke der Bretter gilt nur für eine Holzfeuchte von 30 Prozent.

Die Breite der Bretter soll mindestens 120 mm betragen, damit die Bretter beim Nageln der Schiefer nicht nachteilig federn und eine solide Befestigung der Schiefer möglich ist. Es ist zu beachten, dass Bretter bereits ab 80 mm Breite der Norm entsprechen.

5.1.2 Baumkanten

Die Breite k der Baumkante wird auf der Schräge gemessen und als Bruchteil K der größeren Querschnittsseite angegeben. Der Quotient K befindet über die Zuordnung des Brettes zu einer Sortierklasse. Bei Brettern der Sortierklassen S 10 und MS 10 sind Baum-

5.1 An Brettern der Sortierklassen M 10 und MS 10 darf eine Baumkante (k), schräg gemessen, nicht breiter als ein Drittel der größeren Querschnittsseite (b) sein [22].

kanten mit K ≤ 1/3 zulässig. In jedem Querschnitt muss mindestens 1/3 jeder Querschnittsseite ohne Baumkante sein.

Bretter einer Liefermenge mit zwar zulässiger, aber für eine Schieferdeckung mit Nagelbefestigung nachteilig breiter Baumkante sollten aussortiert und anderweitig verwendet werden. Es ist zu bedenken, dass nach den Fachregeln von 1926 die für Eindeckunterlagen bestimmten Bretter nur Baumkanten »nicht breiter als die Brettstärke« haben durften und gemäß Schieferfachregeln des Dachdeckerhandwerks von 1977 Baumkanten nur »bis zur halben Brettstärke« zulässig waren.

An Schalungsbrettern vorhandene Baumkanten müssen restlos entrindet und entbastet sein, damit keine Trockenholzinsekten in das Gebäude eingebaut werden und einem Befall vorgebeugt wird.

5.1.3 Äste

Art und Anzahl der in Schalungsbrettern zulässigen Äste sind in den Sortierklassen der DIN 4071-1 verzeichnet.

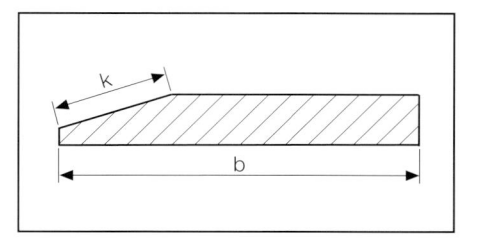

Ob und inwieweit Äste die Schieferdeckungsarbeiten behindern können, hängt von der Größe und Verteilung der Äste im einzelnen Brett ab. Bei Schieferdeckungsarbeiten behindern gesunde Einzeläste die solide Nagelung der Schiefer kaum. Dagegen können größere Astansammlungen sowie größere Ausfalläste oder größere Kantenflächenäste das Nageln kleiner Schiefer erheblich behindern. Solche Bretter sollten aus der Liefermenge aussortiert, zumindest aber nicht an Firsten und nicht für Kehlschalung verwendet werden.

5.1.4 Holzfeuchte

Die prozentuale Holzfeuchte ist das Verhältnis zwischen der Masse des in einer Holzprobe enthaltenen Wassers und der Masse der wasserfreien Holzprobe. Schalungsbretter sind:
- trocken bei einem mittleren Feuchtegehalt bis 20 %,
- halbtrocken bei einem mittleren Feuchtegehalt von mehr als 20 % bis höchstens 30 % (Fasersättigungspunkt),
- frisch bei einem mittleren Feuchtegehalt von mehr als 30 %.

Ein Feuchtegehalt der Schalung von mehr als 20 % über eine Zeitdauer von mehr als 6 Monaten bewirkt Pilzbefall.
- Für die Schalung des Schieferdaches müssen mindestens halbtrockene Bretter verwendet werden. Bei Beginn der Schieferdeckungsarbeiten muss die Schalung trocken sein.

Das Nachtrocknen zu feuchter Schalungsbretter ist für die Schieferdeckung nachteilig. Starker Feuchtigkeitsverlust hinterlässt beim Schwinden breiter Dachschalungsbretter hinderlich breite Schalungsfugen. Legt man beispielsweise das für Änderungen der Holzfeuchte um 1 % zutreffende Schwindmaß von 0,24 zugrunde, wird beispielsweise ein 150 mm breites Schalungsbrett beim Verlust von 15 % Holzfeuchte um 0,24 × 0,15 × 150 mm = 5,4 mm schwinden.

Starkes Schwinden bewirkt Spannungen im Verband der Decksteine. Nachteilig ist dies besonders für kleine Schiefer, wenn diese mit Brust- und Kopfnagel auf zwei breiten Brettern befestigt sind, was in der Praxis nicht auszuschließen ist.

Schäden treten ebenfalls auf, wenn auf zu feuchter Schalung sogleich geschiefert wird und die Bretter unter der sich bei Sonneneinstrahlung stark aufheizenden Schieferdeckung spontan nachtrocknen und sich werfen. Die sich dabei aufstellenden Längskanten der Bretter verursachen im Decksteinverband starke Spannungen, auf die dünne Schiefer gern mit Materialbruch reagieren. Außerdem können sich werfende Bretter eine anfangs glatt liegende Schieferdeckung kraus verformen, was besonders bei kleinen Schiefern und Sonnenschein (Streiflicht) unangenehm auffällt.

Durch Holzfeuchte bedingte Dachschäden sind vermeidbar, wenn trockene Bretter verwendet werden oder mit den Schieferdeckungsarbeiten (nach altem Brauch) erst dann begonnen wird, wenn die Schalung unter dem Witterungsschutz der Vordeckbahnen und bei stetiger Lüftung des Dachraumes trocken ist. Überstürzte Termine liegen nicht im Interesse des Auftraggebers.

5.1.5 Holzschutz

Bei belüfteten Dächern müssen Bretter für die Dachschalung in die Gefährdungsklasse 2 nach DIN 68800 eingeordnet und durch vorbeugenden chemischen Holzschutz gegen Befall durch Insekten geschützt werden, da das Holz nicht allseitig durch eine geschlossene Bekleidung abgedeckt und zum Raum hin nicht so offen angeordnet ist, dass es kontrollierbar bleibt. [26]

Die dafür zutreffenden Anforderungen an Holzschutzmittel, Einbringverfahren, Einbringmengen und Durchführung der Schutzbehandlung sind in DIN 68800-3 vorgegeben.

Bei unbelüfteten Dächern kann die Dachschalung der Gefährdungsklasse 0 zugeordnet und auf vorbeugenden chemischen Holzschutz verzichtet werden.

5.1.6 Verlegung

Bei parallel zu den Sparren verlaufenden Stößen muss die Auflagertiefe der Bretter auf den Sparren mindestens 20 mm betragen. [24] Auf den Auflagern durchlaufende Stöße sollten vermieden werden.

Bretter bis 20 cm Breite müssen mit mindestens zwei, breitere Bretter mit mindestens drei Drahtstiften oder gleichwertigen Verbindungsmitteln auf den Sparren befestigt werden. Die Länge der Nägel muss mindestens das Zweieinhalbfache der Brettdicke betragen. Für 24 mm dicke Schalungsbretter eignen sich runde, glatte Drahtstifte 31/65 mit Senkkopf.

Schalungsbretter mit Baumkante müssen mit dieser nach innen verlegt werden. Bei Brettern mit Baumkante dürfen diese nicht nebeneinander verlegt werden.

Die breitesten Bretter einer Liefermenge sollten beiderseits des Firstes sowie vor Gauben oder Wohnraumdachfenstern verlegt werden. An diesen Stellen können zu schmale oder keilförmig auslaufende Bretter eine solide Nagelung der Ausspitzer und Firststeine erheblich behindern.

Auf kegelförmigen oder geschweiften Dächern muss eine stetig verlaufende, kantenfreie Schalung angestrebt werden, damit die darauf ohnehin schwierigen Schieferdeckungsarbeiten nicht zusätzlich erschwert werden oder eine kraus wirkende Deckung entsteht. Auch geringfügig hochstehende Kanten müssen flächenbündig abgestoßen werden! Damit die Schalung an solchen Stellen nicht nachteilig geschwächt wird, sollten gerundete oder geschweifte Flächen mit 30 mm dicken Brettern geschalt werden. Auf kegelförmigen Dächern müssen die Bretter auf horizontal angeordnete Ringsparren senkrecht zur Traufe und mit der rechten Brettseite (Kernseite) nach außen verlegt werden.

5.1.7 Altdacherneuerung

Bei der Neudeckung von Altbauten muss zunächst geprüft werden, ob auf der vorhandenen Schalung eine fachgerechte Schieferdeckung ausgeführt werden kann. Auch bei einer Altdachsanierung gilt der Grundsatz, dass die neue Schieferdeckung nur so gut hergestellt werden kann, wie es die Beschaffenheit der Schalung zulässt.

Kann auf der vorhandenen Schalung bedenkenlos geschiefert werden, muss diese von den alten Vordeckbahnen restlos befreit und gründlich abgefegt werden. In den meisten Fällen ist ein Nachnageln der gesamten Schalung erforderlich.

Schadhafte Bretter müssen ausgewechselt werden. Bei zu großen Sparrenabständen können Latten 40/60 oder Kanthölzer zur Aussteifung der Schalung zwischen den Sparren eingebaut werden.

Oft ist eine Erneuerung der gesamten Schalung nicht zu umgehen. Dieser Fall tritt ein, wenn die Schalung zwischen zu weit voneinander entfernten Sparren unzumutbar durchhängt und zunächst durch holzkonstruktive Maßnahmen egalisiert werden muss oder wenn eine alte, zum Beispiel eichene Schalung nicht mehr nagelfähig ist, unzumutbar breite Fugen aufweist oder infolge stark verformter Bretter nicht mehr ebenflächig ist.

5.2 Kegelförmiges Turmdach mit waagerechter Deckung.

6 Vordeckung

Ein frisch geschaltes Dach muss sogleich mit einer Lage Vordeckbahnen regendicht eingedeckt werden, damit die Dachschalung und die Räume unter dem Dach während der sich relativ lange hinziehenden Schieferdeckungsarbeiten vor Niederschlägen geschützt sind.

Nach Fertigstellung der Schieferdeckung verhindert die Vordeckung das Einwehen von Schnee und Staub durch die Schalungsfugen nach innen. Bei Schieferdeckungen auf Schalung ist die Vordeckung Bestandteil der Regelausführung.

Die Regensicherheit der Schieferdeckung wird durch die Vordeckung nicht verbessert, da diese von den Schiefernägeln und Dachhaken überall durchlöchert wird. Darum darf die Vordeckung auch nicht als Sicherheit gewertet werden, wenn über eine geplante oder am Bau vorhandene Dachneigung oder über die jeweils erforderliche Abmessung von Überdeckungen diskutiert wird.

6.1 Vordeckbahnen

Für die Vordeckung werden Bitumendachbahnen oder diffusionsoffene Bahnen verwendet.

Entscheidungskriterien bei der Wahl einer Vordeckbahn sind die Art des jeweiligen Dachsystems und die Wasserdampfdurchlässigkeit der Vordeckbahnen. Diese ist durch den bauphysikalischen Begriff »diffusionsäquivalente Luftschichtdicke« S_d definiert. Der so genannte S_d-Wert bezeichnet den Wasserdampf-Diffusionswiderstand einer Stoffschicht von bestimmter Dicke [m] im Vergleich zu einer ebenso dicken Luftschicht.

- Dachsysteme sollten auf der Raumseite möglichst wasserdampfdicht, auf der Außenseite möglichst wasserdampfdurchlässig sein. Dadurch ist sichergestellt, das anfangs feuchte Dachbaustoffe trocknen und trocken bleiben.

6.1.1 Diffusionsoffene Vordeckbahnen

Diffusionsoffene Vordeckbahnen sind bei Niederschlägen wasserdicht, bei dachinnenseitig einwirkendem Wasserdampf wasserdampfdurchlässig. Bei einem S_d-Wert von beispielsweise 0,02 m entspricht der Wasserdampf-Diffusionswiderstand solcher Bahnen dem einer 2 cm dicken Luftschicht. Das bedeutet:

Diffusionsoffene Vordeckbahnen ermöglichen das Ablüften der im Dachsystem vorhandenen Feuchtigkeit durch die Überdeckungsfugen der Schieferdeckung nach außen.

Für die Vordeckung *unbelüfteter* Schieferdächer müssen diffusionsoffene Bahnen $S_d \leq 0,3$ m verwendet werden.

Bei *belüfteten* Dächern entlasten diffusionsoffene Vordeckbahnen die Dachlüftung.

Werden für die Vordeckung eines Schieferdaches mit Luftschicht über der Wärmedämmung diffusionsoffene Bahnen mit $S_d \leq 0,3$ m verwendet und auf der Raumseite der Wärmedämmung Dampfsperrbahnen, möglichst mit $S_d \geq 100$ m verlegt, kann auf den Einbau von Entlüftern, zum Beispiel längs der Grate und Kehlen, verzichtet werden.

6.1.2 Bitumendachbahnen

Für die Vordeckung geschalter Schieferdächer werden meistens feinbesandete Bitumendachbahnen V 13 verwendet. Diese Bahnen eignen sich besonders für Dächer über einem nicht ausgebauten Dachraum.

Bei ausgebauten Dächern mit Wärmedämmung und Luftschicht ist zu bedenken: Bitumendachbahnen leisten einen Diffusionswiderstand von ≥ 100 m, sind also praktisch wasserdampfundurchlässig. Sie verhindern ein Ablüften der im Dachsystem vorhandenen Feuchtigkeit durch die Fugen der Schieferdeckung nach außen. Deshalb sollten für die Vordeckung eines Schieferdaches mit Lüftungsebene über der Wärmedämmung Bitumendachbahnen möglichst nur dann verwendet werden, wenn eine funktionierende Dachlüftung gewährleistet ist.

6.2 Anwendungstechnik

Auf weniger geneigten Dachflächen werden die Vordeckbahnen meistens parallel zur Traufe, auf Steildächern vom First zur Traufe verlegt. Bei letztgenannter Verlegeart sollten die Bahnen etwas schräglaufend gedeckt werden, damit das Wasser nicht beharrlich an den offenen Nähten entlanglaufen kann. Bei der Vordeckung eines Schieferdaches mit Bitumendachbahnen sollten diese mit versetzten Stoßüberdeckungen verlegt werden, damit das Lager kleinerer Decksteine nicht durch die im Überdeckungseck mehrfach auftragenden Bahnen behindert wird.

Bitumendachbahnen müssen mindestens 8 cm, diffusionsoffene Bahnen gemäß Herstellerangaben überdeckt werden.

Zum Schutz gegen Beschädigung der Vordeckung durch Wind können Latten oder Leisten mittig auf die Vordeckbahnen geheftet werden. Dies ist besonders nützlich, wenn der Dachraum bereits bewohnt wird oder die Schieferdeckungsarbeiten, zum Beispiel zum Nachtrocknen feuchter Dachschalung, einige Zeit aufgeschoben werden sollen. Um Missverständnissen bei der Abrechnung vorzubeugen, sollte besagte Maßnahme in der Leistungsbeschreibung eindeutig formuliert werden.

7 Schiefersortierung

7.1 Decksteinsortierungen und ungefähre Abmessungen der Decksteine für Altdeutsche Rechts- oder Linksdeckung [1].

Sortierung	Höhe [cm]	Breite[1] [cm]
1/1	50 – 40	42 – 32
1/2	42 – 36	38 – 28
1/4	38 – 32	34 – 25
1/8	34 – 28	30 – 23
1/12	30 – 24	26 – 20
1/16	26 – 20	22 – 17
1/32	22 – 16	18 – 13
1/64	18 – 12	16 – 11

1) Decksteine im scharfen Hieb werden nicht nach Steinbreite sortiert.

7.1 Decksteine

In den Betrieben der Schieferindustrie werden die Decksteine unter den eingeführten Handelsbezeichnungen Ganze, Halbe, Viertel, Achtel, Zwölftel, Sechzehntel, Zweiunddreißigstel, Vierundsechzigstel bereitgestellt. Die für diese Größensortimente in etwa zutreffenden Abmessungen sind in einer zwischen der Schieferindustrie und dem Dachdeckerhandwerk vereinbarten Sortierungstabelle verzeichnet (Tabelle 7.1). In einer Liefermenge dürfen die Abmessungen der Decksteine geringfügig von den in der Sortierungstabelle aufgelisteten abweichen.

An der Sortierungstabelle fällt auf, dass sich die einzelnen Größensortimente im Bereich der jeweils größten und kleinsten Steinabmessungen überschneiden. Dies ist bei der Wahl der Decksteingrößen für ein Schieferdach ohne Bedeutung, da innerhalb der am Bau nach Gattungshöhen sortierten Lieferung sowohl die größeren wie auch die kleineren Decksteine in der Minderzahl sind. Das größte Kontingent der Liefermenge wird meistens von den Decksteinen im Umfeld der mittleren Gattungshöhen gestellt. Es ist zu empfehlen, bei Anwendung der Sortierungstabelle stets von der mittleren Gattungshöhe der jeweiligen Sortierung auszugehen.

Um bei der Auftragsabwicklung Missverständnissen vorzubeugen, sollte vorsichtshalber die gewünschte Größe der Decksteine und Zubehörformate in Zentimeter ausgedrückt werden.

7.1.1 Decksteinproportionen

Decksteine im stumpfen und normalen Hieb werden im Regelfalle den »hohen Weg« behauen. Dabei ist die Decksteinhöhe größer als die Decksteinbreite (Bild 7.2).

Obwohl diese Steinproportionen bei der Ausschreibung von Schieferdeckungsarbeiten und beim Einkauf von Decksteinen allgemein vorausgesetzt werden können, ist ein angemessener Anteil besonders breiter Decksteine an der Liefermenge kein Mangel. Es ist zu bedenken, dass alle Decksteine nach Maßgabe der Form, Oberflächenstruktur und Beschaffenheit des gespaltenen Rohschiefers sowie unter dem Aspekt der wirtschaftlichen Nutzung des Rohmaterials zugerichtet werden müssen. Dies kann den Zurichter dazu veranlassen, mittelgroße und kleine Decksteine auch auf »breiten Weg« zuzurichten. Dabei ist die Decksteinbreite größer als die Decksteinhöhe (Bild 7.2).

Die Verwendung unterschiedlicher Decksteinbreiten auf einer Dachfläche ist typisch für die Altdeutsche Deckung und besonders reizvoll. Sie sollte nicht schablonenhaft wirken.

Auf besonderen Wunsch kann eine mittelgroße oder kleine Decksteinsortierung auch insgesamt auf »breiten Weg« zugerichtet werden, um gegebenenfalls den Ansprüchen der regionalen Denkmalpflege entsprechen zu können.

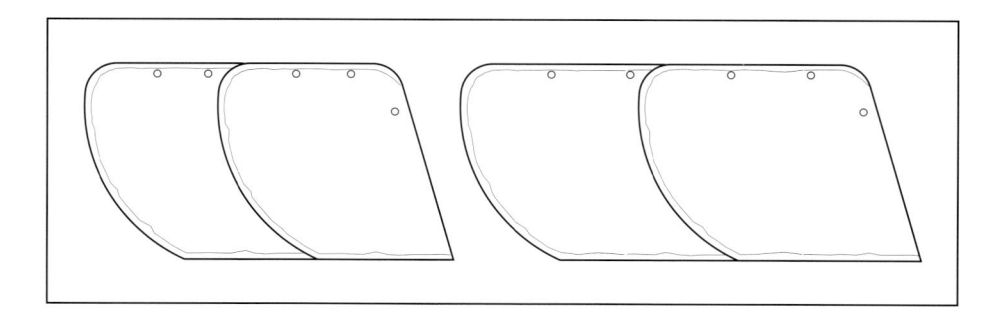

7.2 Bezeichnung der Decksteinproportionen »hoher Weg« (links) und »breiter Weg« (rechts).

7 Schiefersortierung

Schmale Decksteine im scharfen Hieb sollten generell breiter als vergleichbare Gattungshöhen im stumpfen und normalen Hieb sein. Schmale Decksteine im scharfen Hieb legen sich wegen der dann möglicherweise überdoppelten Seitenüberdeckung oft nur widerspenstig und lassen die Deckung kraus erscheinen. Besonders dann, wenn mehrere schmale Decksteine im scharfen Hieb nebeneinander liegen.

7.2 Rohschiefer für Zubehörformate

Für die Deckung der Dachkanten und Kehlen stehen Zubehörformate aus Rohschiefer gemäß Tabelle 7.3 zur Verfügung.

Die erforderlichen Abmessungen des im Einzelfall benötigten Rohschiefers richten sich nach der Detaillierung des jeweiligen Daches. In der Tabelle 7.4 sind die zu den Decksteinsortierungen in etwa passenden Größen der Ort- und Kehlsteine aufgelistet. Es ist zu empfehlen, vor der Aufstellung des Materialauszuges die Bauzeichnungen oder das Dach einzusehen.

Zu kurze Rohschiefer (Zubehörformate) vereiteln eine schöne Ort- oder Gratdeckung; bei der Kehlendeckung verführen sie zu riskanten Überdeckungen. Fuß- und Gebindesteine werden vor Ort aus einer passenden Rohschiefersortierung für Decksteine zugerichtet. Es ist zweckmäßig, die für die Fußdeckung insgesamt benötigte Rohschiefermenge je zur Hälfte in der Größe der für das jeweilige Dach vorgesehenen sowie der nächstgrößeren Decksteinsortierung zu bestellen (Tabelle 7.4). Aus der so angelieferten Gesamtmenge der meistens rautenförmigen Rohschiefer können dann auch die Gebindesteine zugerichtet werden.

Anfangortsteine für Giebelortgang müssen, mit Rücksicht auf den ansteigend zuzurichtenden Ortsteinkopf und den Hiebverlust, höher als die für die jeweilige Dachfläche vorgesehenen Decksteinhöhen gewählt werden.

Eine ansprechende Gratdeckung erfordert meistens erheblich längere Rohschiefer, insbesondere für Anfangortgebinde, als ein Giebelortgang.

Die erforderliche Länge der rohen Kehlsteine richtet sich nach der jeweiligen Decksteinhöhe und der Dachgeometrie im Bereich des Kehlsparrens. Für Hauptkehlen sollten die rohen Kehlsteine in der zweifachen Länge der jeweiligen Kehlgebindehöhe und so breit gewählt werden, dass die Kehlsteine mindestens 13 cm breit zugerichtet werden können.

Sortierung	Länge [cm]	Breite [cm]	stehendes Meter roh, [kg/m]
Ortsteine			
OIa	60 – 50	40 – 30	380
OI	50 – 40	30 – 27	240
OII	42 – 35	27 – 20	190
OIII	37 – 30	22 – 16	140
OIV	31 – 25	17 – 14	120
Kehlsteine			
KI	55 – 45	17 – 14	145
KII	45 – 36	16 – 14	135
KIII	36 – 28	15 – 14	110
KIV	28 – 23	15 – 14	90

7.3 Handelsgrößen und ungefähre Abmessungen des Rohschiefers (Zubehörformate) für Ort- und Kehlsteine [28]. Die roh angelieferten Ort- und Kehlsteine werden an der Baustelle vom Dachdecker passend zugerichtet.

7.3 Steindicke

Dachschiefer wird von Hand nach Augenmaß gespalten.

Guter Dachschiefer spaltet zu ebenflächigen, im Querschnitt gleichförmigen Steinen mit glatten bis mäßig rau strukturierten Spaltflächen.

Flügelige oder wannenförmige Steine sowie Schiefer mit knotigen, knolligen oder bordenförmigen Verdickungen sind unerwünscht. Solche Unregelmäßigkeiten können das Verlegen der Steine und das Aussehen der Schieferdeckung beeinträchtigen.

Wichtig für den Dachdecker ist die Dicke der gespaltenen Steine. Diese richtet sich nach der Spaltfähigkeit des jeweiligen Dachschiefers und der Steingröße.

Die handelsübliche Steindicke beträgt 4 bis 6 mm. Große Steine können auch dicker gespalten sein. Kleine Steine unter 4 mm Dicke sind bruchanfällig.

Decksteinsortierung	Rohschiefersortierung Benötigte Gesamtmenge je zur Hälfte aus
1/4	1/2 und 1/4
1/8	1/4 und 1/8
1/12	1/8 und 1/12
1/16	1/12 und 1/16
1/32	1/16 und 1/32

7.4 Zur Decksteinsortierung passende Zubehörformate für Fuß- und Gebindesteine. Die ungefähre Größe der Sortierungen ist mit den gleich lautenden der Tabelle 7.1 identisch.

Da Dachschiefer für die Altdeutsche Deckung nach Gewicht gehandelt wird, ist von der Steindicke auch die Anzahl der in der Gewichtseinheit enthaltenen Steine und somit die Deckfähigkeit einer Liefermenge abhängig.

Wenn bei Verwendung von Decksteinen in normalem Hieb und bei normaler Höhenüberdeckung für einen Quadratmeter Dachfläche etwa 30 kg benötigt werden, würden bei einer um 1 mm dickeren Spaltung etwa 6 kg/m² Schiefer mehr gebraucht. Der berechtigten Forderung nach stabilen Steinen sind somit seitens der Wettbewerbsfähigkeit des Materials enge Grenzen gezogen.

7.4 Werkstoffaufwand

Der Bedarf an Dachschiefer für die Leistungseinheiten (m², m) ist stark abhängig von der mittleren Steindicke der einzelnen Schieferlieferung sowie von der Höhen- und Seitenüberdeckung der Steine.

Bei Zubehörformaten (Rohschiefer) ist der Hiebverlust (Abfall) abhängig von der Detaillierung des jeweiligen Daches, zum Beispiel durch die Anzahl, Art und Platzierung der Kehlen, Gauben und Anschlussdetails. Nicht zuletzt auch von der Bestellung und Lieferung der für das jeweilige Dach zweckmäßigen Größe der Zubehörformate.

```
Decksteine, behauen
normaler Hieb 30 kg
scharfer Hieb 36 kg
stumpfer Hieb 30 kg
Doppeldeckung 45 kg

Ortsteine, roh
10 – 12 kg,
davon 2 kg für Stich- und
Zwischensteine

Kehlsteine, roh, für Hauptkehlen
25 – 30 kg

Fußsteine, roh, einschl. Dreiecke
4 – 7 kg
```

7.6 Unverbindliche Richtwerte für Werkstoffverbrauch bei Altdeutscher Deckung [28].

Die Höhe des Zuschlagsatzes für Materialbruch beträgt etwa 3 bis 5 % auf die effektive Verbrauchsmenge der Leistungseinheit. Das Bruchrisiko ist abhängig von der Bruchempfindlichkeit des jeweiligen Dachschiefers, aber auch weitgehend von der pfleglichen Behandlung des Materials durch die Dachdecker, beispielsweise beim Sortieren und auf den Transportwegen zum Stuhlgerüst. Bei der Abschätzung des Materialbruches ist zu bedenken, dass ein Teil der Bruchstücke zu Stichsteinen, Ausspitzern oder anderen Formstücken zugerichtet werden kann.

Sortierung	Anfangort	Endort (Doppelort)	Kehlsteine
1/2	OIa	OI – OII	Metall
1/4	OIa	OII – OIII	KI (oder Metall)
1/8	OIa – OI	OII – OIII	KII (oder Metall)
1/12	OI	OIII – OIV	KII
1/16	OII	OIV + OIII	KII – KIII
1/32	OIII	KIII – KIV	KIV + KII
1/64	OIV	KIV + KIII	KIV

7.5 Zuordnung der Ort- und Kehlsteine zur jeweiligen Decksteinsortierung [28].

8 Deckstein

Zur Flächendeckung werden formgleiche rechte oder linke Decksteine von unterschiedlicher Höhe und Breite verwendet.

Rechte und linke Decksteine entsprechen einander durch spiegelbildliche Form.

In der Abbildung 8.1 ist vermerkt, wie Decksteine im Einzelnen benannt und wie beim Deckstein sowie innerhalb eines Decksteinverbandes die Abmessungen bestimmt werden. Dazu im Einzelnen:

Die *Konstruktion* des bogenförmigen Decksteinrückens ist in [1] definiert. Innerhalb einer Dachfläche müssen alle Decksteine einen möglichst gleichmäßig gerundeten Rücken haben; ungleichmäßiger Rückenhieb bewirkt eine unregelmäßige Seitenüberdeckung der Decksteine und ein unschönes Deckungsbild.

Die *Höhenmesslinie* ist eine zwischen Ferse und Decksteinkopf, rechtwinklig zum Decksteinfuß gedachte Bezugslinie zur Bemessung der Decksteinhöhe, Gebindehöhe und Höhenüberdeckung.

Die *Höhenüberdeckungslinie* bezeichnet beim einzelnen Deckstein die Fußlinie des überdeckenden Schiefers. Sie dient zur Bemessung der Decksteinbreite und Seitenüberdeckung.

Die *Ferse* des Decksteins hat die Funktion eines Tropfpunktes (Tropfnase).

Fuß und Kopf des Decksteins sind beim normalen und scharfen Hieb Parallelen. Decksteine im stumpfen Hieb (nach Thüringer Art) haben einen vom Rücken zur Brust ansteigenden Kopf.

Die *Brust* des Decksteins ist die vom Rücken des folgenden Nachbarschiefers überdeckte gerade Kante.

Brust und Fuß bilden an der Decksteinspitze den *Brustwinkel;* Rückenführungslinie und Fuß an der Ferse den *Rückenwinkel.* Aus der Größe und Konstellation des Brust- und Rückenwinkels resultiert der Hieb des Decksteins.

Der *Hieb* (stumpfer Hieb, normaler Hieb, scharfer Hieb) bezeichnet das Decksteinformat aufgrund der in [1] definierten Steinkonstruktion. Der Hieb ist eine Funktion des Brust- und Rückenwinkels. Der Hieb bestimmt die architekturwirksame Form des Decksteins und die Abmessung seiner Seitenüberdeckung.

Außerdem bezeichnet der Hieb die Richtung des Hammerschlages gegen die Steinunter- oder Steinoberseite. Aus dem danach benannten »Hieb von oben« oder »Hieb von unten« resultiert die an der Ober- oder Unterseite des Decksteins sichtbare Absplitterung der Steinkanten (Bruchkanten). Die Decksteinbrust ist heute meistens eine glatte Sägekante.

Die *Höhe* des Decksteins, auch wenn dieser im Deckgebinde mit Gebindesteigung verlegt ist, wird an der Höhenmesslinie zwischen Ferse und Kopf rechtwinklig zum Decksteinfuß gemessen.

Die *Deckgebindehöhe,* umgangssprachlich Gebindehöhe, ist der Abstand der Fußlinien (Schnürabstand) von zwei sich überdeckenden Deckgebinden. Sie wird an der Höhenmesslinie rechtwinklig zum Decksteinfuß gemessen.

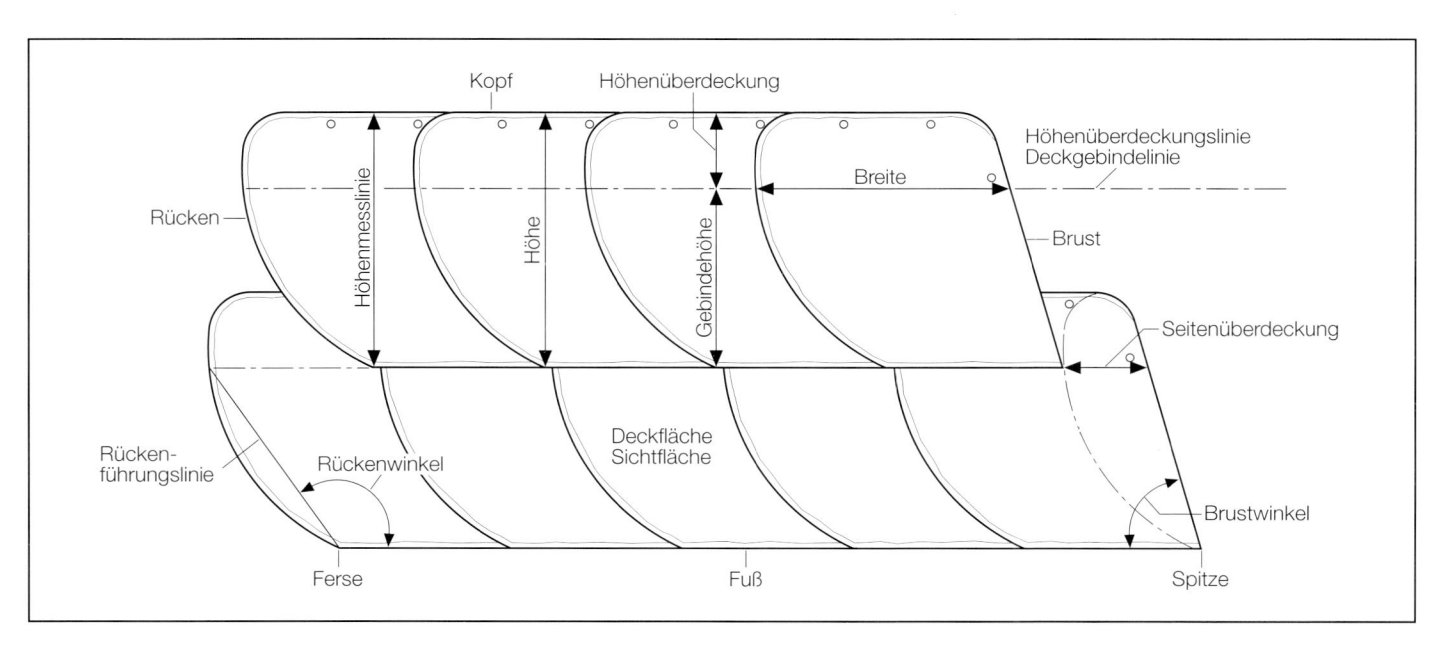

8.1 Fachbezeichnungen und Maßbestimmungen beim Deckstein [1].

Die *Höhenüberdeckung* wird an der Höhenmesslinie zwischen Kopf und Höhenüberdeckungslinie (Gebindelinie) gemessen. Die Maßbestimmung an der Höhenmesslinie ist besonders bei Decksteinen mit ansteigendem Kopf zu beachten.

Die *Breite* des Decksteins wird an der Höhenüberdeckungslinie zwischen Rücken und Brust gemessen [1]. Die Höhenüberdeckungslinie bezeichnet annähernd die breiteste Stelle des Decksteins.

Die *Seitenüberdeckung* wird an der Höhenüberdeckungslinie zwischen Rücken und Brust der sich seitlich überdeckenden Decksteine gemessen. Die Seitenüberdeckung ist die Funktion des Brust- und Rückenwinkels.

8.2 Altdeutsche Deckung mit ein- beziehungsweise ausgehend angekehlten Gauben und eingebundenen Ortgängen.

9
Zurichten und Sortieren

Der gespaltene Rohschiefer bedarf der Zurichtung zu deckfertiger Ware; die Steine müssen behauen und gelocht werden.

Bis Mitte des 20. Jahrhunderts wurde der Rohschiefer, außer von den Gewinnungsbetrieben, auch vom Dachdeckerhandwerk zugerichtet.

Besonders in Gegenden mit verbreiteter Schieferdeckung kauften viele Dachdecker ihren Bedarf an Schiefer als Rohschiefer in gemischter Sortierung. Eine gemischte Rohschiefersortierung, seinerzeit besonders im Sauerland und in Thüringen handelsüblich, enthielt Steine aller Größen und Formate des jeweiligen Fördergutes.

Der von Dachdeckern nach Gewicht eingekaufte Rohschiefer wurde von diesen entweder am Bau oder direkt auf dem Grubengelände überwiegend zu Decksteinen zugerichtet. Die dafür nicht geeigneten Rohschieferformate wurden für die Fuß-, Ort- und Kehlendeckung bereitgehalten. Die Zurichtung der Decksteine erfolgte sowohl unter dem Aspekt einer optimalen Ausnutzung des Rohmaterials wie auch einer wettbewerbsfähigen Hauleistung.

Für viele Dachdecker in den Schiefergegenden war das Schieferhauen eine willkommene Winterarbeit, wenn die Arbeit auf dem Dach ausfiel. Oft hatten die in der Nähe der Schiefergrube ansässigen Dachdeckerbetriebe ständig einen wettergeschützten Platz in der Nähe des Spalthauses für das Zurichten ihrer in den Sommermonaten benötigten Hauware.

Seitdem die Schieferindustrie Decksteine maschinell zurichtet, ist für Dachdecker das Behauen größerer Rohschiefermengen mit dem Schieferhammer unwirtschaftlich und deshalb nicht mehr aktuell. Seit Jahren kommen die Decksteine in der gewünschten handelsüblichen Größensortierung, gelocht und für mechanische Entladung konfektioniert, an die Baustelle.

Trotzdem bleibt das Zurichten von gespaltenem Rohschiefer zu einem formschönen Deckwerkstoff auf konstruktiver Grundlage ein nicht entbehrliches Lernziel bei der Ausbildung des Dachdeckers in der praktischen Schieferdeckung. Erlernt werden muss nicht nur das Behauen von Decksteinen, sondern auch eine Vielzahl anderer, für die Detaillierung einer Schieferdeckung benötigter Steinformate. Diese kommen nach wie vor als größensortierte Rohschiefer (Zubehörformate) an die Baustelle; sie müssen während der Schieferdeckungsarbeiten, ohne Zuhilfenahme einer Schablone, vom Dachdecker behauen und gelocht werden. Ohne Ausbildung im Zurichten der Steine ist die Anfertigung einer funktionierenden und schönen Schieferdeckung undenkbar.

9.1 (unten links) Arbeitsplatz für das Zurichten der Steine und Sitz des Zurichters auf der Haubank. Die behauenen und gelochten Decksteine werden neben der Haubank in mehreren Vorsortierungen abgelegt. Foto 1952.

9.2 (unten rechts) Position der Haubrücke mit zwei Dornen und Hammerführung beim Behauen des Rohschiefers. Foto 1952.

9.1 Behauen und Lochen

Beim Behauen einer größeren Menge gespaltenen Rohschiefers sitzt der Dachdecker seitlich auf einer Haubank. Seine Werkzeuge sind der Schieferhammer und eine gebogene Haubrücke mit zwei Dornen. Diese bietet dem Rohschiefer ein stabileres Auflager als die auf dem Dach verwendete Haubrücke mit nur einem Dorn. Gelegentlich benutzt der Dachdecker zum Behauen der Zubehörformate, zum Beispiel einer größeren Menge Kehlsteine, eine Schieferschere.

Die Haubrücke wird standfest und mit etwas Neigung nach außen in das Holz der Haubank eingeschlagen, damit die Hammerspitze beim Abwärtsschwung nicht behindert wird und abfallender Schutt an der Haubank vorbei nach unten fallen kann.

Die linke Hand hält den Rohschiefer mittig auf der Haubrücke, wo der Stein das beste Auflager hat. Die Schneide des Schieferhammers wird mit kräftigen Schlägen dicht an der Haubrücke und parallel dazu vorbeigeführt. Die Hammerschneide trifft den Stein in einem gleich bleibend spitzen Winkel.

9.1.1 Hieb von oben, Hieb von unten

Das Behauen des Schiefers bewirkt ein schräges Absplittern der Steinkanten nach unten, während die der Hammerschneide zugekehrte Seite der Steinkante scharfkantig ausfällt. Die abgesplitterten Steinkanten werden auch Bruchkanten genannt.

Durch seitenrichtiges Auflegen des Rohschiefers auf die Haubrücke kann die Kantenabsplitterung gezielt der Ober- oder Unterseite der fertig behauenen Steine zugeordnet werden. Sinngemäß wird zwischen Hieb von oben und Hieb von unten unterschieden. Beide Hiebarten haben eine technische Funktion, die beim Behauen der Steine beachtet werden muss.

Hieb von oben besagt, dass beim fertig behauenen beziehungsweise verlegten Stein die Hiebkante zur Steinunterseite hin abgesplittert beziehungsweise der Dachfläche zugewandt ist.

Hieb von oben wird bei allen seitlich überdeckten Steinkanten angewendet. Dies sind die Brust der Decksteine, Fußsteine, Kehlsteine, Einfäller und die seitlich überdeckten Kanten der Gebinde- und Wassersteine.

Durch Hieb von oben wird die vom Wasser erreichbare Brust der vorgenannten Schiefer scharfkantig ausgebildet, das in der Seitenüberdeckung bis zur Brust vordringende Wasser durch die scharfe Hiebkante abwärts auf den darunter deckenden Schiefer abgeleitet.

Auf Brusthieb von oben beruht unter anderem die Regensicherheit von Schieferkehlen: Würde die Brust der Kehlsteine so behauen, dass die Kantenabsplitterung nach außen weist, könnte das in der Seitenüberdeckung bis zur Kehlsteinbrust vorlaufende Wasser seitwärts über die schrägen Splitterkanten auf die Kehlschalung überlaufen; die Schieferkehle wäre undicht.

Manche Rohschiefer haben bereits eine glatte, gerade Kante, die auf eine Naht oder auf einen Sägeschnitt zurückzuführen ist. Solche Kanten sind wie eine von Hand behauene wasserableitend; sie müssen nicht mit dem Schieferhammer nachbehauen werden.

Bei Kehlsteinen, Wassersteinen und Einfällern ist Nachbehauen erforderlich, wenn die am Rohschiefer vorhandene Kante einen mineralischen Belag, Absplitterungen, Kerben oder Spuren des Sägeschnittes aufweist.

Hieb von unten besagt, dass beim fertig behauenen beziehungsweise verlegten Schiefer die Hiebkante zur Steinoberseite hin abgesplittert und auf dem Dach sichtbar ist.

Mit Hieb von unten werden alle auf dem Dach freiliegenden Steinkanten behauen, damit die Schiefer entlang der Überdeckungsfugen schlüssig aufeinander liegen. Außerdem wird der Kopf der Steine mit Hieb von unten behauen.

9.1.2 Behauen »auf Lager«

Jeder Stein muss so behauen werden, dass er an der vorgesehenen Verwendungsstelle mit Rücken und Fuß schlüssig auf den zu überdeckenden Schiefern aufliegt und dabei das Lager der ihn überdeckenden Steine nicht behindert. Gewölbte Rohschiefer werden dergestalt behauen, dass sie sich auf dem Dach nach außen wölben.

Hat ein Rohschiefer eine glatte und eine unebene Spaltfläche, muss die unebene für die Außenseite des Decksteins bestimmt werden.

Ein keilförmig gespaltener Rohschiefer muss dergestalt behauen werden, dass die dünnere Steinpartie in die Höhen-

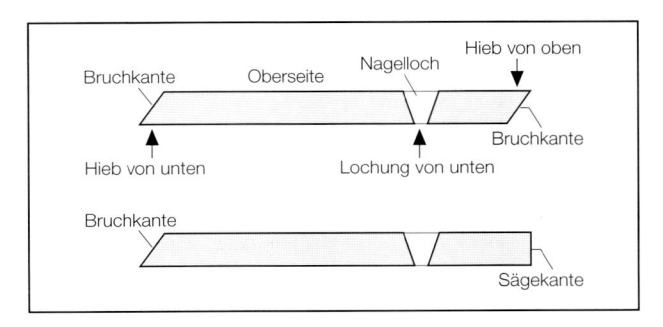

9.3 Auswirkung des Hiebes von oben und unten bei Rechtsdeckung, zum Beispiel von Decksteinen, Kehlsteinen, Einfällern.

9 Zurichten und Sortieren

9.4 Falsch behauener Deckstein und Kehlstein. Die auf der Steinoberfläche (Wetterseite) mit Gefälle zur Brust verlaufende Bruchrinne kann Wasser in die Seitenüberdeckung einleiten.

überdeckung des Decksteins zu liegen kommt.

Körnige oder knotige Verdickungen der Spaltfläche dürfen nicht in die Überdeckung verlagert werden, da sie dort das Lager des überdeckenden Schiefers behindern und Sperrung verursachen. Rohschiefer mit einer kantigen Bruchrinne auf der Spaltfläche, so genannte Wassereinträger, müssen so zugerichtet werden, dass die Bruchrinne das Wasser nicht in die Seitenüberdeckung oder gar gegen die Brust des behauenen Schiefers leiten kann. Besondere Aufmerksamkeit erfordern Kehlsteine, Wassersteine und Einfäller.

9.1.3 Hiebfolge beim Deckstein

Sowohl bei rechten wie auch linken Decksteinen wird zuerst die Brust behauen, sofern am Rohschiefer nicht bereits eine geeignete gerade Kante vorhanden ist. Anschließend wird der Stein gewendet, wodurch die schräge Kantenabsplitterung der Brust nach oben (auf dem Dach nach unten) zu liegen kommt. Nachfolgend werden bei rechten Decksteinen Rücken, Fuß und Kopf behauen, bei linken Decksteinen Fuß, Rücken, Kopf.

Rechte Decksteine
1. Brust. Hiebbeginn am Decksteinkopf. Anschließend wird der Stein gewendet.
2. Rücken
3. Fuß
4. Kopf, parallel zum Fuß.

Linke Decksteine
1. Brust. Hiebbeginn an der Decksteinspitze. Anschließend wird der Stein gewendet.
2. Fuß
3. Rücken
4. Kopf, parallel zum Fuß.

Rechte Kehlsteine
1. Brust. Hiebbeginn am Kehlsteinkopf. Anschließend wird der Stein gewendet.
2. Kopf
3. Rücken
4. Fuß und Fersenbruch.

Linke Kehlsteine
1. Brust. Hiebbeginn an der Kehlsteinspitze. Anschließend wird der Stein gewendet.
2. Rücken
3. Kopf
4. Fuß und Fersenbruch.

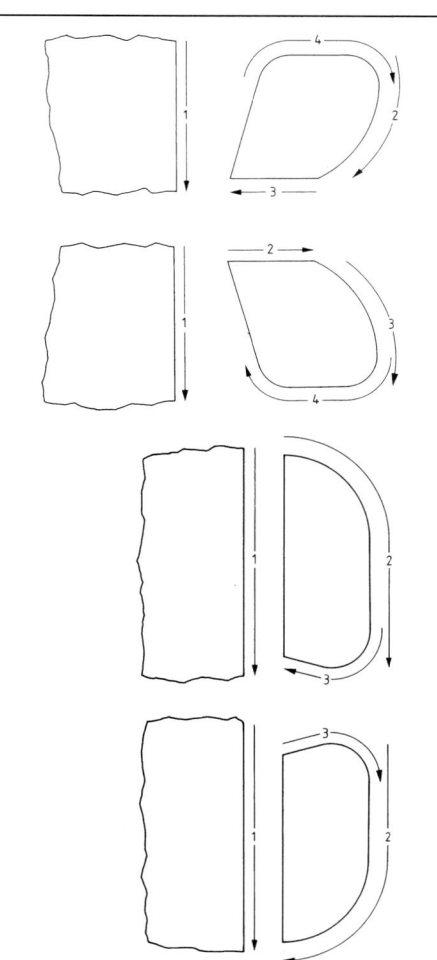

9.5 Hiebfolge beim Behauen von Decksteinen und Kehlsteinen. Die Figuren zeigen, wie die Steine beim Behauen auf der Brücke liegen.

Zum Behauen des Decksteinfußes wird der Schiefer auf der Haubrücke so gedreht, dass Brust und Haubrücke einen dem gewünschten Decksteinformat entsprechenden Winkel bilden. Das erfordert Augenmaß und Übung, ist aber Voraussetzung dafür, dass innerhalb einer Dachfläche alle Decksteine den gleichen Hieb und eine der Steinhöhe proportionale Seitenüberdeckung aufweisen.

Der Kopf der Decksteine muss parallel zum Fuß behauen werden, damit die Steine zentimetergenau sortiert werden können und im Deckgebinde eine gleichmäßige Höhenüberdeckung erzielt wird.

9.1.4 Lochen

Zum Einschlagen der Nagellöcher wird der fertig behauene Stein mittig auf die Außenkante der Haubrücke gelagert. Die Hammerspitze trifft den Stein direkt neben der Haubrücke.

Mit Ausnahme der an der Verwendungsstelle zu lochenden Schlusssteine werden alle mit Schiefernägeln zu befestigenden Steine von unten gelocht. Dazu wird die Hammerspitze in die Unterseite der Schiefer eingeschlagen. Der dabei aus der Steinaußenseite ausbrechende Trichter verhindert ein nachteiliges Auftragen des Nagelkopfes.

Der Abstand der Nagellöcher von den Steinkanten ist entsprechend der Größe und Dicke der Schiefer so zu bemessen, dass der Lochtrichter nicht an die Kantenabsplitterung heranreicht. Kantennahe Lochung könnte ein Ausbrechen der Schiefernägel, besonders beim Nageln auf einem federnden Dachschalungsbrett, bewirken. Andererseits dürfen die Nagellöcher nicht so tief im Stein sitzen, dass sie von der in der Überdeckung vorkriechenden Nässe erreicht werden können.

Decksteine und Kehlsteine erhalten jeweils drei, Ortsteine und Firststeine mindestens vier Nagellöcher (siehe Teil I, Kapitel 14).
- Seitlich überdeckte Kanten von Kehlsteinen und Kehlanschlusssteinen dürfen nur innerhalb der Höhenüberdeckung gelocht werden.

Einfäller werden nur am Kopf, Wassersteine nur am Kopf und in der Höhenüberdeckung der Brust gelocht!
Bei Steinen, die nur am Kopf befestigt werden können (Zwischenortsteine, Endortsteine, Schwärmer, Einfäller), werden die Nagellöcher höhenversetzt eingeschlagen.

Beim Behauen und Lochen der Steine verraten diese durch ihren Klang, ob sie frei von Gefügeschäden wie zum Beispiel Haarrissen sind. Im Zweifelsfall muss der Stein durch nochmaliges Abklopfen mit dem Schieferhammer auf klirrende oder dumpfe Geräusche »abgeläutet« und gegebenenfalls als Bruch aussortiert werden.

9.2 Sortieren

Da in den Deckgebinden zwar unterschiedlich breite, aber keine unterschiedlich hohen Decksteine verwendet werden, müssen die an die Baustelle angelieferten Decksteine zunächst nach Gattungshöhen sortiert werden. Decksteine für die Dachdeckung werden mit 1 cm Höhenunterschied sortiert.

Sorgfältiges Sortieren der Decksteine ist Voraussetzung für gleichmäßige Höhenüberdeckung in den Deckgebinden. Je sparsamer die Höhenüberdeckung veranschlagt wird und je kleiner die angelieferten Decksteine sind, umso geringer ist der Sicherheitsspielraum an Höhenüberdeckung. In solchen Fällen, besonders wenn die Mindesthöhenüberdeckung [1] angewendet wird, muss besonders sorgfältig sortiert werden. Nachlässig sortierte Steine könnten im Deckgebinde zu wenig überdeckt werden.

Das Sortieren geschieht meistens auf einer Sortierbank mit Anschlagleiste und Maßstab. Die Decksteine lagern im handlichen Stapel neben der Anschlagleiste und werden einzeln mit ihrem Kopf (oder Fuß) dagegen angelegt. Die Gattungshöhe wird auf dem Maßstab abgelesen und der Deckstein auf der Sortierbank auf den Stapel seiner Gattungshöhe abgelegt.

9.6 Sortieren der Decksteine nach Gattungshöhen. Damit in den Deckgebinden eine einheitliche Höhenüberdeckung erreicht und die in [1] geforderte Mindesthöhenüberdeckung nicht unterschritten wird, sollte auf 1 cm Höhendifferenz sortiert werden.

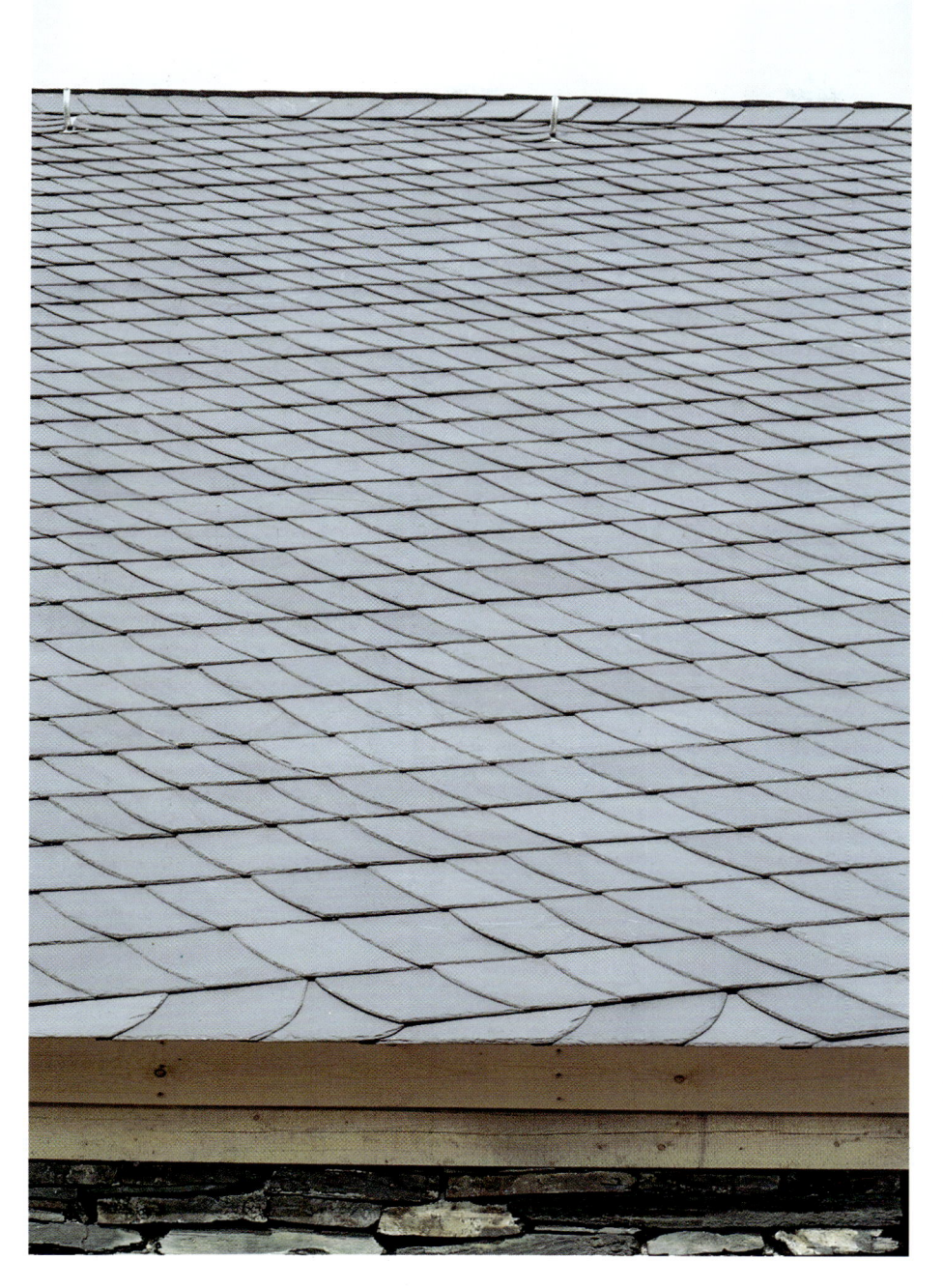

Die auf der Sortierbank gestapelten Decksteine müssen zügig abgeräumt und mit der Decksteinbrust nach unten in geraden Reihen abgesetzt werden. Auf der Sortierbank zu hoch gestapelte oder rau und nicht senkrecht abgesetzte Decksteine können einen Gefügeschaden bekommen.

Werden mehrere Reihen sortierter Decksteine übereinander abgesetzt, müssen die Decksteinrücken durch eine Zwischenlage, zum Beispiel aus dünnen Latten, geschützt werden.

Abweichend von der beschriebenen Methode wird im Verbreitungsgebiet des Thüringer Schiefers auch auf so genannten Maß- oder Nummernsteinen sortiert. Das sind mit Höhendifferenz von 5 mm (Strohhalmbreite) auf der Sortierbank nebeneinander ausgelegte und mit Ziffern nummerierte Decksteine. Diese liegen mit ihrem Rücken zum Sortierenden, Fuß nach rechts. Der zu sortierende Deckstein wird zwecks Maßprobe auf einen vermutlich passenden Maßstein, Ferse auf Ferse, aufgelegt und dann auf den für die Gattungshöhe zutreffenden Decksteinstapel abgelegt.

9.7 Altdeutsche Deckung mit Decksteinen im Thüringer Hieb.

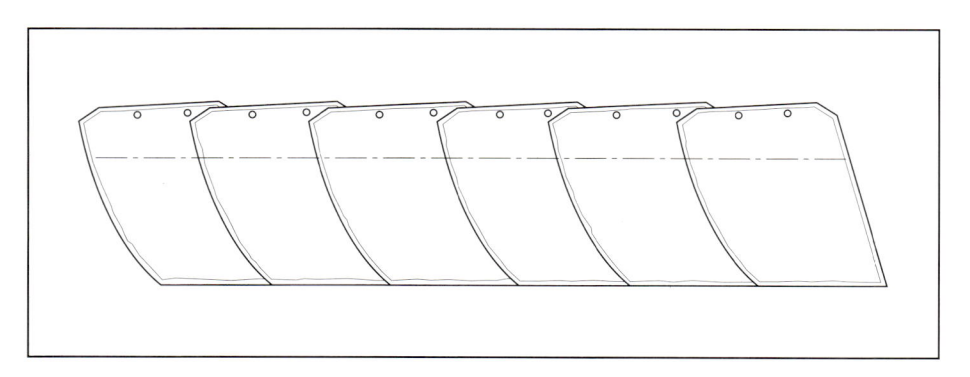

9.8 Kennzeichen des Thüringer Decksteinhiebes sind der im Vergleich zum normalen Decksteinhieb weniger gerundete Rücken und der zur Decksteinbrust ansteigende Kopf. Der Übergang vom Rücken zum Kopf hat den für Thüringer Hieb typischen Schrägschnitt.

10 Wahl der Decksteingrößen

Bei der Wahl der Decksteingrößen für ein Schieferdach sind technische, die Funktionssicherheit der Deckung betreffende Aspekte vorrangige Entscheidungskriterien. Dies sind besonders die Dachneigung, das Sparrengrundmaß und die Schlagregenbeanspruchung der einzelnen Dachfläche.

Grundsätzlich ist davon auszugehen, dass große Decksteine eine leistungsfähigere Seitenüberdeckung bieten und mehr Höhenüberdeckung zulassen als kleine Decksteine. Ein 30 cm hoher Deckstein überdeckt seitlich rund 9 cm, ein 18 cm hoher Deckstein nur etwa 5 cm. Das bedeutet:

Die größtmögliche Regensicherheit einer Dachfläche wird mit den unter dachkonstruktiven und optischen Bedingungen größtmöglichen Decksteinen erzielt.

Auf weniger geneigten Dachflächen oder auf Dachflächen mit einem großen Sparrengrundmaß muss die Regensicherheit zuerst mit angemessen großen Decksteinen angestrebt werden.

- Zu große Decksteine können das Deckungsbild erheblich beeinträchtigen, zu kleine Decksteine sind in jedem Falle riskant.

Bei der Wahl der Decksteingrößen ist die Tabelle 10.1 eine vom Dachdeckerhandwerk empfohlene Entscheidungshilfe. Diese Tabelle berücksichtigt zwar nur die Dachneigung, gewährt aber durch Überschneidung der tabellarisch geordneten Dachneigungsbereiche einen angemessenen Dispositionsspielraum für eine Berücksichtigung des jeweiligen Sparrengrundmaßes und der Dachdetaillierung.

Der Auftragnehmer muss verantworten, welche Decksteingrößen unter den Bedingungen des Einzelfalles zweckmäßig sind. Gegebenenfalls müssen größere Decksteine als die tabellarisch ausgewiesenen verwendet werden, um beispielsweise einem kritischen Sparrengrundmaß durch mehr Überdeckung oder einer besonders großen Dachfläche durch wirtschaftliche Decksteingrößen entsprechen zu können.

Unter diesen Aspekten wird sich ein steiles, aber großflächiges Dach mit großer Traufenhöhe kaum für kleine Decksteine der Sechzehntel- oder Zweiunddreißigstelsortierung anbieten. Andererseits können einer zwar nur mäßig geneigten, dafür aber kleinen Dachfläche keine Decksteine der Viertel- oder Achtelsortierung zugemutet werden.

Die konstruktiven Bedingungen des Einzelfalles sind zwar vorrangige Entscheidungskriterien bei der Wahl der Decksteingrößen, doch dürfen Aspekte der Dacharchitektur nicht außer Acht bleiben. Das filigrane altdeutsche Deckbild motiviert in den meisten Fällen die Entscheidung zugunsten eines Schieferdaches.

Die Decksteingröße hat umso größere Bedeutung, je deutlicher sich die Steinproportionen dem Betrachter mitteilen wie etwa bei Dachneigung ab 45° und geringer Traufenhöhe. Diese wohnhaustypische Situation fordert besonders dann kleine Decksteine, wenn das Dach durch Gauben und Kehlen interessant gegliedert ist. Mit zu großen Decksteinen sind ansehnliche Ort- oder Kehlendeckungen kaum realisierbar.

Die Altdeutsche Deckung ist durch die auf einer Dachfläche unterschiedlich hohen und unterschiedlich breiten Decksteine definiert. Die Deckung beginnt an der Traufe mit den größten und endet am First mit den kleinsten Gattungshöhen der jeweiligen Lieferung. Die Übergänge von einer Gattungshöhe zur nächstkleineren verlaufen unmerklich und stufenlos. Unpassende Steinbreiten werden durch Übersetzen ausgeglichen.

Infolge der auf einer Dachfläche unterschiedlichen Gebindehöhen und Decksteinbreiten hat die Altdeutsche Deckung bei gut gemischter Decksteinsortierung lebhafte Konturen, sie wirkt nicht monoton. Eine Verwechslung mit Schablonendeckungen soll durch folgende Fachregeln ausgeschlossen werden:

- Die erforderliche Verjüngung der Deckgebinde ist von der Sparrenlänge abhängig. Die Differenz zwischen der auf einer Dachfläche größten und kleinsten Gebindehöhe muss den Vorgaben der Tabelle 10.2 entsprechen. [1]
- Innerhalb einer Gebindehöhe muss die Differenz zwischen den breitesten und schmalsten Decksteinen, unabhängig von der Sparrenlänge, mindestens 4 cm betragen. [1]

Vorgenannte Regeln gelten nicht für Kleinflächen.

10.1 Empfohlene Decksteingrößen. [1]

Dachneigung in Grad	Empfohlene Decksteinsortierung	Decksteinhöhe [cm]
25 – 30	1/2	42 – 36
25 – 35	1/4	38 – 32
30 – 40	1/8	34 – 28
35 – 50	1/12	30 – 24
40 – 60	1/16	26 – 20
50 – 90	1/32	22 – 16
60 – 90	1/64	18 – 12

10.2 Vorgegebene Verjüngung der Deckgebindehöhen. [1]

Sparrenlänge [m]	Differenz zwischen der größten und kleinsten Gebindehöhe [mm]	Übliche Anzahl der zu verwendenden benachbarten Sortierung
≤ 6	≥ 40	1
≤ 8	≥ 60	2
< 8	≥ 80	2 – 3

11 Deckrichtung

Die Altdeutsche Deckung sowie die Bogenschnittdeckung und Schuppendeckung können in Rechts- oder Linksdeckung ausgeführt werden. Rechts- und Linksdeckung unterscheiden sich durch spiegelbildliche Konturen. Rechtsdeckung ist die Regelausführung. Sie erspart Rechtshändern das Arbeiten »über Hand«.

Wird ausdrücklich Rechts- und/oder Linksdeckung gewünscht, werden die Deckgebinde gegen die Hauptwindrichtung (Süd bis West) gedeckt. Das hat bei einer der Hauptwindrichtung gleichen oder ähnlichen Firstrichtung den Vorteil, dass starker Seitenwind das vor der Rückenfuge der Decksteine abfließende Wasser nicht in deren Seitenüberdeckung hineinpressen kann. Insofern ist Deckrichtung gegen die Hauptwindrichtung eine die Funktionssicherheit der eingangs genannten Deckungsarten aufwertende Maßnahme. Nicht jedes Dach bedingt Rechts- und/oder Linksdeckung. Unter normalen Bedingungen sowie bei einer für Schieferdeckung zweckmäßigen Dachkonstruktion und fachgerechter Schieferdeckung ist diese auch bei ausschließlich Rechtsdeckung schlagregensicher. Grundbedingung sind zweckmäßige, der einzelnen Dachfläche angemessen große Decksteine.

Rechts- und/oder Linksdeckung kann vorteilhaft oder notwendig sein:
- Bei freistehenden Dächern mit großer Traufenhöhe sowie bei frei stehenden Dächern in Regionen mit bekannt hohen Windgeschwindigkeiten zum Beispiel im Küstenvorland und auf freien Hochflächen der Mittelgebirge. Im Sauerland beispielsweise war einst Rechts- und/oder Linksdeckung obligatorisch.
- Bei flach geneigten Hauptdachflächen. Je geringer die Dachneigung, umso größer ist bei starkem Seitenwind die Abdrift des auf solchen Dachflächen nur träge abfließenden Wassers. Dem entsprachen auch die Fachregeln des Dachdeckerhandwerks von 1977/1983: »Zur Erzielung einer regensicheren Deckung ist bei Dächern mit geringer Neigung die Beachtung der Hauptwindrichtung (Rechts- und Linksdeckung) zu empfehlen«.
- Bei Verwendung kleinerer Decksteine als die vom Dachdeckerhandwerk für den jeweiligen Dachneigungsbereich empfohlenen (siehe Tabelle 10.1). Je kleiner die Decksteine, umso schmaler und anfälliger gegen Schlagregen ist deren formatbedingte Seitenüberdeckung.
- Bei Verwendung von Decksteinen der Sechzehntel- und Zweiunddreißigstel-Sortierung im normalen Hieb auf schlagregenexponierten Hauptdachflächen.
- Bei Bogenschnittdeckung wegen des bei Bogenschnittschablonen unterhalb der Höhenüberdeckung platzierten Brustnagelloches.

Der Vorteil einer Deckrichtung gegen die Hauptwindrichtung Süd bis West kann indes nicht immer genutzt werden, da die Windrichtung nicht beständig ist. Wind und Regen kommen für eine Schieferdeckung oft »aus der falschen Richtung«. Auch für quer zur Hauptwindrichtung orientierte Dachflächen kann es keine »richtige Deckrichtung« geben. Schließlich kommt der Wind auch für einen Teil einer kegelförmigen Dachfläche immer aus der falschen Richtung wie auch bei einer Spitzwinkeldeckung eine der schrägen Überdeckungsfugen immer gegen den Schlagregen offen ist.

Die aktuellen Regelwerke enthalten keine Vorgaben oder Empfehlungen für die Deckrichtung bei Schieferdeckung. Der auftragausführende Dachdeckerbetrieb muss im Einzelfall entscheiden, ob Rechts- oder Linksdeckung notwendig ist.

Die Deckrichtung ist auch ein Mittel zur Architekturgestaltung des Schieferdaches. Die Deckgebinde können zum Beispiel so ausgerichtet werden, dass der Betrachter einer im bevorzugten Blickfeld liegenden Dachfläche entweder gegen die Decksteinrücken oder an diesen entlang blickt.

Beim Walmdach ist bei den im Blickfeld liegenden Dachflächen ein symmetrisches Deckungsbild möglich, wenn die Deckgebinde beiderseits des Gratsparrens, bei etwa gleicher Größensortierung der Decksteine, mit Anfangortgebinden beginnen. Dabei ist es nicht erforderlich, dass die Deckgebindelinien auf der Gratlinie höhengleich zusammengeführt werden.

Eine zweckdienliche Variable ist die Deckrichtung auch bei der praktischen Kehlendeckung: Mittels Deckrichtung kann der Kehlverband von Haupt- oder Sattelkehlen funktionell und/oder architekturorientiert konzipiert werden. Gegebenenfalls kann durch Rechts- oder Linksdeckung eine Einfällerkehle vermieden und die Deckung der Kehlgebinde vom Wasserstein aus realisiert werden.

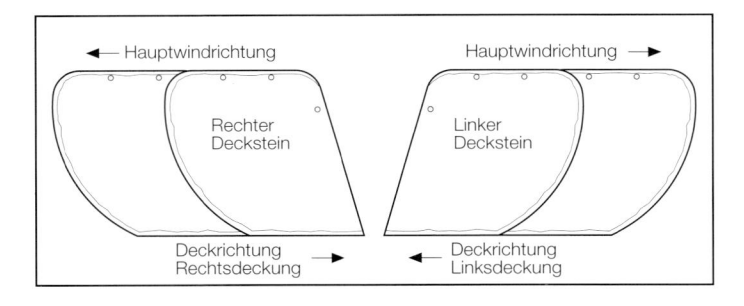

11.1 Ausrichtung der Deckgebinde nach der Hauptwindrichtung durch rechte oder linke Decksteine.

12 Überdeckung

Jeder Deckstein wird am Kopf und an der Brust von einem anderen Schiefer überdeckt. Sinngemäß spricht man von Höhen- und Seitenüberdeckung.
Die in der Deckung sichtbare, nicht überdeckte Fläche des Decksteins wird Sichtfläche oder Deckfläche genannt.
In der Abbildung 12.1 ist dargestellt, wie Überdeckung und Sichtfläche einander zugeordnet sind und den Wasser ableitenden, regensicheren Verband der Decksteine ergeben. Dargestellt ist die aus der Konstruktion des normalen und scharfen Hiebes resultierende, formatbedingte Seitenüberdeckung, das heißt Seitenüberdeckung ohne Fersenversatz.

12.1 Seitenüberdeckung

Die Seitenüberdeckung wird auf der Höhenüberdeckungslinie zwischen Brust und Rücken von seitlich überdeckenden Decksteinen gemessen.
Die Abmessung der Seitenüberdeckung ist von der Form des Decksteins, dem so genannten Hieb, abhängig.

12.1 System des Decksteinverbandes und der Überdeckungen bei Decksteinen im normalen Hieb. Darstellung der formatbedingten Seitenüberdeckung, ohne Fersenversatz.

Dieser ist eine Funktion des Brust- und Rückenwinkels (Bild 12.2).
Decksteine werden meistens im normalen und scharfen Hieb zugerichtet. Diese sind in [1] bezüglich Hieb und Seitenüberdeckung wie folgt abgegrenzt:
- *Deckstein im normalen Hieb*
  Brustwinkel 74°, Rückenwinkel 125°, Seitenüberdeckung 29 % der Decksteinhöhe.

Bei Decksteinhöhen ≤ 17 cm muss die Seitenüberdeckung durch angemessenen Fersenversatz auf mindestens 5 cm erhöht werden.
- *Deckstein im scharfen Hieb*
  Brustwinkel 65°, Rückenwinkel 135°, Seitenüberdeckung 38 % der Decksteinhöhe.

Auf Wunsch werden Decksteine auch im stumpfen Hieb [1] zugerichtet.

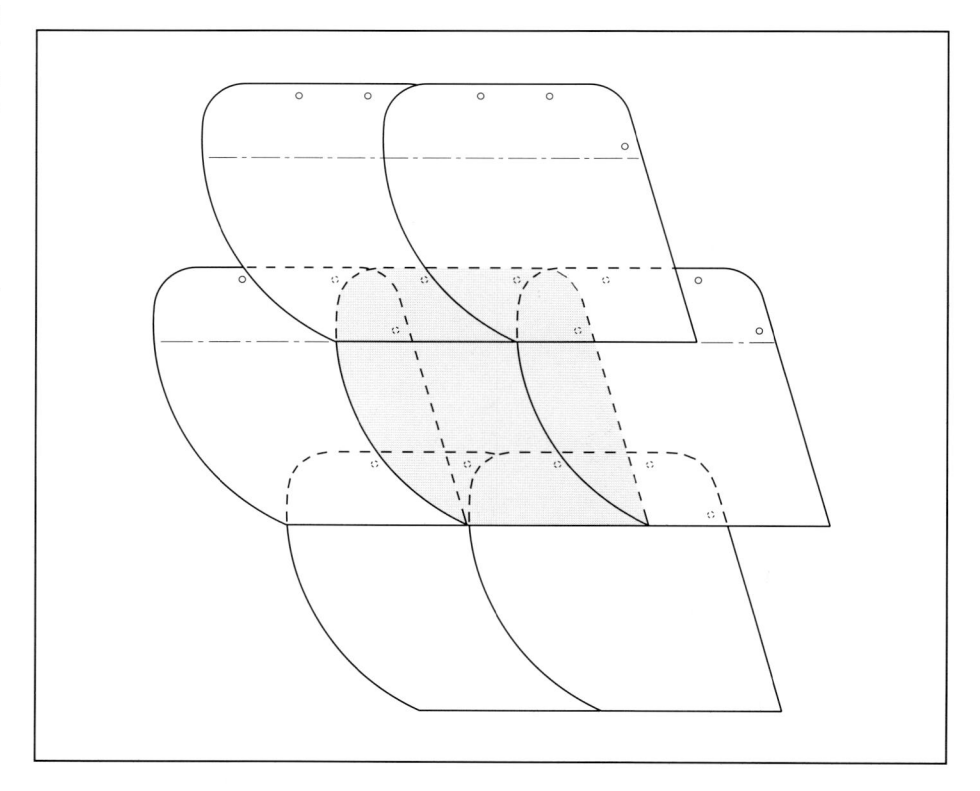

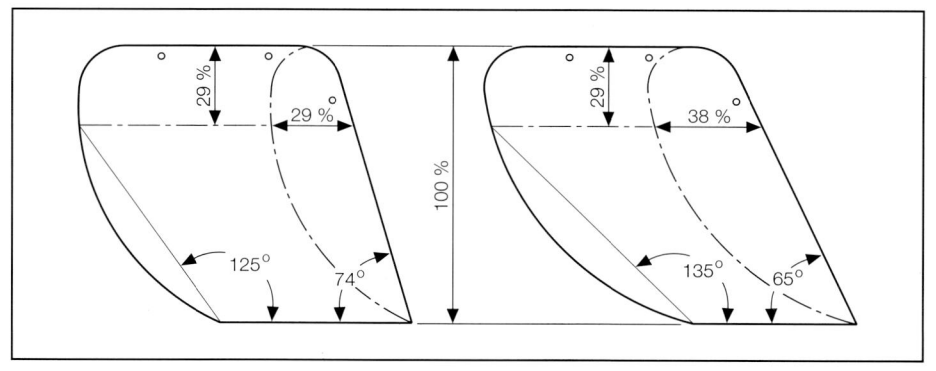

12.2 Deckstein im normalen Hieb (links) und scharfen Hieb (rechts). Die Größe des Brust- und Rückenwinkels bestimmt die Abmessung der formatbedingten Seitenüberdeckung und den Werkstoffverbrauch.

Wie ersichtlich, wird die Abmessung der formatbedingten Seitenüberdeckung nach der Decksteinhöhe berechnet. Dadurch wird Folgendes erreicht:
- Die formatbedingte Seitenüberdeckung hat bei allen im gleichen Hieb zugerichteten Decksteinen von gleicher Höhe und beliebiger Breite dieselbe Abmessung.
- Da auf einer Dachfläche die kleinsten Decksteine am First und die größten an der Traufe decken, ergibt sich analog zu der in Gefällerichtung stetig zunehmenden Steinhöhe und Wassermenge eine im gleichen Verhältnis zunehmend breitere Seitenüberdeckung.

Beispiel: Bei Verwendung von Decksteinen im normalen Hieb, 34 bis 24 cm hoch, beträgt die Abmessung der Seitenüberdeckung bei den am First deckenden kleinsten Steinen 7 cm und bei den an der Traufe deckenden größten Steinen 10 cm (Tabelle 12.4).
Beim freihändigen Zurichten der Decksteine nach Augenmaß sind Abweichungen von den in [1] definierten Hiebkonstruktionen unvermeidbar.

12.2 Höhenüberdeckung

Die Höhenüberdeckung wird an der Höhenmesslinie, also rechtwinklig zur Höhenüberdeckungslinie (Gebindelinie) gemessen.
Während die Abmessung der Seitenüberdeckung durch das Decksteinformat (Hieb) vorgegeben wird, ist die Abmessung der Höhenüberdeckung variabel. Sie muss vom Dachdecker unter Beachtung der unter Teil I, Kapitel 12.2.1 definierten Mindestüberdeckung auf die Neigung und das Sparrengrundmaß der jeweiligen Dachfläche abgestimmt werden.

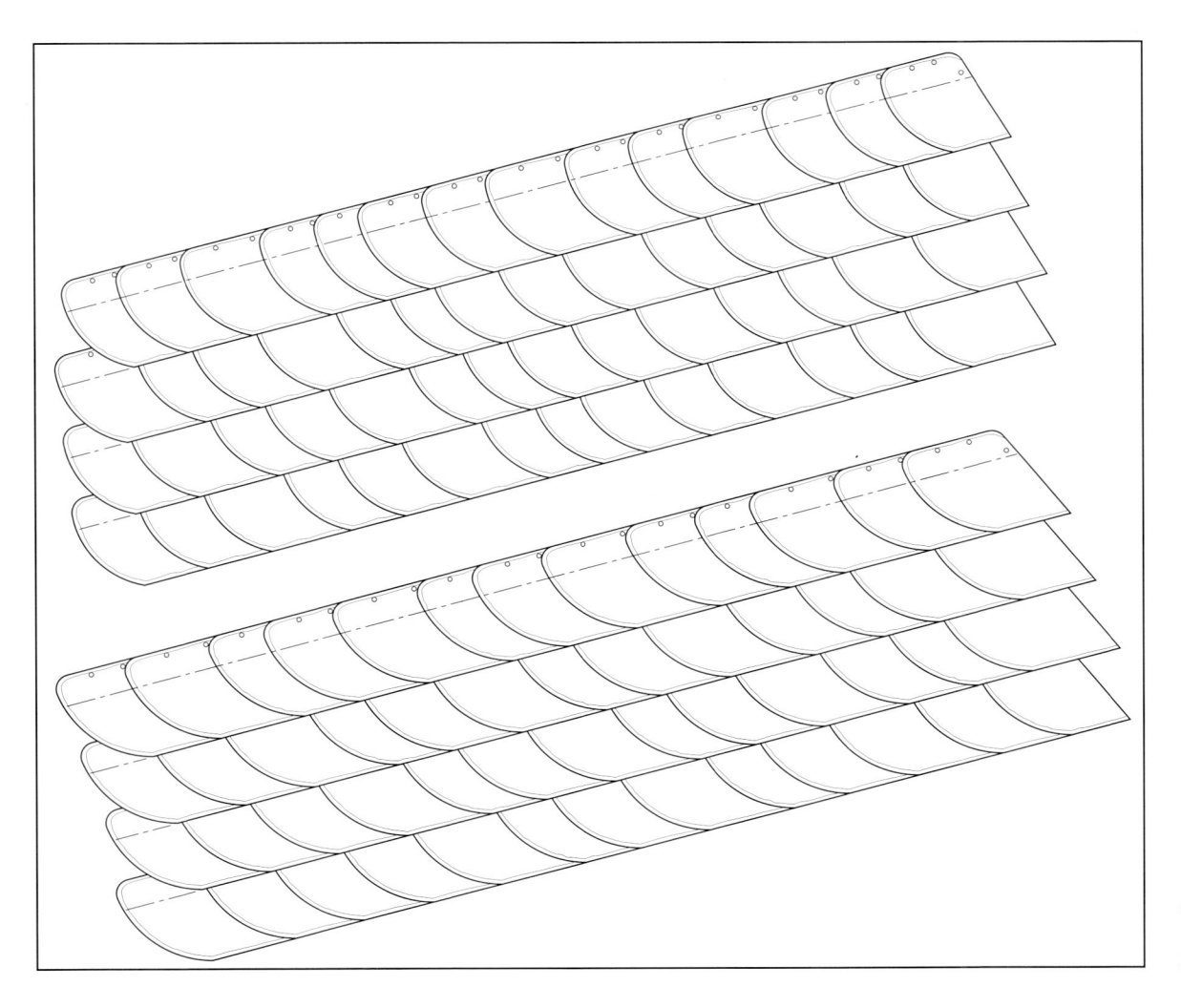

12.3 Decksteine im normalen Hieb (oben) und scharfen Hieb (unten).

12.4 Die Mindesthöhenüberdeckung bei Decksteinen im normalen und scharfen Hieb beträgt 29 % der Decksteinhöhe [1].
Die Mindestseitenüberdeckung bei Decksteinen im normalen Hieb beträgt 29 % der Decksteinhöhe, bei Decksteinen im scharfen Hieb 38 % der Decksteinhöhe [1].
Die in der Tabelle ausgewiesenen Abmessungen der Mindestüberdeckung sind Rechenwerte, die an der Baustelle praxisrelevant aufgerundet werden müssen.

- Bezugsgröße für die Bestimmung der Höhenüberdeckung ist die Höhe des einzelnen Decksteins oder die des jeweiligen Deckgebindes.

Dadurch wird (wie bei der Seitenüberdeckung) erreicht, dass die Abmessung der Höhenüberdeckung an jeder Stelle der Dachfläche der Decksteinhöhe proportional ist. Folglich ist die Höhenüberdeckung im Traufenbereich, wo das meiste Wasser anfällt, am größten, während sie dachaufwärts im gleichen Verhältnis wie Decksteinhöhe und Wassermenge abnimmt.

12.2.1 Mindesthöhenüberdeckung

Die Höhenüberdeckung der Decksteine muss beim normalen und scharfen Hieb mindestens 29 % der Decksteinhöhe betragen [1].
Decksteine ≤ 17 cm Höhe müssen mindestens 5 cm überdeckt werden. Bei Gattungshöhen über 42 cm genügt eine Höhenüberdeckung von 12 cm.
Die in den Fachregeln bestimmte Mindesthöhenüberdeckung der Decksteine ist nicht das generell anzuwendende, reguläre Überdeckungsmaß. Der in Tabelle 12.4 jeder Decksteinhöhe zugeordnete Rechenwert der Mindesthöhenüberdeckung versteht sich als Abgrenzung gegen unzulässige, im Normalfall unzureichende Überdeckungsmaße. Da an der Baustelle die Deckgebinde nicht millimetergenau geschnürt werden können, müssen die Rechenwerte der Höhenüberdeckung auf praktikable Abmessungen aufgerundet werden.

12.2.2 Drittelüberdeckung

Durch Drittelüberdeckung wird die Altdeutsche Deckung (Einfachdeckung) mit einer besonders funktionssicheren Höhenüberdeckung ausgestattet.

Decksteinhöhe	Mindestüberdeckung	
	29 % [1)2)]	38 % [3)]
42	12,2	16,0
41	11,9	15,6
40	11,6	15,2
39	11,3	14,8
38	11,0	14,4
37	10,7	14,1
36	10,4	13,7
35	10,2	13,3
34	9,9	12,9
33	9,6	12,5
32	9,3	12,2
31	9,0	11,8
30	8,7	11,4
29	8,4	11,0
28	8,1	10,6
27	7,8	10,3
26	7,5	9,9
25	7,3	9,5
24	7,0	9,1
23	6,7	8,7
22	6,4	8,4
21	6,1	8,0
20	5,8	7,6
19	5,5	7,2
18	5,2	6,8
17	5,0	6,5
16	5,0	6,1
15	5,0	5,7
14	5,0	5,3
13	5,0	5,0
12	5,0	5,0

1) *Mindesthöhenüberdeckung beim normalen und scharfen Hieb*
2) *Mindestseitenüberdeckung beim normalen Hieb*
3) *Mindestseitenüberdeckung beim scharfen Hieb*

Bei der Drittelüberdeckung der Decksteine beträgt die Abmessung der Höhenüberdeckung ein Drittel der Decksteinhöhe.
Die Drittelüberdeckung kann besonders empfohlen werden, wenn auf einer Dachfläche kleinere als in der Tabelle 10.1 empfohlene Decksteingrößen verwendet werden.
Angesichts der bauüblichen Verlegetoleranzen in Zentimeterdimension bietet die Drittelüberdeckung einen praxisgerechten Sicherheitsspielraum. Dieser verhindert in den Deckgebinden ein Unterschreiten der geforderten Mindesthöhenüberdeckung bei ungenau sortierten Decksteinen oder bei nicht korrekt geschriebener Deckgebindelinie.
Schließlich ist zu bewerten, dass die Höhenüberdeckung auch die Seitenüberdeckung entlasten muss. Diese ist formatbedingt im unteren Bereich sehr schmal und nicht mehr funktionssicher. Deshalb müssen die Decksteine vom vorherigen Gebinde so hoch unterdeckt sein, dass das unter widrigen Umständen in den kritischen Bereich der Seitenüberdeckung hineinstauende und seitwärts über die Brust abdriftende Wasser von der darunter befindlichen Höhenüberdeckung sicher aufgenommen wird. Gleiches gilt für das in der Überdeckung sich ausbreitende Kapillarwasser. Diese kriechende Nässe hat auf flach geneigten Dächern einen beachtlichen Aktionsradius. Bei zu wenig Überdeckung gelangt die Feuchtigkeit über Staubbrücken auf die Deckunterlage und gefährdet im Laufe der Zeit die Dachschalung.

12.3 Fersenversatz

Die Decksteinferse hat die Funktion einer Tropfnase.
Ein großer Teil des auf der Dachdeckung abfließenden Wassers läuft an

12 Überdeckung

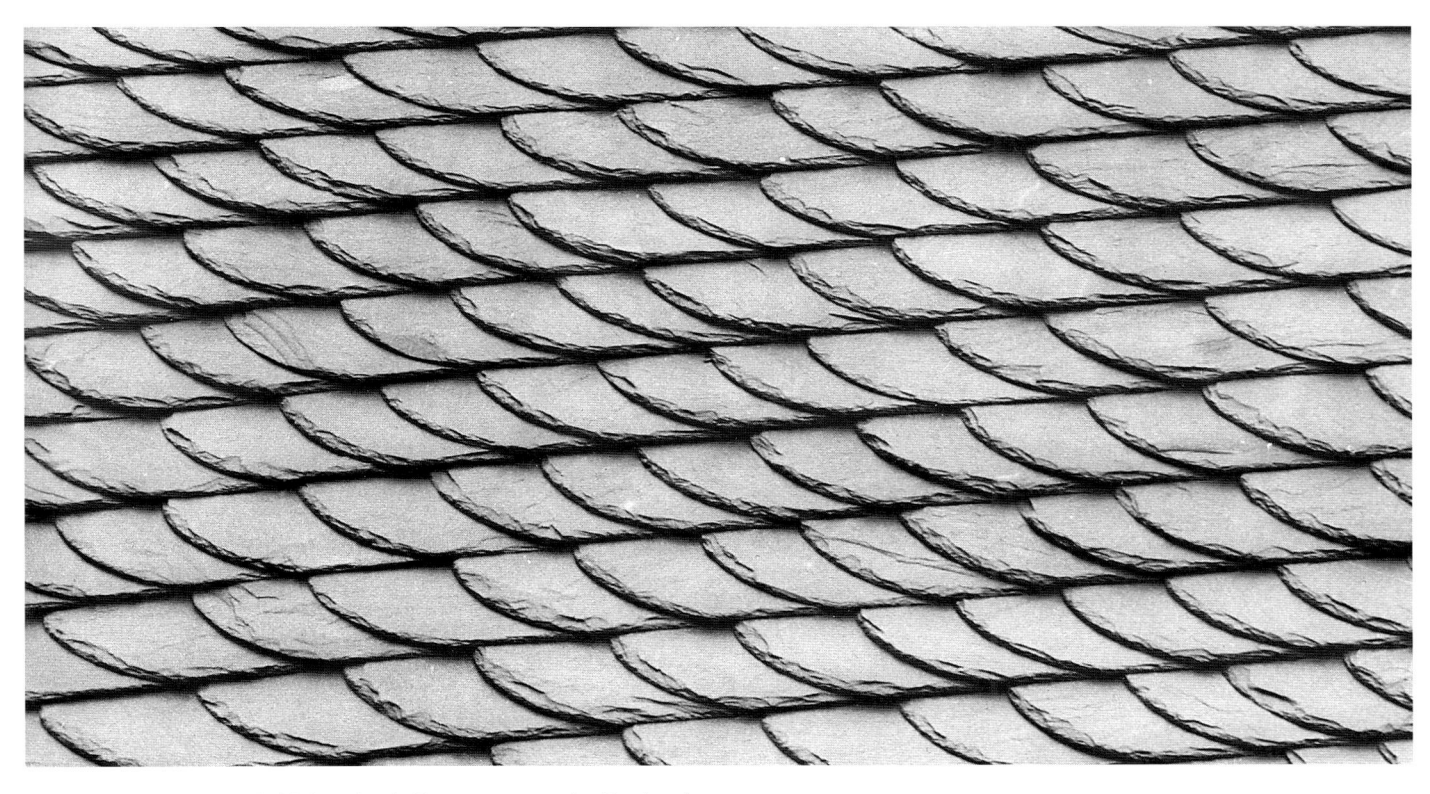

12.5 Geschlossene Fußlinien durch Fersenversatz der Decksteine.

den Rücken der Steine entlang, um an der jeweiligen Ferse auf den darunter befindlichen Stein abzutropfen.
Damit dies nicht unmittelbar vor der Rückenfuge geschieht, müssen die Decksteine etwa 5 bis 10 mm (je nach Steingröße) von der darunter befindlichen Rückenfuge abgerückt werden. Durch Fersenversatz kann auch eine unzureichende konstruktive Seitenüberdeckung, zum Beispiel beim stumpfen Hieb, auf die geforderte Abmessung verbreitert werden.
Durch den Fersenversatz vergrößert sich zwangsläufig auch der Materialverbrauch für die Leistungseinheit.
Decksteine müssen auch mit *durchhängender Ferse* gedeckt werden [1]. Der Fersendurchhang wird erreicht, indem die Spitze der Steine etwas über die geschnürte Deckgebindelinie angehoben beziehungsweise die Decksteinferse etwas unter die Schnürung abgesenkt wird.
Der Fersendurchhang hat ästhetische Funktion. Die aus der Nähe unschön wirkende Stoßfuge zwischen Spitze und Rücken wird verdeckt. Deshalb ist Fersendurchhang auch bei anderen Steinen mit kantiger oder runder Ferse, besonders Kehlsteinen, vorteilhaft.

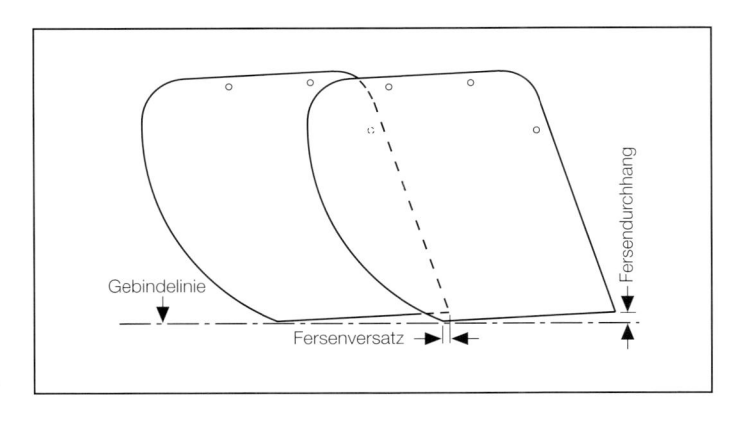

12.6 Fersenversatz und Fersendurchhang bei Decksteinen (unmaßstäblich).

13 Gebindesteigung

Auf Dächern werden die Deckgebinde mit Gebindesteigung gedeckt. Gebindesteigung ist der Fachausdruck für das schräge Ansteigen der Deckgebinde in einem spitzen Winkel zur Traufe.

Auf Dachflächen fließt ein großer Teil des Wassers an den Decksteinrücken entlang. Dabei unterspült das Wasser die Decksteinrücken in einer mehr oder weniger breiten Randzone. Dies umso intensiver, je weniger die Dachfläche geneigt ist, unter widrigen Umständen bis zur Decksteinbrust.

Die Gebindesteigung bringt Rücken und Brust der Decksteine in eine Wasser abweisende Schräglage zum Dachgefälle und entlastet dadurch die Seitenüberdeckung der Decksteine. Durch Gebindesteigung wird die Dachdeckung regensicherer.

Dachneigung in Grad	Mindestgebindesteigung in cm auf 100 cm Traufenlänge
25	57,7
30	50,0
35	42,6
40	35,7
45	29,3
50	23,4
55	18,1
60	13,4
65	9,4
70	6,0

13.1 Die Abmessung der Mindestgebindesteigung ist vom Neigungswinkel der jeweiligen Dachfläche abhängig.

13.1 Mindestgebindesteigung

In der Praxis wird die Gebindesteigung meistens vor Ort nach Augenmaß abgetragen. Dabei ist zu beachten, dass die in [1] vorgeschriebene Mindestgebindesteigung nicht unterschritten werden darf.

Das Maß der Mindestgebindesteigung ist von der Dachneigung abhängig.

In der Tabelle 13.1 ist angegeben, wie viel Zentimeter Gebindesteigung auf 100 cm waagerechter Traufenlänge mindestens erforderlich sind.

Die jeweils erforderliche Mindestgebindesteigung kann auch zeichnerisch bestimmt werden. Das dazu erforderliche Schema wird vor Beginn der Fußdeckung aufgrund des vor Ort zu bestimmenden Dachneigungswinkels auf die Dachfläche abgetragen [1].

Die vorgeschriebene Mindestgebindesteigung berücksichtigt nur die Dachneigung und gilt für den Normalfall. Den Deckgebinden muss mehr Gebindesteigung gegeben werden, wenn die Anforderungen an die Deckung größer als im Normalfall sind. Zum Beispiel auf Dachflächen mit großem Sparrengrundmaß, auf schlagregenexponierten Dachflächen oder wenn in den vorgenannten Fällen kleinere Decksteine als in Tabelle 10.1 empfohlen verwendet werden sollen.

Allerdings kann starke Gebindesteigung die Schieferdeckungsarbeiten behindern. Das Arbeiten auf einem sehr schräg hängenden Stuhlgerüst ist unbequem und ermüdend. Auch kann die formale Ausbildung der Kehlübergänge oder der Anfangorte am Grat mit zunehmender Gebindesteigung schwieriger werden.

Ausnahmesituationen können dazu veranlassen, auf Gebindesteigung zu verzichten wie zum Beispiel bei zwiebelförmig oder in Gefällerichtung konvex gekrümmten Steildachflächen. Soll ohne Gebindesteigung gedeckt werden, sollten vorsorglich Decksteine im scharfen Hieb verwendet werden.

Auch kegelförmige Steildächer werden meistens ohne Gebindesteigung gedeckt. Zwar ist Gebindesteigung auch bei solchen Dächern möglich, doch verschärft diese die bei Runddeckungen ohnehin auftretenden Probleme.

- Fachregel zur Gebindesteigung auf Kegeldachflächen: »Bei der Ausführung in Altdeutscher Deckung kann in Abhängigkeit von der Sparrenlänge bei Dachneigung ≥ 50° mit waagerechten Gebinden gearbeitet werden. Gegebenenfalls sind die Überdeckungen zu erhöhen.«

13.2 Höchstgebindesteigung

Die Steigung der Deckgebinde darf das Maß der Höchstgebindesteigung nicht überschreiten.

Bei der Höchstgebindesteigung haben Kopf- und Rückenfugen die gleiche Lage zur Richtung des Dachgefälles. Bei noch mehr Gebindesteigung könnte seitwärts driftendes Wasser in die Höhenüberdeckung einlaufen und die Kopfnagellöcher erreichen. Darum darf die Höchstgebindesteigung weder bei riskanter Dachneigung absichtlich noch auf kegel- oder halbkegelförmigen Dachflächen ungewollt überschritten werden!

Das Maß der Höchstgebindesteigung ist vom Format (Hieb) der jeweils verwendeten Decksteine abhängig. Sie beträgt bei der Grundkonstruktion des normalen Hiebes 75,3 cm, bei der des scharfen Hiebes 63,7 cm auf 100 cm waagerechter Traufenlänge.

Die an die Baustelle angelieferten Decksteine können jedoch zurichtungsbedingt von den in [1] definierten Grundkonstruktionen abweichen. Gegebenenfalls muss die Höchstgebindesteigung aufgrund der angelieferten Decksteine wie folgt bestimmt werden: Die Länge des Decksteinfußes wird an der Brust, von der Spitze zum Kopf, abgetragen und der Endpunkt dieser Strecke mit der Ferse verbunden. Die

Höchstgebindesteigung ist erreicht, wenn die so gefundene Linie der Richtung des Dachgefälles entspricht.

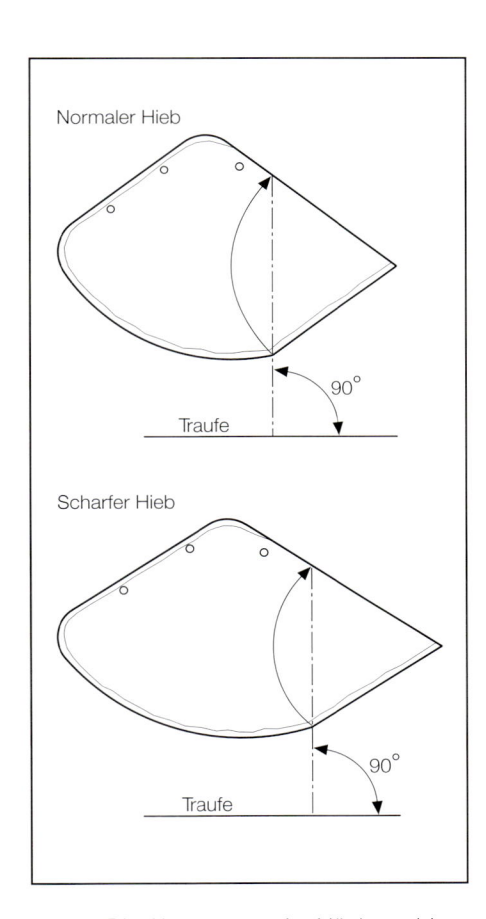

13.2 Die Abmessung der Höchstgebindesteigung ist vom Format (Hieb) der auf der jeweiligen Dachfläche verwendeten Decksteine abhängig.

13.3 Kegelförmige Dachflächen mit Neigung ≥ 70° bedürfen keiner Gebindesteigung.

14
Steinbefestigung

Die Haltbarkeit eines Schieferdaches ist weitgehend von der Qualität der Steinbefestigung abhängig. Befestigungsmittel mit ungenügendem Korrosionsschutz oder zu schwachem Ausziehwiderstand können das gerühmte Langzeitverhalten des Schieferdaches infrage stellen. Nicht selten musste eine noch funktionierende Schieferdeckung erneuert werden, da sie infolge korrodierter Schiefernägel »nagelfaul« war.

Zur sicheren Befestigung müssen die Steine so gelocht sein, dass die Nageltrichter nicht an die Kantenabsplitterung heranreichen. Andernfalls kann der Nagelkopf beim Federn oder Nachtrocknen der Dachschalung leicht ausbrechen. Je nach Größe und Dicke der Steine beträgt der Abstand des Nagelloches von der Steinkante etwa 15 bis 20 mm.

Schiefer mit Seiten- und Höhenüberdeckung werden nur innerhalb der Höhenüberdeckung gelocht und befestigt.

Die Nägel müssen senkrecht zur Steinfläche angesetzt werden; verkantete Nagelköpfe können das Nagelloch ausbrechen und das Lager des überdeckenden Schiefers behindern. Die Nagelköpfe müssen so angezogen werden, dass der Stein weder zu locker befestigt ist und später klappert noch durch Verspannen zu Bruch gehen kann.

Die Anzahl der erforderlichen Befestigungen pro Stein ist in [1] wie folgt vorgeschrieben:
- Decksteine: Bei Steinhöhen < 24 cm mindestens zwei, bei Steinhöhen ≥ 24 cm mindestens drei Befestigungen.
- Fußsteine, Gebindesteine, Ortsteine, Gratsteine: Mindestens drei Befestigungen.
- Firststeine: Mindestens vier Befestigungen innerhalb der Seitenüberdeckung.
- Kehlsteine, Kehlanschlusssteine: Mindestens drei Befestigungen.

Auf Turmdachflächen oder später schwer zugänglichen Dachverschneidungen sollten vorsichtshalber auch kleine Schiefer mit je drei Schiefernägeln oder Schieferstiften befestigt werden. Kleine Passstücke, kleine Anfangortstichsteine am Gratüberstand sowie kleine Ausspitzer bieten oft nur Platz für zwei Befestigungen.

Eine zusätzliche, nicht überdeckte Befestigung (Blanknagelung) von Firststeinen bietet nur für kurze Zeit mehr Sturmsicherheit. Auch bei Lochung von oben zieht der Nagelschaft Wasser auf das Dachschalungsbrett und verliert dadurch im Laufe der Zeit seinen Halt. Deshalb ist Blanknagelung von Firststeinen keine zuverlässige Befestigung.

Zur Befestigung der Schiefer auf Dachschalungsbrettern eignen sich Schiefernägel und Schieferstifte. Diese können feuerverzinkt oder aus Kupfer sein. Gelegentlich werden auch Schieferschraubstifte verwendet.

Schiefernägel haben einen vierkantig konisch geschmiedeten Schaft und einen kräftigen Kopf. Schieferstifte haben einen runden, Schieferschraubstifte einen gewindeähnlichen Schaft.

Die Länge der Schiefernägel und Schieferstifte muss mindestens 32 mm betragen. Es kann vorkommen, dass deren Spitzen an der Unterseite der Dachschalungsbretter herauskommen. Bei sichtbarer Unterseite der Schalung, zum Beispiel bei Dachüberständen, muss dies durch geeignete Massnahmen, nicht durch kurze Nägel oder Stifte ausgeschlossen werden.

Schieferstifte aus Kupfer oder nicht rostendem Stahl, ausgenommen Schraubstifte, müssen zur Verbesserung des Ausziehwiderstandes einen aufgerauten Schaft haben.

Der Mittelwert des Ausziehwiderstandes von 35 mm langen feuerverzinkten Schiefernägeln in Fichtenholz wird mit 646 N, der von 40 mm langen feuerverzinkten Schieferstiften mit 428 N und der von 35 mm langen Kupferschieferstiften mit gerautem Schaft mit 194 N angegeben [29].

Die bessere Haftfähigkeit von vierkantig konisch geschmiedeten Schiefernägeln im Vergleich zu Schieferstiften ist dadurch begründet, dass beim Eintreiben die Spaltrissbildung im Holz wesentlich geringer ist. Die zur Seite gedrückten Holzfasern erzeugen Druck auf eine größere Fläche des Nagelschaftes.

Wenn bei der Kehlendeckung gelegentlich längere Nägel oder Stifte erforderlich sind, müssen diese ebenfalls korrosionsgeschützt sein.

Bei Direktbefestigung auf Gasbeton oder nagelbaren Bauplatten sowie bei Schieferdeckung auf Holzspanplatten sollten die dafür erforderlichen Befestigungsmittel mit der Schieferindustrie abgestimmt werden.

15
Traufe und Fußgebinde

Grundlagen der Planung und Ausführung von Dachentwässerungen aus Metall sind die »Regeln für Metallarbeiten im Dachdeckerhandwerk« [30] sowie die Fachregeln des Klempnerhandwerks und einschlägige DIN-Normen. Bei Dachdeckungsarbeiten im Bereich der Traufe sind die »Fachregeln für Dachdeckungen mit Schiefer« [1] zu beachten.

Dachrinnen werden durch aggressives Regenwasser und sonstige Emissionen stark belastet. Da die Erneuerung einer verbrauchten Dachrinne bei einem noch intakten Schieferdach einen vergleichsweise großen Reparaturaufwand erfordert, sind alterungsbeständige Dachrinnen zum Beispiel aus halbhartem Kupferblech empfehlenswert. Kupferdachrinnen sind gegenüber normaler Industrie- und Großstadtatmosphäre weitgehend korrosionsbeständig.

15.1 Vorgehängte Dachrinnen

Beim Schieferdach wird meistens die vorgehängte halbrunde oder kastenförmige Hängedachrinne mit Traufblech (Rinneneinlaufblech) bevorzugt.
Die vorgehängte Dachrinne ist eine »außen liegende Dachrinne«; sie wird vor der Traufkante von Rinnenhaltern getragen. Bei fachgerechter Verlegung der vorgehängten Dachrinne wird bei einem Rinnendefekt kein Wasser in die Mauerkrone eindringen.
Die vorgehängte Dachrinne kann waagerecht oder mit Gefälle verlegt werden. Ein wirksames Rinnengefälle fördert zwar die Entwässerung der Dachrinne und die Selbstreinigung des Rinnenbodens, bietet jedoch keinen schönen Anblick. Deshalb wird aus ästhetischen Gründen gern die waagerechte Verlegung bevorzugt. Dabei muss jedoch wegen unvermeidbarer Verlegetoleranzen, Setzbewegungen der Konstruktion oder Verformung der Tragwerkhölzer mit stehendem Wasser in der Dachrinne gerechnet werden.

15.2 Dehnungsausgleich bei vorgehängter halbrunder Dachrinne.

Die Dachrinne muss sich bei temperaturbedingten Längenänderungen im Bereich von −20 °C bis +80 °C = 100 K ohne Zwängung bewegen können. Dazu ist bei Hängedachrinnen im Abstand von maximal 15 m ein Dehnungsausgleich erforderlich. Dieser kann zum Beispiel aus einem Fertigteil oder einer aus zwei Rinnenböden mit Brückenblech bestehenden Schiebenaht hergestellt werden. Von Ecken oder anderen Festpunkten dürfen die Dehnungsausgleicher höchstens 7,50 m Abstand haben.
Die Hinterkante der Dachrinne muss im Sinne eines Notüberlaufes mindestens 8 mm höher als die Rinnenvorderkante liegen.
Die Nahtverbindung der Rinnenbleche muss metallspezifisch analog den Regelwerken erfolgen. Rinnenlängen aus Kupferblech können durch Hartlöten sowie durch einreihiges Nieten und Weichlöten verbunden werden. Bei Anwendung eines geeigneten Lotes ist auch Weichlöten mit 10 mm Überdeckung ohne zusätzliches Nieten möglich. Bei Bauaufgaben des Denkmalschutzes werden Kupferbleche gelegentlich auch durch doppelreihiges Nieten und Hartlöten verbunden.

15.1 Traufe mit vorgehängter halbrunder Dachrinne, Traufblech und eingebundenem Fuß.

Damit bei den Schieferdeckungsarbeiten die Fuß- und Gebindesteine ein gutes Lager finden und nicht sperren, sollten die Rinnenhalter bündig in die Dachschalung eingelassen werden.

Die Dachrinne ist ein Wartungsdetail. Sie sollte regelmäßig gereinigt werden. Anderenfalls kann die Verschlammung der Dachrinne oder des Rinneneinlau-

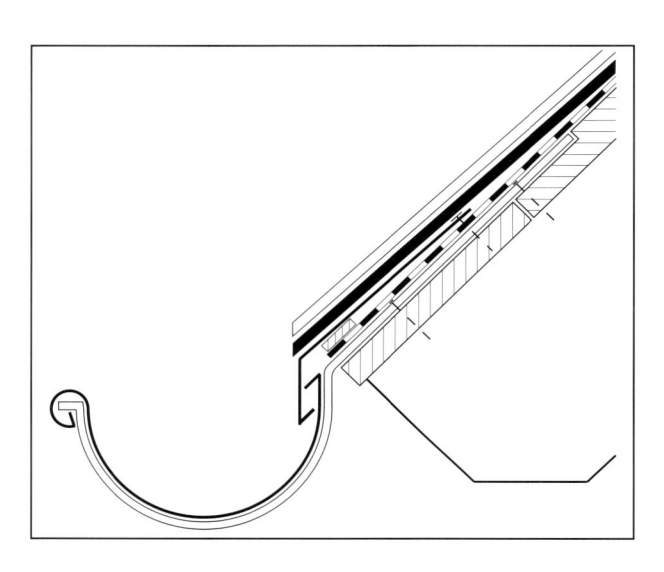

15.3 Vorgehängte halbrunde Dachrinne mit Traufblech.

fes so weit fortschreiten, dass der funktionsnotwendige Rinnenquerschnitt nicht mehr vorhanden ist und Stauwasser überfließt.
In den hinteren Falzumschlag der Dachrinne oder in die Federn der Rinnenhalter werden Traufbleche (Rinneneinlaufbleche) eingehängt. Diese verhindern, dass von der Dachdeckung abfließendes Wasser durch Wind über die hintere Rinnenkante getrieben wird. Müssen die Traufbleche tiefer in die Dachrinne greifen, können sie gekantet und mit der umgeschlagenen Längskante in durchgehende Haftstreifen eingehängt werden.
Eine Trennlage, zum Beispiel aus Bitumendachbahnen, schützt die Traufbleche gegen unterseitig einwirkende Schadstoffe.

Die Traufbleche sollten je nach Dachneigung und Größe der Schiefer 12 bis 15 cm auf die Dachfläche hinaufreichen. Ein Wasserfalz an der oberen Längskante der Traufbleche ist bei Schieferdeckung unzweckmäßig, da dieser das Lager kleiner Fuß- und Gebindesteine behindert.

Die Traufbleche können bei Längen bis zu 3 m lose überlappt und entlang der oberen Kante mit korrosionsgeschützten Breitkopfstiften befestigt werden. Bei dieser Ausführung muss die Schieferdeckung bis an die Vorderkante der Traufbleche reichen.
Alternativ, zum Beispiel auf flach geneigten Dächern, können die überlappten Stöße der Traufbleche auch gelötet werden. Für diesen Fall ist Verlegung mit Hakenhaften erforderlich. Bei gelöteten Stößen der Traufbleche muss im Abstand von 6 m ein Dehnungsausgleicher, zum Beispiel eine Flachschiebenaht, eingebaut werden. Dazu werden die an den Enden ca. 20 mm breit umgeschlagenen Traufbleche mit etwa 10 mm Abstand verlegt. Die Bewegungsfuge wird durch einen in die Dachrinne eingehäng-

ten Leistendeckel (Brückenblech) geschlossen. Alternativ kann die Bewegungsfuge auch durch ein Unterschubblech mit beidseitigem Umschlag oder Dreikantung unterlegt werden.
Wird auf eine Dachrinne verzichtet, zum Beispiel am Oberdach eines Mansarddaches, sollte ein Tropfblech angebracht werden. In solchen Fällen überragt die Fußdeckung die Dachkante etwa 5 cm und wird von den Tropfblechen etwa 12 bis 15 cm unterdeckt.

15.2 Aufliegende Dachrinnen

Objektbezogene Gründe können dazu veranlassen, anstelle einer vorgehängten Dachrinne eine auf der Dachfläche oder Außenwand »aufliegende Dachrinne« herzustellen. Damit kann die Traufe individuell und architekturkonform gestaltet oder einem historischen Vorbild angeglichen werden.

15.2.1 Liegerinnen

Die Liegerinne wird regional auch Aufdachrinne oder Stechrinne genannt. Diese Dachrinne besteht aus einem über die Dachkante vorkragenden breiten Vorstoßblech. Dessen Wulst oder Kantung wird von einem durchgehenden Haftblech gehalten und ausgesteift. Die einzelnen Vorstoßbleche überdecken auf Steildachflächen seitlich etwa 12 cm. Auf dem Vorstoßblech liegt das in Rinnenhaltern eingelegte, an der Hinterkante befestigte Rinnenblech. Die Liegerinne hat Gefälle und eine sichere Überhöhung der Hinterkante zur Wulst. Die einzelnen Längen der Liegerinne können, wie unter Teil I, 15.1 beschrieben, verbunden werden.
Rinnenzuschnitt und Rinnengefälle müssen eine Überdeckung der Rinnenhinterkante durch die Fußgebinde der Schieferdeckung von mindestens 120 mm gewährleisten.

15 Traufe und Fußgebinde

15.4 Aufliegende Dachrinne (Kastenrinne) und eingebundene Fußdeckung.

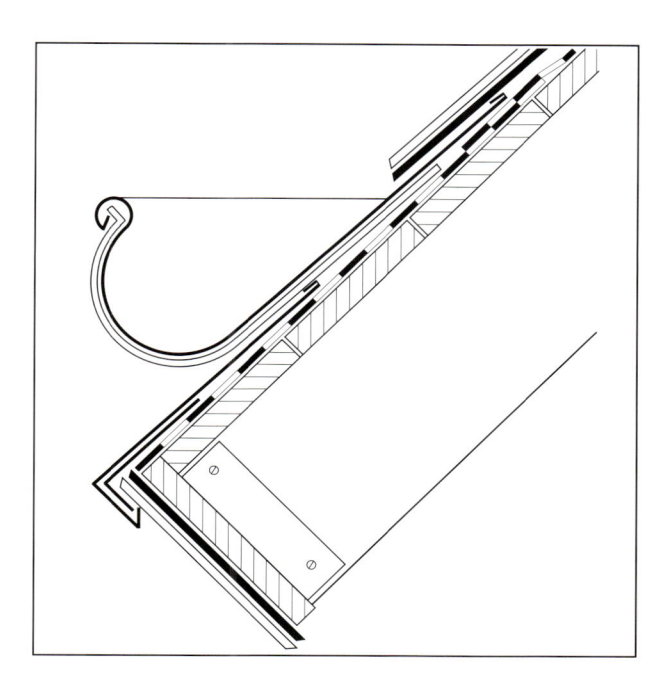

15.6 Aufliegende Dachrinne (Liegerinne, Aufdachrinne).

15.2.2 Sonderformen

Das sind zum Beispiel die auf der Außenwand auf einer hölzernen Unterkonstruktion aufliegenden (Kasten)rinnen mit bekleideter Stirnblende (Bild 15.5). Solche Dachrinnen befinden sich überwiegend auf großflächigen Dächern. Da sie objektspezifisch geplant werden, gibt es sie in unterschiedlicher Konstruktion und Ansicht.

Die Vorteile einer aufliegenden Kastenrinne sind bei dafür geeigneten Dächern das großvolumige Rinnenbett, welches auch bei großen Dachflächen und ergiebiger Regenspende kaum überflutet und selten durch abgleitende Schneemassen verformt wird.

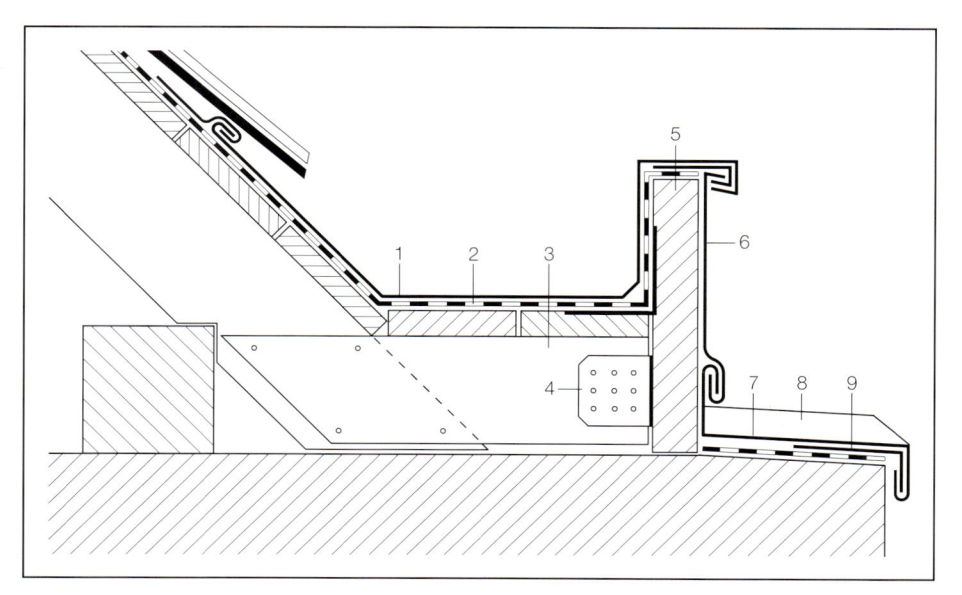

15.5 Beispiel einer aufliegenden Dachrinne (Kastenrinne) mit metallbekleideter Blende.
1 Rinnenblech, Cu 0,7 mm
2 Bitumenschweißbahn; Nahtverbindungen wasserdicht
3 Holzbohle
4 Lochplatte
5 Stirnbohle
6 Stirnblech, Cu 0,7 mm, mit Rinnenblech und Gesimsabdeckung verfalzt
7 Gesimsabdeckung aus Bleiblech 2 mm
8 Hohlwulst
9 Cu-Haftstreifen

Die Holzunterkonstruktion wird in Abhängigkeit von der Form und Beschaffenheit der Mauerkrone und des erforderlichen Rinnengefälles zimmermannsmäßig abgebunden und unter Beachtung der Schnee- und Windlast kraftschlüssig gefügt. Das Rinnenbett bedingt große Blechzuschnitte und eine auf ungestörte Entwässerung, Beweglichkeit der Teile und Verhütung von Leckagen zielende Klempnertechnik. Schließlich muss die Gestaltung der Blende mit der Dacharchitektur harmonieren. Besonders dann, wenn im Arbeitsbereich des Denkmalschutzes ein vorhandenes Dachrinnensystem mit dem historischen Befund einvernehmlich erneuert werden muss.

15.3 Fußgebinde

Altdeutsche Deckung, Bogenschnittdeckung und Schuppendeckung beginnen an der Traufe mit Fußgebinden. Die für die Fußdeckung erforderlichen Fuß- und Gebindesteine werden auf dem Gerüst aus sortiertem Rohschiefer zugerichtet. Die Größe dieser Zubehörformate sollte auf die jeweilige Decksteinsortierung abgestimmt werden (Tabelle 7.4). Dadurch ist gewährleistet, dass die Fußgebinde mit den darauf angesetzten Deckgebinden maßstäblich harmonieren und alle Steine im Bereich der Fußdeckung problemlos schichten.

Die Fußsteine sollten mit rundem Rücken zugerichtet werden, damit sie den Decksteinen gleichen. Möglich sind aber auch die einst im Sauerland und Thüringen üblichen Fußsteine mit geradem Rücken und schrägem Fersenbruch.

Vor Beginn der Fußdeckung wird die gedachte Fußlinie des ersten Deckgebindes entsprechend der gewählten Gebindesteigung auf die Dachfläche abgetragen.

Das erste Fußgebinde beginnt mit einem kleinen Eckfußstein, damit der erste Fußsteinrücken bis an die Außenkante des Ortüberstandes herangeführt werden kann. Auch wird durch den kleinen Eckfußstein ein gutes Lager des ersten Fußsteins erreicht.

Alle Steine der Fußgebinde müssen mit reichlich Seitenüberdeckung gedeckt werden. Die Fußdeckung wird, außer vom Wasser der gesamten Dachfläche, gegebenenfalls auch durch Schmelzwasserstau belastet. Deshalb die Empfehlung, Fuß- und Gebindesteine mit einem ausholend runden Rücken zuzurichten und deren Ferse mehrere Zentimeter über die Spitze des vorherigen Schiefers zurückzusetzen.

Die seitlich überdeckten Kanten der Fuß- und Gebindesteine müssen mit Hieb von oben zugerichtet werden. Die Rücken des auf dem Gebindestein anzusetzenden Fuß- und Decksteins sollen in Höhe der Gebindelinie gegeneinander stoßen. Der Decksteinrücken darf zwar etwas dicker, aber nicht dünner als der anschließende Fußsteinrücken sein.

Der am Ende des letzten Fußgebindes deckende Eckfußstein muss mit ansteigendem Kopf zugerichtet werden. Besonders am Grat muss dieser Eckfußstein angemessen lang sein, damit

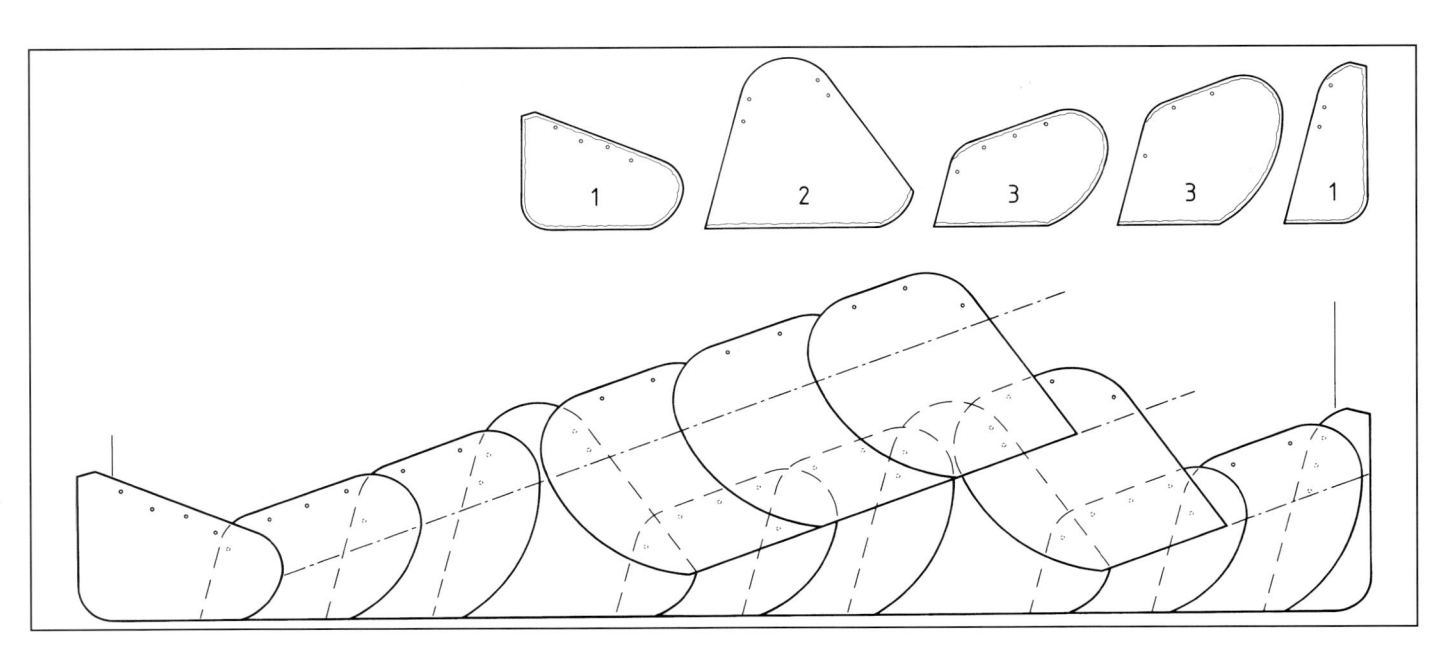

15.7 Steinformate für eingebundenen Fuß und Ansetzen der Fuß- und Deckgebinde bei Rechtsdeckung der Dachfläche.

15 Traufe und Fußgebinde

[Abbildung: Schnittzeichnung mit Beschriftungen: Haftstreifen, Stahlwinkel, Holzbohle, Rinnenblech, Stahlwinkel, Haft, Bitumenschweißbahn]

das Anfangort mit einem möglichst langen Anfangortstein begonnen werden kann, ohne über mehrere Fußsteinrücken schichten zu müssen.

Die Höhenüberdeckung der Fuß- und Gebindesteine muss mindestens der Höhenüberdeckung des jeweils überdeckenden Decksteingebindes entsprechen.

Gelegentlich wird auf dem Traufblech zunächst ein Traufengebinde (Reparaturgebinde) aus rechten oder linken Decksteinen gedeckt. Dem folgt dann der mit Fuß- und Gebindesteinen eingebundene Fuß. Das Traufengebinde erleichtert eine spätere Erneuerung der Dachrinne insofern, als aufwendige Eingriffe in den Steinverband der Fußdeckung entfallen.

Die Decksteine des Traufengebindes müssen durch Zurücksetzen der Ferse und/oder scharfen Hieb reichlich überdeckt werden.

15.8 Eingebundener Fuß auf waagerechtem Traufengebinde.

15.9 (oben rechts) Aufliegende Kastenrinne mit Wasserfangkasten und Regenfallrohr.

15.10 Schieferdach mit aufliegender Kastenrinne. Ansicht zu Bild 15.5.

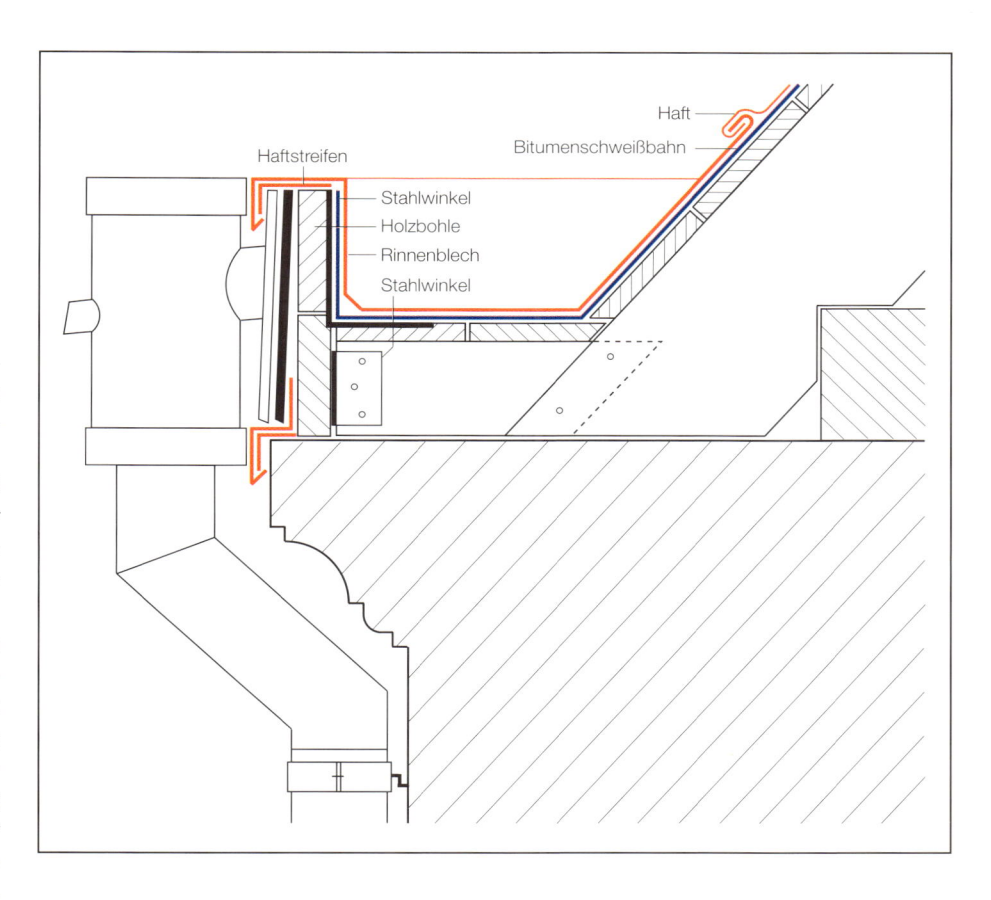

16 Giebelortgang

Der Ortgang, umgangssprachlich Ort genannt, ist der seitliche Abschluss der Dachdeckung. Der Ortgang am Giebel eines Pult- oder Satteldaches heißt Giebelortgang.

Die einfachste und zweckmäßigste Ausführung eines Giebelortganges besteht aus 10 bis 15 cm über die Giebelwand vorkragenden, nach Schnurschlag abgeschnittenen Dachschalungsbrettern, unterseitigem Hängebrett (Unterzug) und seitlicher Stirnleiste (Bild 16.1). Das gehobelte Hängebrett wird von der Unterseite her befestigt. Wird genagelt, müssen die Drahtstifte so lang sein, dass deren Spitzen an der Oberseite der Dachschalungsbretter hervortreten und umgeschlagen werden können. Die über Unterseite Hängebrett etwa 1 cm überstehende gehobelte Stirnleiste wird an der Kantenfläche des Hängebrettes befestigt.

Die Schieferdeckung überragt die Stirnleiste um etwa 5 cm. Eine gerade Überstandskante der Ortdeckung wird mittels straff gespannter Schnur oder gerade abgerichteter Ortlatte erreicht. Alternativ kann der Ortgang auch mit beweglich montierten Ortgangblechen oder als vertiefte Ortgangrinne hergerichtet werden.

Am Ortgang wird jedes Ortgebinde mit einem Anfangortgebinde begonnen und mit einem Endortgebinde beendet.

Die Höhen- und Seitenüberdeckung der Ortdeckung muss mindestens der des jeweiligen Deckgebindes entsprechen. Das ist besonders am Endort zu beachten, da die Decksteinrücken viel Wasser auf die Endortsteine leiten.

Die äußere Kopfspitze der am Ort deckenden Steine muss schräg gestutzt werden. Anderenfalls kann der im Ortüberstand befindliche Teil des Kopfes Wasser aufnehmen und dacheinwärts ziehen.

16.1 Anfangort

Die meisten Anfangortgebinde werden mit einem Stichstein und einem Anfangortstein gedeckt.

Anfangortsteine werden aus einem zur Decksteinsortierung passenden Rohschiefersortiment zugerichtet, Stichsteine aus Materialbruch oder aus Rohschiefer für Kehlsteine (Tabelle 7.3).

Im ersten Anfangortgebinde ist kein Stichstein erforderlich; auf den mit ansteigendem Kopf zugerichteten Eckfußstein deckt sogleich der erste Anfangortstein. Dieser muss ausreichend lang angesetzt werden, damit der erste Decksteinrücken so weit von der Ortkante entfernt ist, dass der Stichstein des zweiten Deckgebindes in der gewünschten Länge gedeckt und gut befestigt werden kann.

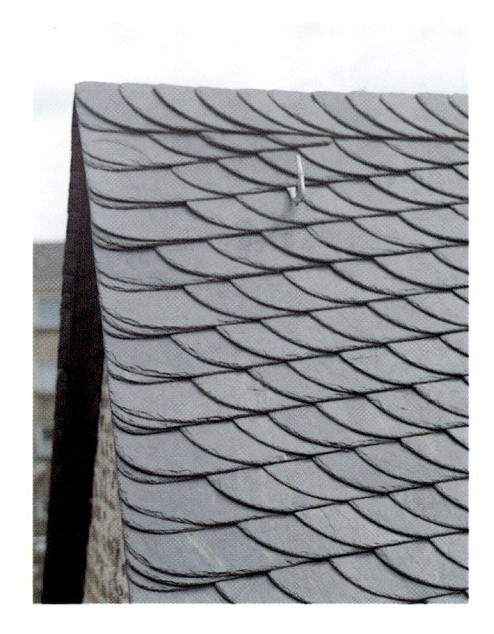

16.2 Giebelortgang mit Anfangort.

In den folgenden Gebinden wird der jeweils erste Decksteinrücken des vorherigen Deckgebindes von einem gleichermaßen dicken Stichstein angelaufen. Über der Stoßfuge deckt die Ferse des Anfangortsteins.

Die Anfangortsteine können einen runden oder geschwungenen Rücken haben. Runder Rückenhieb wird bevorzugt, da dieser mit den ebenfalls runden Decksteinrücken harmoniert. Mit geschwungenen Ortsteinrücken wird ein

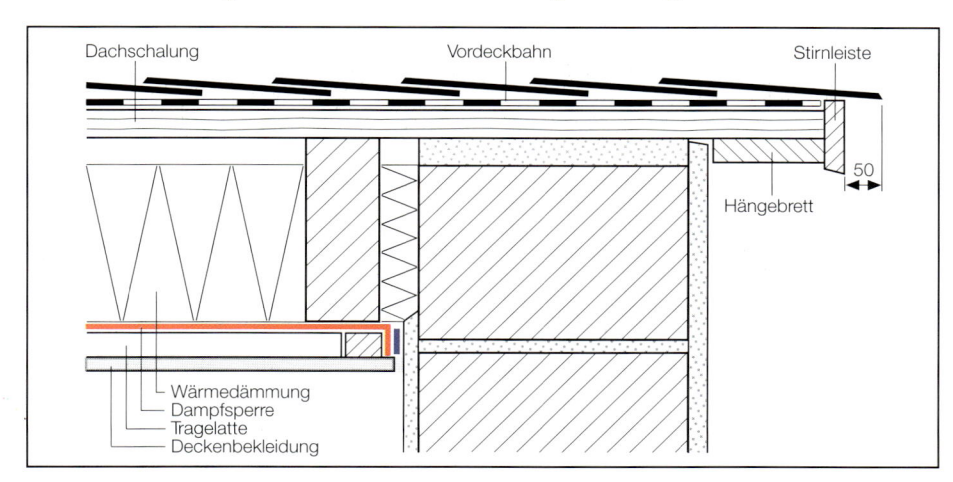

16.1 Giebelortgang mit vorkragender Schalung und Schieferdeckung. Die an der Sparrenunterseite verlegte Dampfsperre ist vor der Giebelwand umgeschlagen und wird samt Dichtband durch die Trägerlatte luftdicht gegen die geputzte Wand gepresst. Bei noch nicht geputzter Giebelwand sollte das unebene Mauerwerk im Bereich des Dampfsperrenanschlusses streifenweise vorgeputzt werden.

16 Giebelortgang

16.3 und 16.4 Anfangorte am Giebelortgang mit runden oder geschwungenen Steinrücken.

Zwischensteine regulieren die Länge der Anfangortgebinde.

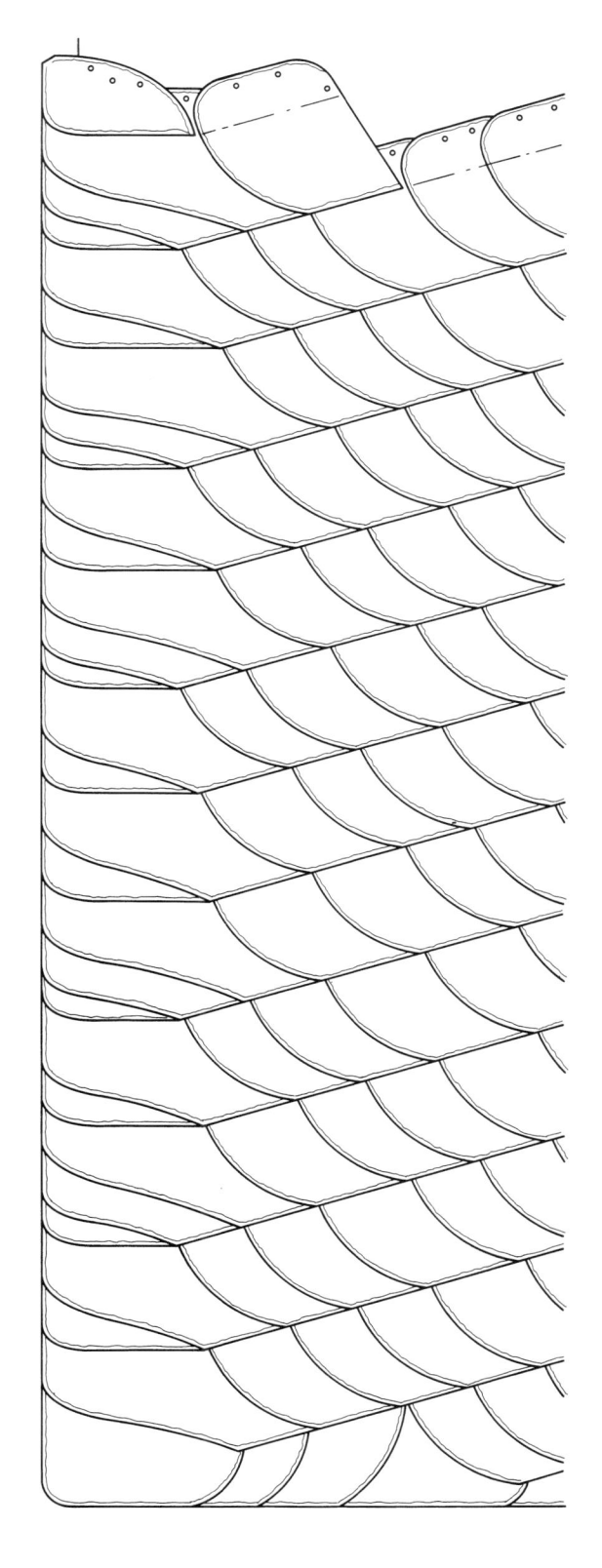

Kontrast zur Flächendeckung erreicht. Beide Spezies erfordern angemessen lange Steine, damit sich die Ortdeckung deutlich von den Decksteinproportionen abhebt. Der Rückenhieb muss bei allen Steinen der Ortgebinde gleichmäßig sein. Alle am Anfangort deckenden Steine müssen zur Ortkante hin gut abgerundet werden.

Schmale Decksteine im Vorfeld des Anfangortes sowie Decksteine im scharfen Hieb oder starke Gebindesteigung bewirken, dass der jeweils erste Decksteinrücken zu nahe an die Ortkante heranrückt, der folgende Stichstein nicht in der gewünschten Länge gedeckt werden kann. Damit das Drängen der Decksteinrücken zur Ortkante nicht zu einer unerwünschten Verkürzung der Ortgebinde führt, muss hin und wieder ein Zwischenstein eingeschaltet werden. Es läuft dann der Stichstein den ersten, der Zwischenstein den zweiten und der Anfangortstein den dritten Decksteinrücken im vorherigen Deckgebinde an (Bild 16.3). Durch den Zwischenstein wird das Anfangortgebinde um eine zusätzliche Decksteinbreite verlängert.

Um das Anfangort zu beleben, kann auch (wie am Grat) in jedem Anfangortgebinde ein Zwischenstein gedeckt werden. Entweder laufen dann Stichstein und Zwischenstein gemeinsam

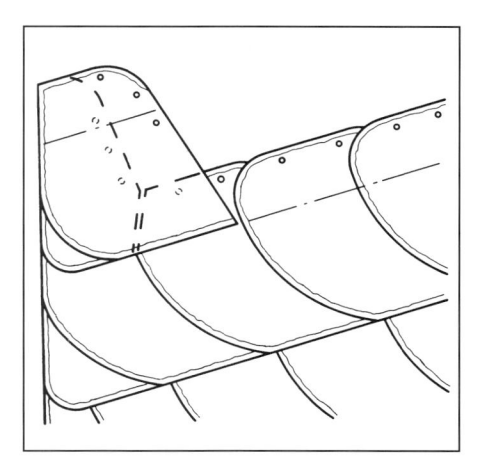

16.5 Problemlösung für den Fall, dass Anfangortgebinde in den gewohnten Proportionen nicht gedeckt werden können. Durch einen Schrägschnitt an der Fußspitze des Orteinspitzers und des daran anschließenden Decksteinkopfes können auch schmale Einspitzer gedeckt und solide befestigt werden.

16.6 Anfangort nach sauerländischer Art, als Gleichort mit geschwungenem Rücken der Ortsteine und zur Dachkante hin ansteigendem Fuß der Stichsteine. Typisch für das sauerländische Schieferdach sind die langen Ortgebinde und die gleichmäßig geschwungenen Ortsteinrücken.

den jeweils ersten oder Zwischenstein und Anfangortstein den jeweils zweiten Decksteinrücken im vorherigen Deckgebinde an. Der durch zwei Steine angedeckte Decksteinrücken muss dementsprechend dick sein, damit keine Sperrungen entstehen.

16.2 Endort als Doppelort

Ein Doppelortgebinde besteht aus einem kleinen und einem großen Endortstein. In Ausnahmefällen, so zum Beispiel bei Verwendung großer Decksteine, können für ein Doppelortgebinde auch drei Endortsteine erforderlich sein. Doppelortsteine werden aus einer zur Decksteinsortierung passenden Rohschiefersortierung zugerichtet (Tabelle 7.3). Bei der Wahl der Rohschiefergröße ist außer der Steinbreite auch die jeweils erforderliche Länge zu bedenken. Besonders lange Endortsteine werden bei viel Gebindesteigung und scharfem Decksteinhieb benötigt.

Das erste Doppelortgebinde wird durch einen Stichstein vorbereitet. Dieser läuft die Spitze des letzten Decksteins im ersten Deckgebinde beziehungsweise den ersten Fußsteinrücken an. Der Stichstein hält die Fußlinie des Deckgebindes zwischen Fußsteinrücken beziehungsweise Decksteinspitze und Ortkante geschlossen. Außerdem erlaubt der Stichstein das Ansteigen eines runden Ortsteinrückens aus der Gebindelinie, ohne die Höhenüberdeckung des Eckfußsteins zu reduzieren.

Auf dem jeweils letzten Deckstein der Deckgebinde liegen der kleine und große Endortstein.

Im Doppelortgebinde muss der kleine Ortstein relativ dünn sein, damit der große möglichst schlüssig auf dem Deckstein aufliegt.

Der große Doppelortstein muss im folgenden Deckgebinde von einem derart dicken Deckstein angedeckt werden, dass beide Schiefer oberflächenbündig sind.

Das Endortgebinde wird durch Aufsetzen eines relativ dünnen Decksteins auf den großen Doppelortstein eingebunden. Die Spitze dieses Decksteins muss von der Ortkante so weit entfernt sein, dass das Endortgebinde in der gewünschten Länge gedeckt werden

16.7 Endort als Doppelort am Giebelortgang.

kann. Gegebenenfalls müssen zwei Decksteine aufgesetzt werden.

Es ist zu beachten, dass vom Endort möglichst keine Decksteinbreiten in die Dachfläche einlaufen, die in der vorhandenen Sortierung nur wenig enthalten sind und dadurch Übersetzungen provozieren.

Ein Doppelort ist formal ansprechend, wenn alle Ortsteine mit einem gleichmäßig runden Hieb zugerichtet sind und zur Ortkante hin etwas aus der Gebindelinie ansteigen. Dadurch wird gleichzeitig das Wasser von der Dachaußenkante abgezogen.

Statt mit einem mehr oder weniger runden Hieb können Doppelortsteine auch in der einst besonders im Sauerland bevorzugten geraden Hiebform zugerichtet werden (Bild 16.10).

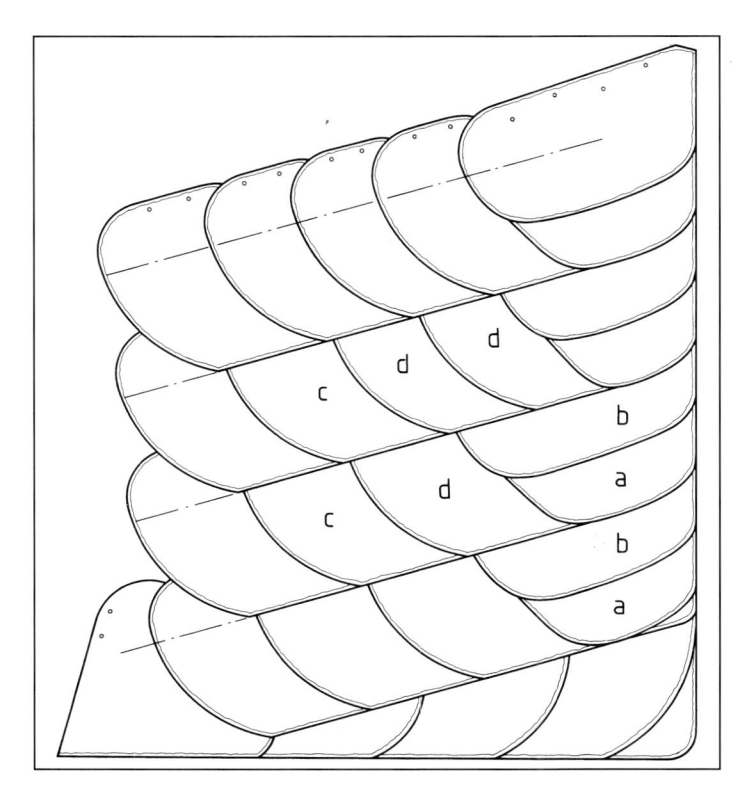

16.8 Endort als Doppelort am Giebelortgang. Jedes Ortgebinde wird durch den letzten Deckstein des folgenden Deckgebindes eingebunden. Für den kleinen Ortstein a und den auf dem großen Ortstein b aufzusetzenden Deckstein d müssen dünn gespaltene Schiefer verwendet werden. Gegen den großen Ortstein b deckt der ebenso dicke Deckstein c.

16.10 Endort als Doppelort nach sauerländischer Art, mit geradem Rücken der Ortsteine. Ortdeckung als Gleichort. Die von der Traufe zum First abnehmende Länge der Endortgebinde entspricht der im gleichen Verhältnis abnehmenden Deckgebindehöhe.

16.9 Endort als Doppelort mit rundem Rücken der Ortsteine.

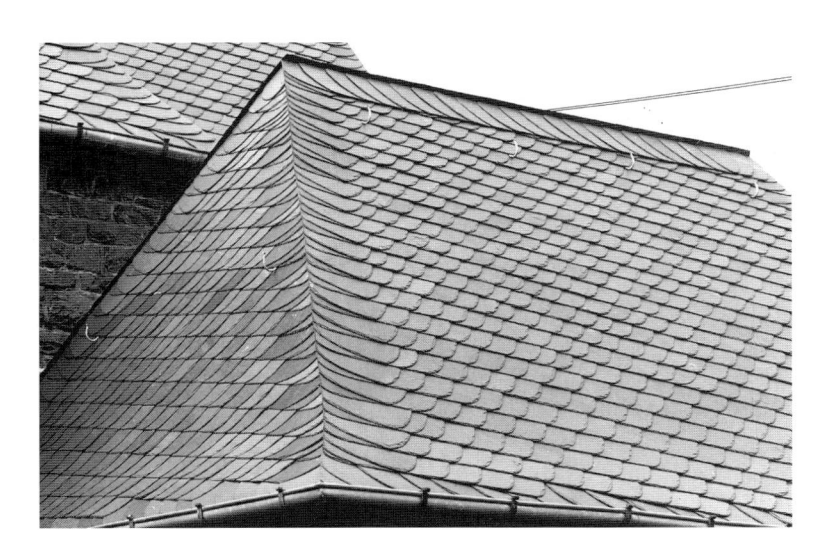

16.3 Endort als Endstichort

In einem Endstichortgebinde decken ein Stichstein und ein Endortstein.
Die Stichsteine werden aus Rohschiefer für Kehlsteine, die Endortsteine aus einer zur Decksteinsortierung passenden Rohschiefersortierung für Ortsteine zugerichtet (Tabelle 7.3).
Der zur Ortkante hin gut abgerundete Stichstein deckt gegen die Brust des letzten Decksteins im Deckgebinde. Beide Steine müssen gleich dick sein. Über der Stoßfuge deckt die etwas durchhängende Ferse des Endortsteins.
Endortsteine können mit rundem oder geschwungenem Hieb zugerichtet werden. Im Sauerland beispielsweise wurde bisher der geschwungene Hieb bevorzugt.
Das Endstichort bedarf angemessen langer Ortsteine; zu kurz gehaltene wirken plump. Die gewünschte Länge der Ortgebinde wird mit dem Abstand der letzten Decksteinspitze von der Ortkante reguliert.
Das Endstichort empfiehlt sich als Gleichort. Dabei haben alle Ortsteinfersen den gleichen Abstand von der Ortkante. Die Ortgebinde können aber auch von der Traufe zum First entsprechend der abnehmenden Deckgebindehöhe gleichmäßig kürzer werden.

16.11 Endstichort mit rundem Rücken der Ortsteine.

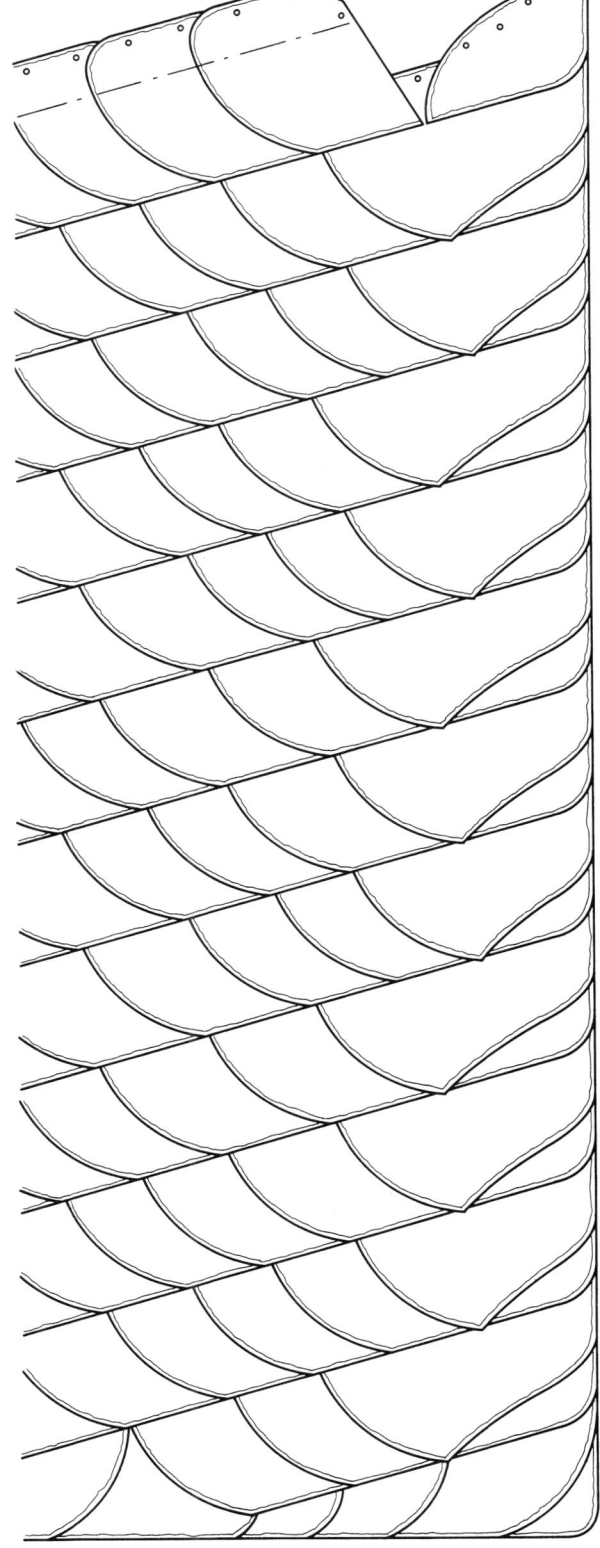

16.12 Endstichort mit geschwungenem Rücken der Ortsteine.

17
Grat

17.1 Gratdeckung mit Anfang- und Endortgebinden.

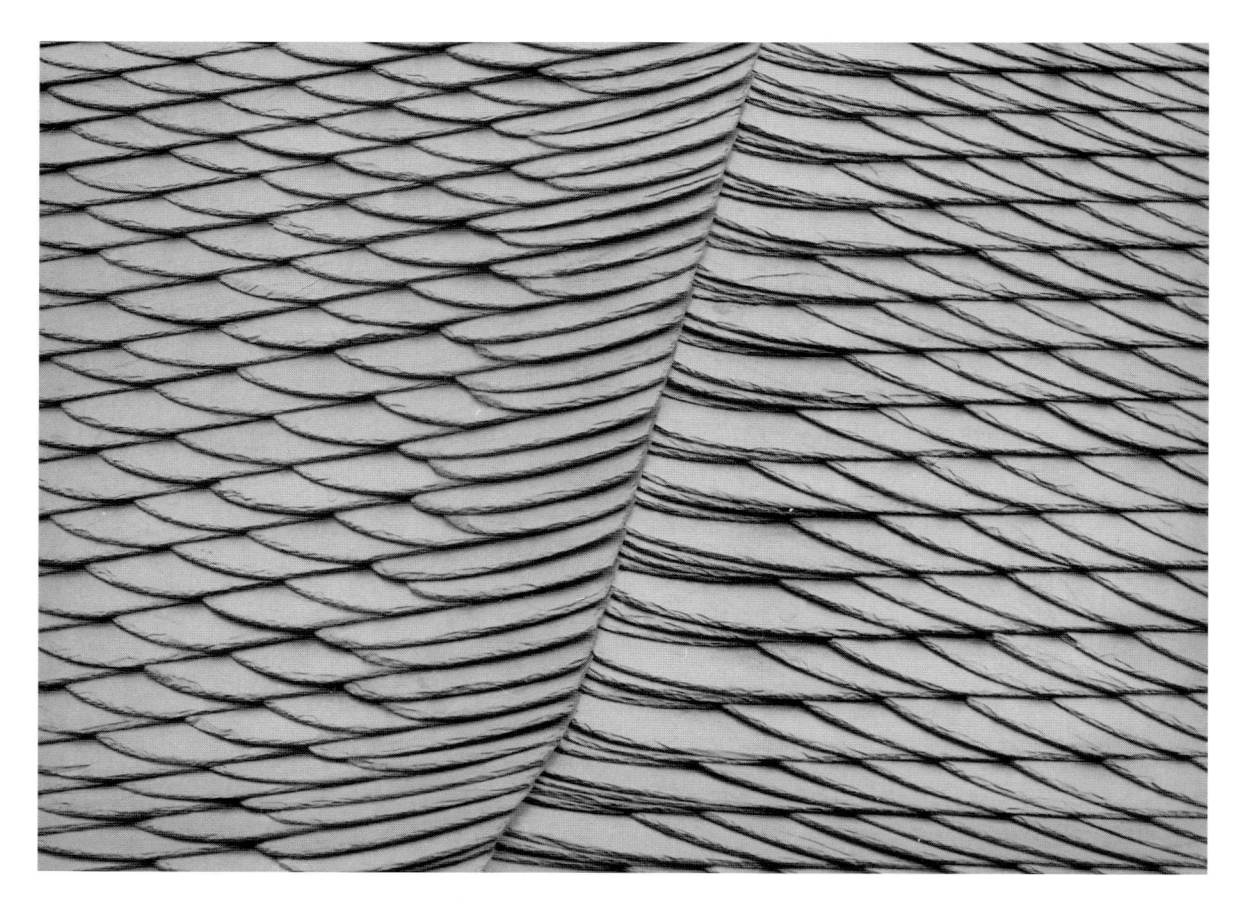

17.1 Anfangort am Grat

Sofern es die Dachform zulässt, muss der Grat mit Anfang- und/oder Endortgebinden eingedeckt werden.
Die Ortgebinde werden entsprechend der Hauptwindrichtung mit einem Überstand von etwa 5 cm über die Ortgebinde der Gegenseite gedeckt. Dazu wird eine Schnur straff gespannt oder eine gerade abgerichtete Ortlatte angebracht.
Zuerst wird die am Grat überstehende Dachfläche gedeckt, damit die Ortgebinde der Gegenseite dicht schließend gegen die überstehende Gratdeckung angearbeitet werden können.
Wenn die am Grat anschließenden Dachflächen extrem neigungsunterschiedlich sind, werden die Ortgebinde der flacheren Dachseite, ungeachtet der Hauptwindrichtung, mit Überstand gedeckt.

Die Anfangortgebinde werden mit je einem Stichstein, einem oder mehreren Zwischensteinen und einem Anfangortstein gedeckt. Deren Zurichtung geschieht auf dem Gerüst aus Zubehörformaten gemäß Tabelle 7.3. Die Rohschiefer müssen in Abhängigkeit von der Neigung des Grates zur Deckgebindelinie so lang gewählt werden, dass Anfangortgebinde von ansprechender Länge gedeckt werden können.
Das Anfangort wird auf dem Eckfußstein mit einem lang gestreckten Anfangortstein begonnen. Ein Stichstein ist im ersten Anfangortgebinde nicht erforderlich, wenn der Kopf des Eckfußsteins zum Grat hin ansteigt.
In jedem folgenden Deckgebinde wird der erste Decksteinrücken von einem gleichermaßen dicken Stichstein angelaufen. Damit dieser nicht zu kurz ausfällt und in den überstehenden Ortgebinden solide befestigt werden kann, muss der erste Decksteinrücken immer weit genug von der Gratkante entfernt sein. Die Anfangortgebinde müssen durch jeweils einen oder mehrere Zwischensteine genügend lang gehalten werden.
Jeder Zwischenstein verlängert das Anfangortgebinde um eine Decksteinbreite. Je kleiner der von Grat und Gebindelinie gebildete Winkel ist, umso mehr Zwischensteine sind in einem Anfangortgebinde erforderlich. Viel Gebindesteigung behindert das Decken des Anfangortes am Grat ebenso wie scharfer Decksteinhieb.
Die Rücken der Zwischen- und Anfangortsteine können rund oder ge-

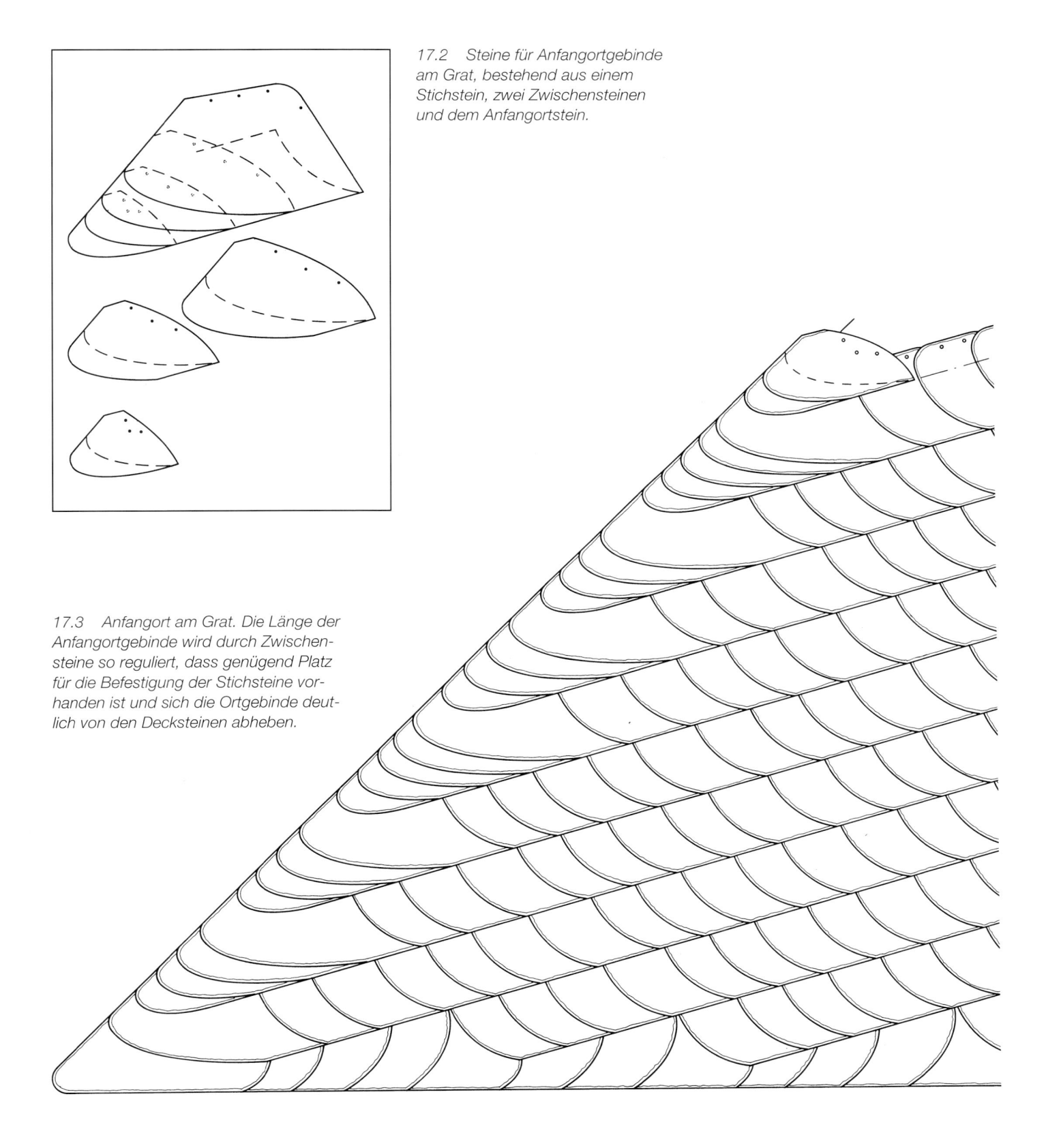

17.2 Steine für Anfangortgebinde am Grat, bestehend aus einem Stichstein, zwei Zwischensteinen und dem Anfangortstein.

17.3 Anfangort am Grat. Die Länge der Anfangortgebinde wird durch Zwischensteine so reguliert, dass genügend Platz für die Befestigung der Stichsteine vorhanden ist und sich die Ortgebinde deutlich von den Decksteinen abheben.

schwungen sein. Sie sollten im Deckgebinde deutlich flacher liegen als die Decksteinrücken, damit sich das Anfangort von den Konturen des Decksteinverbandes deutlich abhebt. Entlang einer Gratdeckung müssen alle Steine des Anfangortes gleichmäßigen Hieb haben.

17.1.1 Stehendes Anfangort

Je kleiner der Winkel zwischen Grat und Deckgebindelinien ist, umso schwieriger ist die Gestaltung eines ansprechenden Anfangortes. Bei entsprechender Schräglage des Grates und/oder starker Gebindesteigung können die Anfangortgebinde von einem Gebinde zum nächsten so drastisch an Länge verlieren, dass weder schöne Proportionen erreicht werden noch in den Ortgebinden eine solide Befestigung kurzer Steine möglich ist. Auch stehen bei Verwendung großer Decksteine die für ein schön gestrecktes Anfangort erforderlichen Rohschiefer nicht immer zur Verfügung.

Im Falle einer kritischen Gratneigung ist das Anfangort mit stehenden Ortsteinen eine praktikable Problemlösung.
Das Anfangort mit stehenden Ortsteinen kann aus Rohschiefer für Ortsteine, bei kleiner Decksteinsortierung auch aus breitem Rohschiefer für Kehlsteine zugerichtet werden (Tabelle 7.3).
Beim Decken des Anfangortes wird auf einem Deckgebinde so oft ein Ortstein aufgesetzt, bis im nächsten Ortgebinde wieder ausreichend Platz für die Nagelung eines angemessen hohen Ortsteins vorhanden ist.
Alle Ortsteine der Gratdeckung sollten möglichst die gleiche Sichtbreite aufweisen. Wegen der unterschiedlichen Decksteinbreiten ist ein Übersetzen im Bereich der Gratdeckung nicht zu vermeiden. Dabei müssen alle Ortsteine im Rücken schlüssig aufliegen und die Fußlinien im Bereich der Ortdeckung geschlossen bleiben. Dem kann durch geschickte Anwendung zweckmäßiger Ortsteinbreiten und -dicken entsprochen werden.
Die Ortsteine müssen in einem gleichmäßig stumpfen Winkel auf der Deckgebindelinie stehen, gleichmäßigen Hieb haben und gut abgerundet sein.

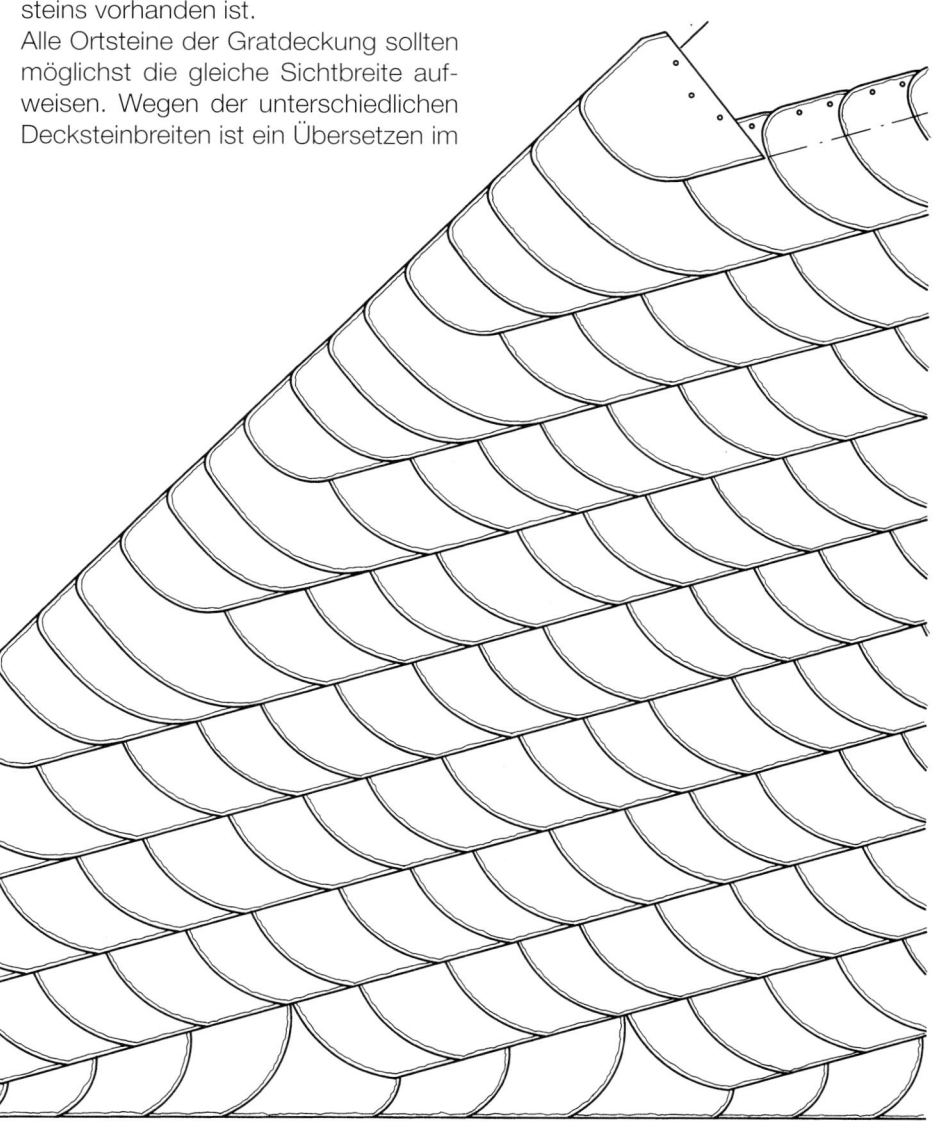

17.4 Anfangort am Grat mit stehenden Ortsteinen.

17.2 Endort am Grat

Das Endort kann als Doppelort oder Endstichort gedeckt werden.
Am Grat wird das Decken eines eingebundenen Endortes durch die der Decksteinbrust entgegenlaufende Gratkante erheblich behindert. Dies umso mehr, je flacher der Grat beiläuft und je geringer die Gebindesteigung ist. Probleme entstehen dadurch, dass das Endort von einem Gebinde zum nächsten nicht in dem Maße länger wird, um mit dem letzten Deckstein des folgenden Gebindes einbinden zu können. Beim Doppelort bewirkt die Schräglage des Grates oft sogar eine prekäre Verkürzung von einem Doppelortstein zum nächsten.
Wenn dem nicht durch viel Gebindesteigung vorgebeugt werden kann, müssen die Endortgebinde über zwei oder noch mehr Deckgebinde gestaffelt werden. Dabei wird, ohne einzubinden, so oft ein Endortgebinde über ein weiteres Deckgebinde gedeckt, bis der letzte Ortstein wieder genügend lang ist, um darauf mit einem Deckstein und einem Ortgebinde neu ansetzen zu können. Verschiedene Möglichkeiten des Staffelns von Endortgebinden sind nachfolgend dargestellt.

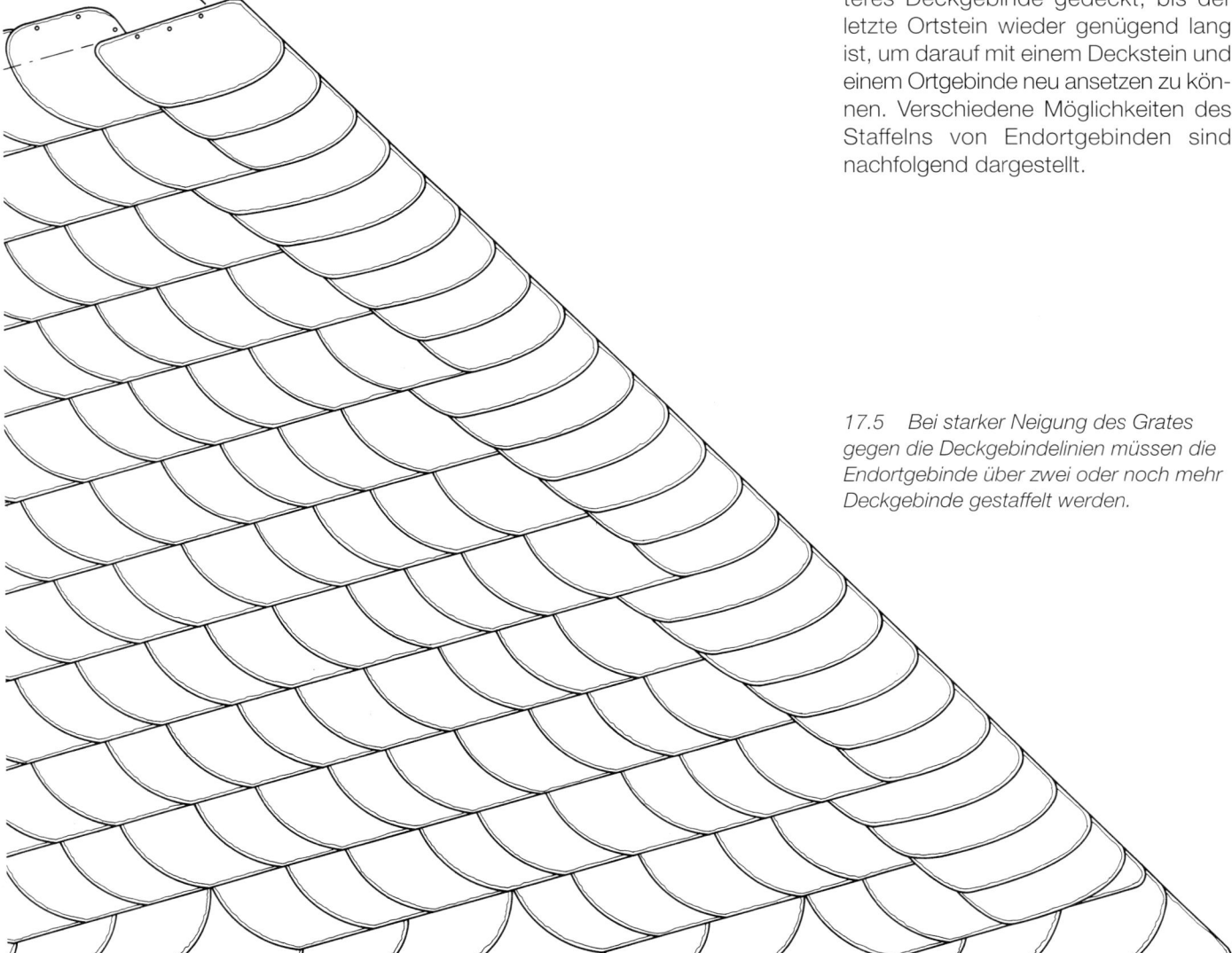

17.5 Bei starker Neigung des Grates gegen die Deckgebindelinien müssen die Endortgebinde über zwei oder noch mehr Deckgebinde gestaffelt werden.

17.6 Endort am Grat, über zwei Deckgebinde gestaffelt. Der zweite Doppelortstein deckt gegen die Brust des letzten Decksteins im folgenden Deckgebinde. Diese Schiefer müssen gleich dick sein.

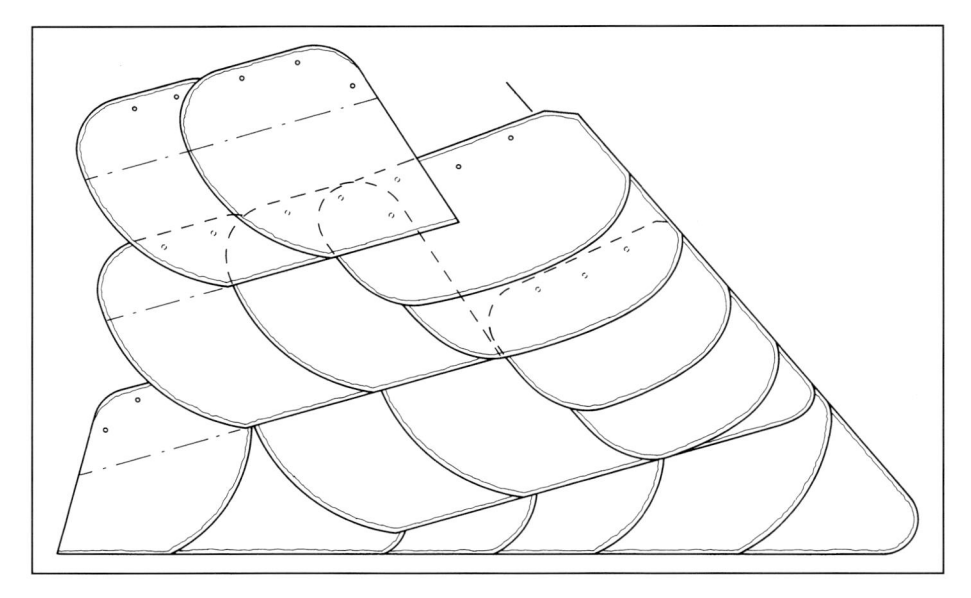

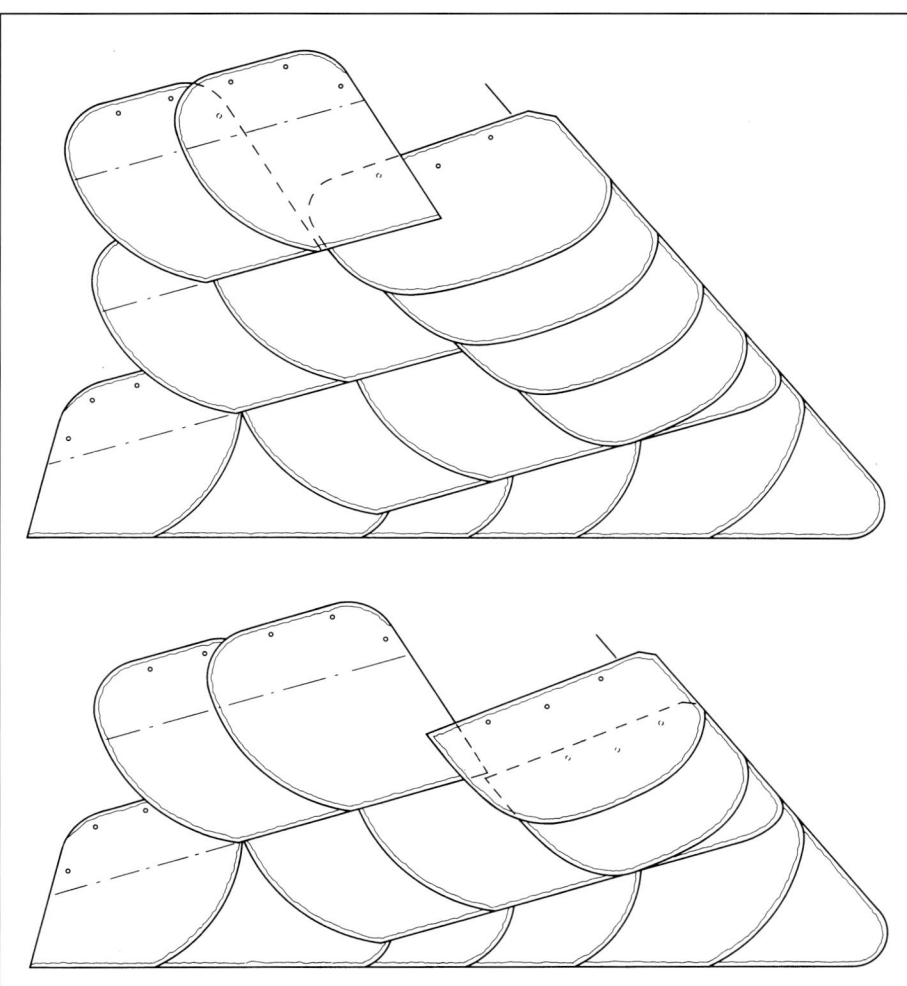

17.7 Endort am Grat, über zwei Deckgebinde gestaffelt. Der erste Doppelortstein deckt gegen den Fuß des letzten Decksteins im folgenden Deckgebinde. Beide Schiefer müssen gleich dick sein.

17 Grat

17.8 Gratdeckungen im Sauerland. Endstichort mit geschwungenem Rücken der Ortsteine.

17.3 Aufgelegtes Ort

Es kann vorkommen, dass Gratlinie und Deckgebinde einen zu kleinen Winkel bilden, um Ortgebinde von angemessener Länge decken zu können. In solchen Ausnahmefällen bietet sich das aufgelegte Ort als Alternative an.

Für ein aufgelegtes Ort werden die Ortsteine nach Schablone, beispielsweise aus Rohschiefer für Ortsteine, zugerichtet (Tabelle 7.3).

Die Deckgebinde werden gegen eine parallel zur Gratlinie geschnürte Hilfslinie ein- beziehungsweise ausgespitzt. Die gratparallele Kante der Ein- oder Ausspitzer muss mit Hieb von oben behauen und im unteren Bereich gut abgerundet werden. Die von den Ortsteinen überdeckte Hiebkante der Ein- oder Ausspitzer darf nicht gelocht werden.

Eine entlang der Dachkante angeheftete dünne Leiste verhindert ein Kippen der Ortsteine und bereitet diesen ein ebenes Lager auf der ein- oder ausgespitzten Schieferdeckung.

Jeder Stein muss mit mindestens drei genügend langen Schiefernägeln oder -stiften versetzt befestigt werden. Ein zusätzlicher Blanknagel ist unzweckmäßig und nicht dauerhaft.

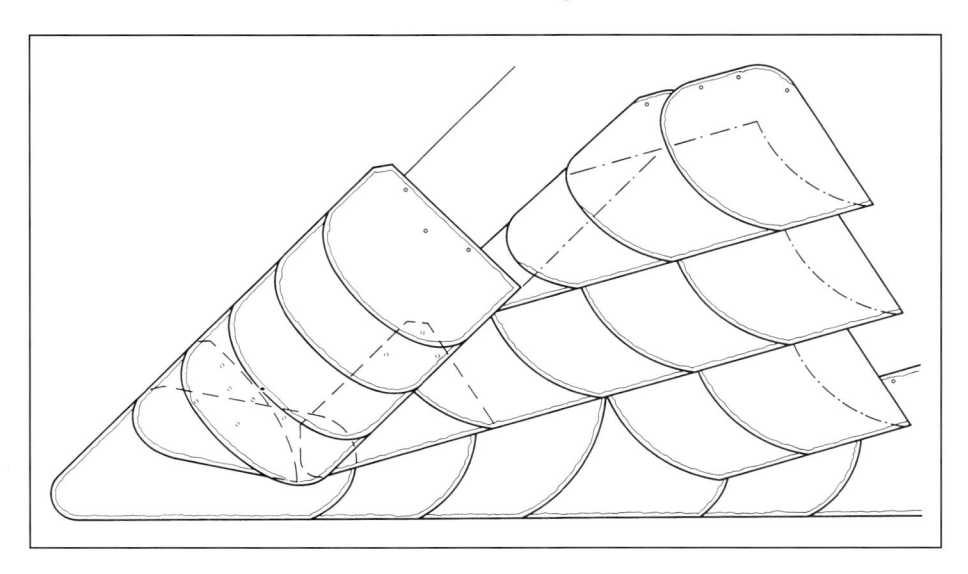

17.9 Aufgelegtes Ort am Grat bei flach beilaufendem Gratsparren. Die von den Ortsteinen überdeckten Kanten der Einspitzer müssen mit Hieb von oben behauen und unten gut abgerundet werden.

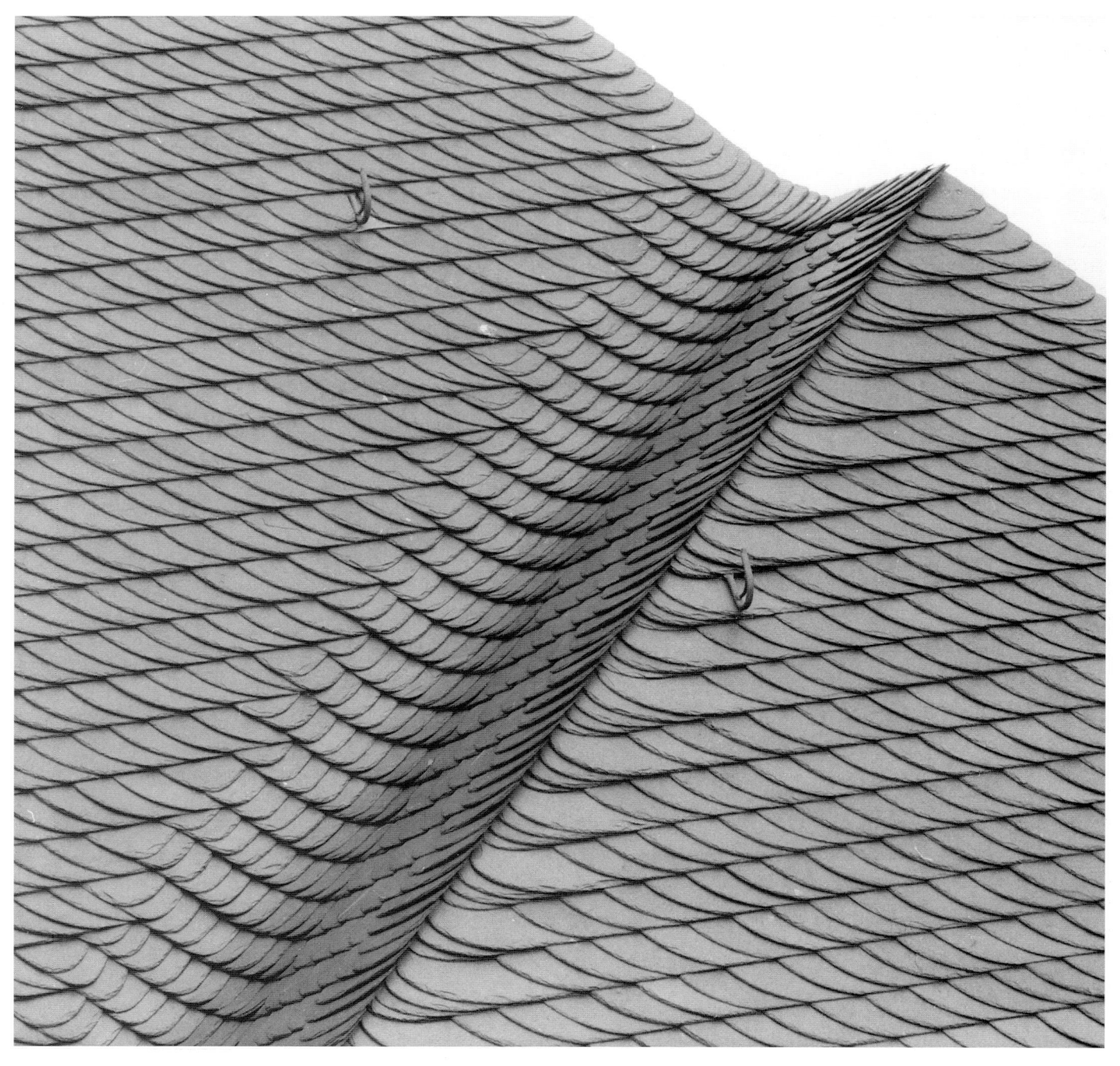

17.10   Anfangort am Grat mit Blick auf den Kehlverband einer linken Hauptkehle.

18
Übersetzungen

Die unterschiedlich breiten Decksteine werden so verarbeitet, dass auf jedem Deckstein des vorherigen Deckgebindes wieder ein genauso breiter Stein angesetzt wird. Dabei muss die Decksteinbrust schlüssig an den darunter befindlichen Decksteinrücken anschließen, damit in der Fußlinie des Deckgebindes keine auffälligen Lücken entstehen. Brust und Rücken müssen gleichermaßen dick sein, damit der nächste Decksteinrücken schlüssig auf dem Nachbarschiefer aufliegt und nicht sperrt.

Auch wenn in den heutigen Lieferungen die Breitenvielfalt der Decksteine fertigungsbedingt stark reduziert ist, kann es vorkommen, dass auf dem Gerüst Decksteine in der jeweils erforderlichen Breite nicht mehr zur Verfügung stehen. Dies kann zum Beispiel dann geschehen, wenn von den Endortgebinden oder Einfällern sehr schmale oder auch sehr breite Decksteine in die Dachfläche eingeschleust werden.

Sofern die Arbeit durch zu breite oder zu schmale Decksteine behindert wird, muss an den kritischen Stellen des Deckgebindes übersetzt werden. Der Fachausdruck »Übersetzen« steht für das Aufsetzen von zwei schmalen Decksteinen auf einen breiten oder eines breiten Decksteins auf zwei schmale.

Funktion und Aussehen der Schieferdeckung werden durch fachgerechtes Übersetzen nicht beeinträchtigt, wenn die vom Übersetzen betroffenen Steine mit Rücken und Fuß gut aufliegen, also nirgendwo sperren oder verspannt werden.

Jede Übersetzung muss bereits im vorherigen Deckgebinde durch einen dicken oder dünnen Deckstein oder durch Ziehen eines Decksteinrückens vorbereitet worden sein. Fachgerechtes Übersetzen ist im Wesentlichen ein Problem richtig angewendeter Steindicken.

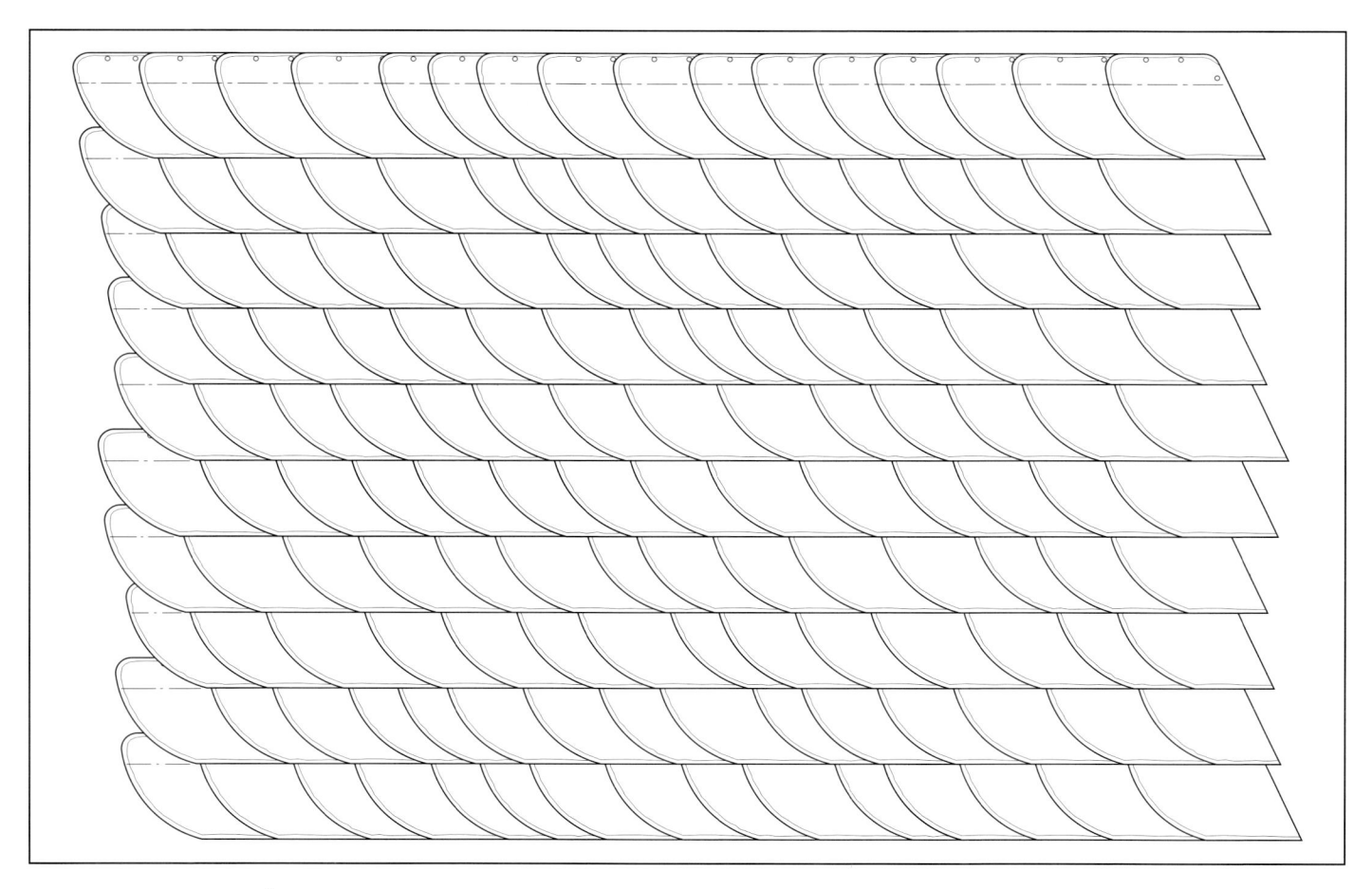

18.1   Auswirkung von Übersetzungen auf den Decksteinverband und das Deckungsbild.

Nachstehend die Ausführungstechnik:

(1) Übersetzen von zwei schmalen Decksteinen auf einen breiten Deckstein:
Die Übersetzung wird durch den im Rücken dicken Deckstein a vorbereitet. Für b ist ein dünner Deckstein erforderlich, damit der Fuß von c nicht auffallend von d abhebt. Bei ausreichender Breite von e kann b mit weiter zurückgesetzter Ferse gedeckt und diese durch einen schärferen Rückenhieb an den Rücken von d herangezogen werden.

(2) Übersetzen eines breiten Decksteins auf zwei schmale Decksteine:
Diese Übersetzung muss durch einen dünnen Deckstein a vorbereitet werden, damit der Decksteinfuß von c nicht auffällig von b abhebt.

(3) Übersetzen von drei schmalen auf zwei breite Decksteine:
Die Übersetzung wird durch einen am Rücken dünnen Deckstein c vorbereitet. Der Deckstein d muss ebenfalls dünn sein, damit der Deckstein e nicht auffällig von c abhebt.

(4) Vermitteln der Decksteinbreiten anstelle einer Übersetzung:
Diese Technik ist möglich, wenn ein sehr breiter und ein sehr schmaler Deckstein nebeneinander decken. Auf a deckt der ebenso breite Deckstein b mit der Brust schlüssig gegen den Rücken von c. Die weiter zurückstehende Ferse von d wird durch einen schärferen Rückenhieb an den Steinrücken von c herangezogen.

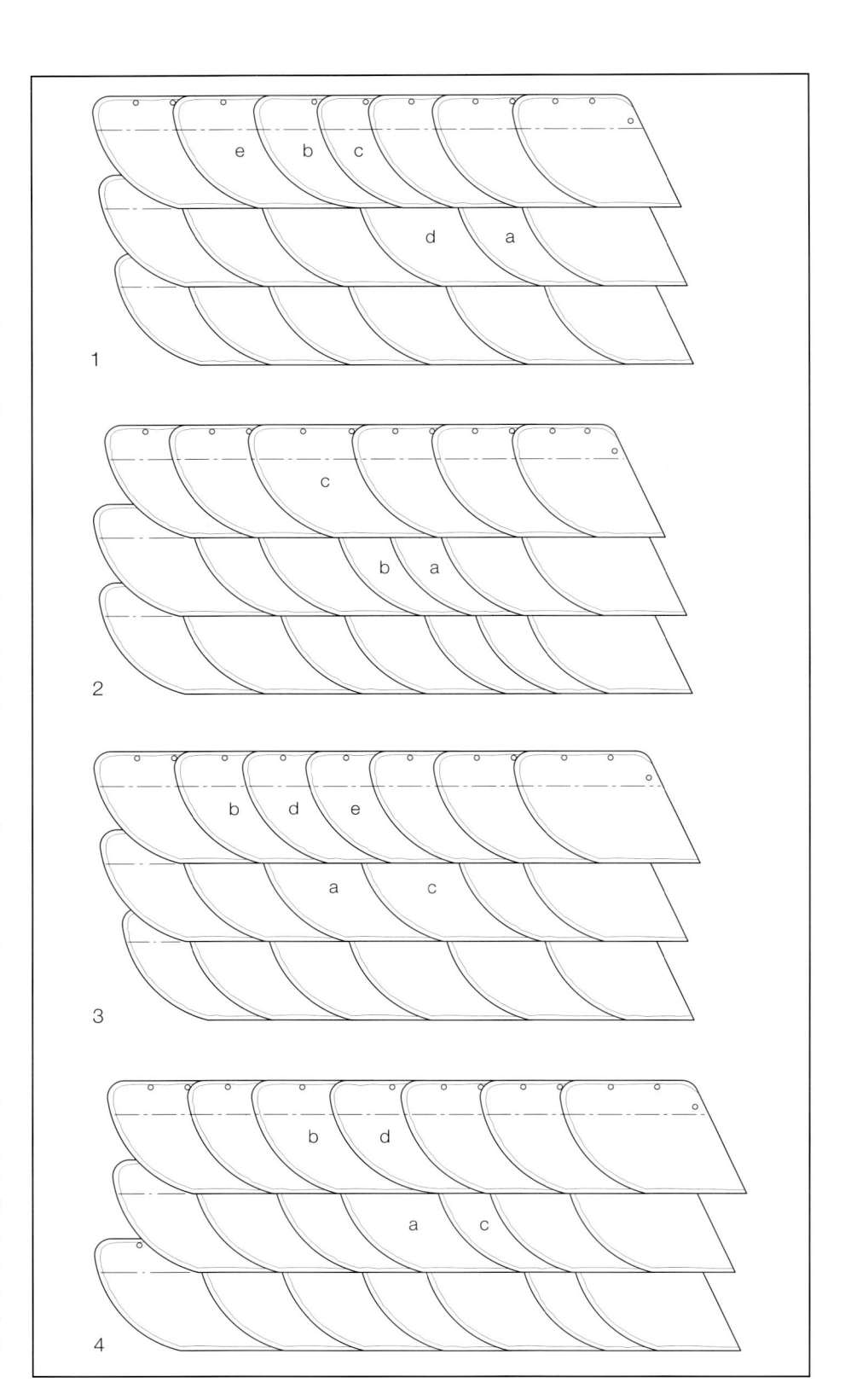

18.3 Übersetzungen in einer mit Decksteinen im Thüringer Hieb gedeckten Dachfläche.

19 First

Der obere Abschluss einer Schieferdeckung ist das mit Firststeinen gedeckte Firstgebinde. Darunter enden die Deckgebinde mit den Ausspitzern.

Das Firstgebinde kann dieselbe oder entgegengesetzte Deckrichtung wie die Deckgebinde haben. Entscheidungskriterien sind die optische Wirkung der Firstdeckung oder deren Orientierung zur Hauptwindrichtung.

Das Firstgebinde ist etwa 25 bis 30 cm hoch. Ein zu hohes Firstgebinde sieht nicht gut aus, zu niedrige Firststeine können nicht mit ausreichendem Nagelabstand solide befestigt werden.

Das Firstgebinde auf der so genannten Wetterseite muss das der Gegenseite etwa 5 cm überragen. Nach Möglichkeit wird zuerst das überstehende Firstgebinde gedeckt, damit die Firststeine der Gegenseite schlüssig gegen den Überstand angearbeitet werden können.

Jeder Firststein muss innerhalb der Seitenüberdeckung mit mindestens vier versetzt anzuordnenden Schiefernägeln oder Schieferstiften befestigt werden. Die versetzte Position der Brustnagellöcher bedingt reichliche Seitenüberdeckung der Firststeine. Dies wird durch entsprechend weites Zurücksetzen der Ferse erreicht.

Das Firstgebinde beginnt mit einem nicht zu breiten Eckfirststein und endet mit einem Schlussstein. Dieser deckt etwas von der Ortkante entfernt auf dem letzten Firststein des Firstgebindes und dem entgegengesetzt gedeckten Eckfirststein. Oft werden diesem auch noch 1 bis 2 Firststeine hinzugefügt.

Beim Schlussstein werden die Nagellöcher in dessen Oberseite eingeschlagen, damit die Nageltrichter zur Unterseite ausbrechen und kein Wasser ziehen können. Zur Befestigung des Schlusssteins sind drei genügend lange, nicht rostende Schiefernägel oder Schieferstifte erforderlich.

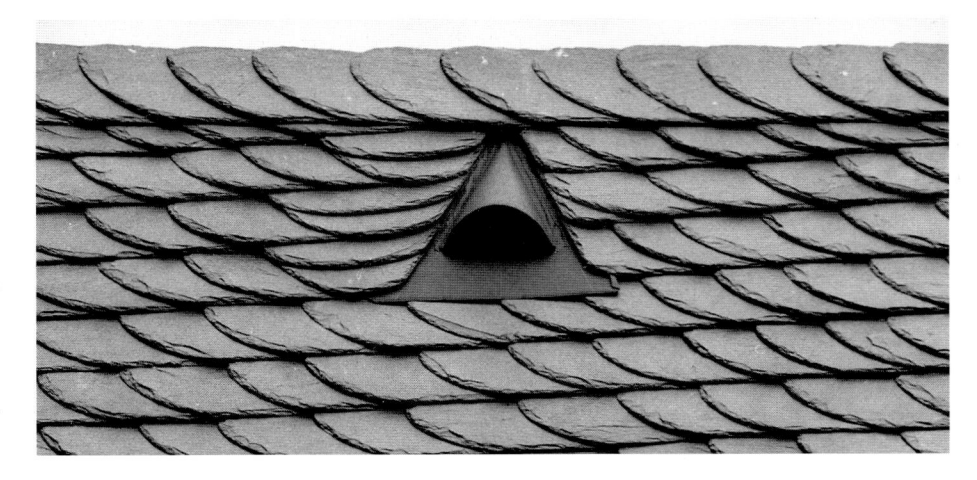

19.1 und 19.2   Rechts gedeckte Firstgebinde mit rundem Rückenhieb der Firststeine, bei Rechtsdeckung der Decksteingebinde.

1 Eckfirststein
2 Firststein
3 Ausspitzer
4 Dachschalung und Vordeckung
5 Schlussstein

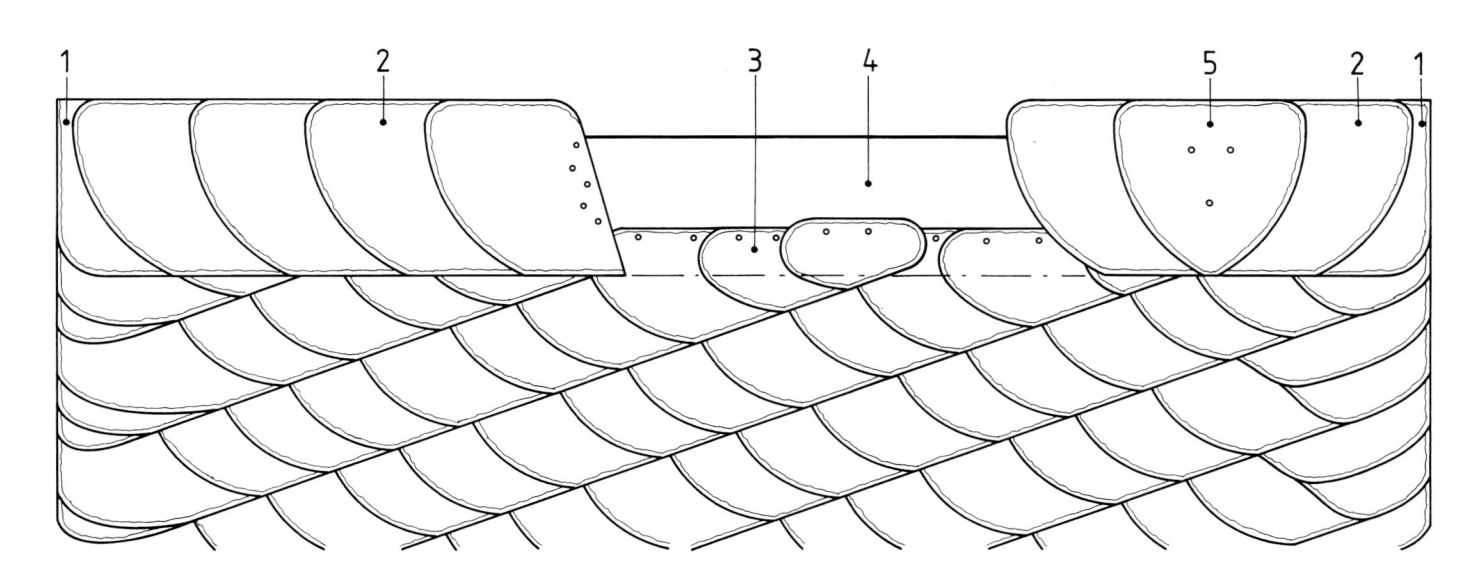

20 Dachknick

Bei Mansarddächern oder vergleichbaren Dachformen kann der Dachknick mit oder ohne Gesimsüberstand ausgebildet werden.

Ein holzkonstruktives Gesims, bestehend aus vorkragenden Hölzern des Oberdaches mit Sturmbrettern und vorgehängter Dachrinne, ist die funktionssicherste Lösung. Ein darüber angebrachtes Schneefanggitter schützt die Steildachfläche vor Schäden durch abstürzende Eisschollen.

20.1 Dachknick mit Gesims

An den vorkragenden Balken- oder Sparrenköpfen des Oberdaches werden Sturmbretter angebracht. Diese schließen die Gefache zwischen den Balken- oder Sparrenköpfen, schützen deren Hirnholz gegen Regen und verwahren die untergeschobenen Firststeine der Steildachfläche sturmsicher. Für Sturmbretter, die nicht bekleidet werden, eignen sich profilierte Bohlen oder dicke Profilbretter mit maximaler Federbreite. Da die Sturmbretter den Wechselwirkungen der Witterung, insbesondere dem Schlagregen, ausgesetzt sind, sollten sie vor der Montage mit einer holzschützenden Grundierung vorbehandelt werden. Nachfolgend kann eine offenporige, gegen Witterung und Holzschädlinge wirksame Holzschutzlasur aufgebracht werden. Wird ein deckender Farbanstrich gewünscht, wird dazu eine Holzschutzgrundierung und ein Anstrich mit elastisch bleibender Dispersionslackfarbe empfohlen.

Zur Befestigung der Sturmbretter kann an der Seitenfläche der Sparren- oder Balkenköpfe je ein nach Schnur ausgerichtetes Latten- oder Kantholzstück mit nicht rostenden Holzschrauben befestigt und daran die Sturmbretter mit nicht rostenden Holzschrauben verschraubt werden. Eine Befestigung der Sturmbretter nur im Hirnholz der Konstruktionshölzer ist nicht haltbar.

20.1 Mansarddach mit vorkragendem Oberdach. Ausbildung des Dachknicks mit profilierten Sturmbrettern.

Besonders bei Altbauten kann das Firstgebinde der Steilflächendeckung oft nicht hoch genug unter die vorhandenen Sturmbretter geschoben werden. Entweder ist die Fuge zwischen Sturmbrett und Steildachfläche zu eng oder es hindern die Sparren- oder Balkenköpfe, an denen die Sturmbretter befestigt sind. Werden solche Sturmbretter nicht bekleidet, müssen sie zunächst demontiert und ein Metallanschluss, zum Beispiel aus Bleiblech ≥ 1,5 mm, angebracht werden. Dieser überdeckt das Firstgebinde 8 bis 12 cm und wird so weit hochgeführt oder vor einer zwischen den Tragwerkhölzern hirnholzbündig angebrachten Hilfskonstruktion aufgekantet, dass nach der Montage der Sturmbretter die Fuge zum Firstgebinde schlagregensicher ist. Seitlich werden die Bleistreifen 8 bis 10 cm lose überdeckt oder durch einfachen Liegefalz verbunden.

Es ist zu empfehlen, für den Metallanschluss patiniertes Bleiblech zu verwenden oder die walzblanken Bleistreifen sogleich nach deren Verlegung mit Blei-Patinieröl zu streichen. Dadurch wird verhindert, dass sich das auf walzblanken Bleioberflächen bildende Bleikarbonat vom Regen abgespült wird und auf der Schieferdeckung der Steildachfläche hässliche hellgraue Schlieren hinterlässt.

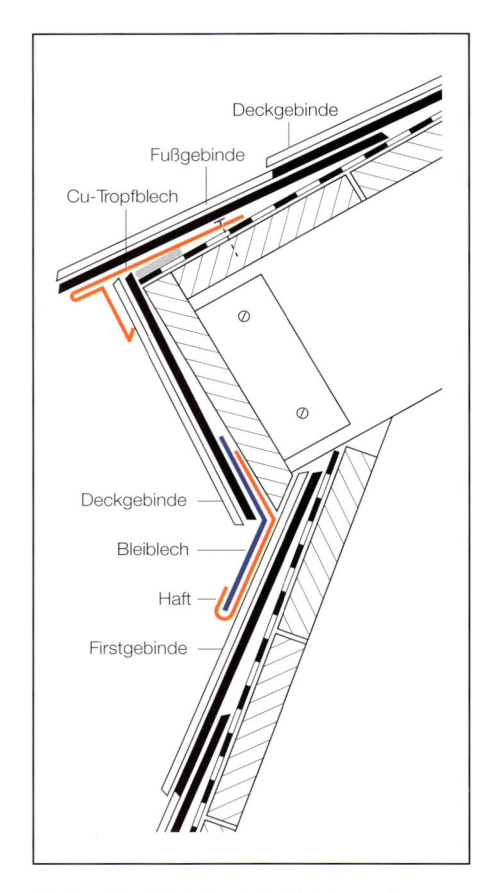

20.2 Dachknick mit Bekleidung des Sturmbrettes aus Decksteinen. Unterdeckung des Fußgebindes des Oberdaches durch Tropfblech. Schlagregensicherer Anschluss an das Firstgebinde der Steildachfläche durch Anschlussbleche (Winkelbleche) aus Blei. Die Anschlussbleche können durch Haftstreifen oder Auftriebshafte gegen Verformung durch Wind fixiert werden. Anschlussbleche aus Kupfer erhalten an der unteren Längskante einen Umschlag und werden durch Hafte oder Haftstreifen ausgesteift.

Sturmbretter können auch wetterfest bekleidet werden. Das geschieht meistens mit Decksteinen. Wird stattdessen eine Metallbekleidung gewünscht, muss diese zum Ausgleich der thermischen Längenänderung mehrteilig ausgebildet werden. Die Bleche werden an der traufseitigen Längskante durch Falzumschlag und durchgehende Haftstreifen ausgesteift und gehalten. Zwecks schlüssiger Anformung an die Firststeine kann ein Bleistreifen angelötet oder eingefalzt werden. Die einzelnen Blechlängen können lose überlappt oder durch einfachen Liegefalz gefügt werden. Bei sehr breiten Sturmbrettern sind zum Beispiel Winkelstehfalze dekorativ. Die in eine mindestens 25 mm breite Vorkantung der Sturmbrettbekleidung eingehängten Einhangbleche müssen 12 bis 15 cm auf das Oberdach hinaufreichen. Die Einhangbleche können bei Blechlängen bis 3 m an der Hinterkante mit Breitkopfstiften befestigt werden.

Erhält die Traufe des Oberdaches keine Dachrinne, muss die Fußdeckung etwa 5 cm über Vorderkante Sturmbretter bzw. deren Bekleidung vorkragen. Das Fußgebinde wird durch Tropfbleche unterdeckt.

20.2 Dachknick ohne Gesims

Beim Dachknick ohne Gesimsüberstand überragt die Schieferdeckung des Oberdaches die Firstdeckung der Steildachfläche um etwa 5 cm.

Ein Dachknick ohne Gesimsüberstand ist nicht ohne Risiko, da das Oberdach direkt auf die Seitenüberdeckung der Firststeine entwässert. Auch kann frontal angreifender Wind das von einem flach geneigten Oberdach abfließende Wasser gegen die Überstandsfuge treiben.

Die Firststeine müssen zum Schutz der Brustnagellöcher mit großem Fersenversatz gedeckt werden. Der Kopf des Firstgebindes sollte durch Winkelbleche aus Bleiblech ≥ 1,5 mm schlagregensicher überdeckt werden. Diese reichen etwa 8 cm auf das Firstgebinde der Steildachfläche und 12 bis 15 cm auf das Oberdach. Dadurch sind gleichzeitig auch die Fußgebinde des Oberdaches in der Art eines Tropfbleches unterdeckt. Die Winkelbleche können seitlich etwa 10 cm lose überlappt oder durch einfachen Liegefalz gefügt werden. An der oberen Längskante werden die Winkelbleche mit korrosionsgeschützten Breitkopfstiften genagelt. Auf die Vorteile eines Anstriches mit Blei-Patinieröl wurde bereits hingewiesen.

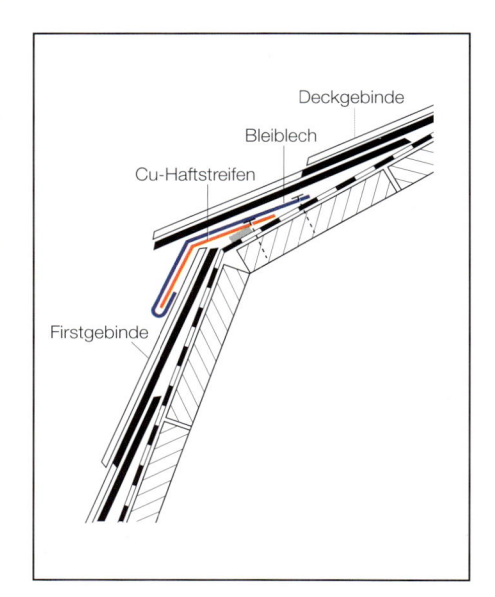

20.3 Dachknick ohne vorkragendes Oberdach. Schlagregensichere Ausbildung der Überstandsfuge durch gekantete, die Fußdeckung des Oberdaches unterdeckende Tropfbleche aus Kupfer oder Blei. Aussteifung der Anschlussbleche durch Haftstreifen aus Kupferblech.

21
Grundbegriffe der Kehlendeckung

Bei Schieferkehlen wird zwischen Hauptkehlen, Sattelkehlen, Wangenkehlen und Wandkehlen unterschieden. Eine *Hauptkehle* ist die von der einspringenden Traufenecke eines Hauptdaches zum Kehlanfallpunkt verlaufende Schnittkante von zwei Dachflächen.

Haben die an den Kehlsparren angrenzenden Dachflächen gleiche Neigung, spricht man von einer gleichhüftigen Kehle, bei ungleicher Neigung von einer ungleichhüftigen Kehle.

Der jeweiligen Dachgeometrie entsprechend wird eine Hauptkehle als rechte oder linke Kehle, bei gleicher Dachneigung auch als Herzkehle gedeckt.

Die *Sattelkehle* bildet den Übergang von der Satteldachfläche einer Gaube, beispielsweise Sattelgaube, Walmgaube, Spitzgaube, zur Hauptdachfläche. Die Sattelkehle wird als rechte oder linke Kehle gedeckt.

Die *Wangenkehle* bildet den Übergang von der Schieferdeckung der Dachfläche zu einer geschalten Gaubenwange, geschalten Schornsteinkopfwange oder seitlich angrenzenden geschalten Außenwand. Der Dachgeometrie entsprechend wird die Wangenkehle mit rechten beziehungsweise linken Kehlsteinen von der Dachfläche zur Wange (eingehend) oder von der Wange zur Dachfläche (ausgehend) gedeckt.

Die *Wandkehle* ist ein mit rechten beziehungsweise linken Kehlsteinen (und Anschlusselementen) hergestellter Anschluss der Schieferdeckung der Dachfläche an seitlich angrenzende, nicht nagelbare Wandflächen. Die Wandkehle wird meistens eingehend, von der Dachfläche zur Wand gedeckt. Bei Dachneigung von mindestens 50° ist auch ausgehende Deckung möglich.

Statt mit Schiefer (Kehlsteinen) können Kehlen aller Art auch mit gekanteten Blechen, beispielsweise aus Kupfer, regensicher gedeckt werden. Solche Kehlen sind zwar preiswert sowie auf Dauer funktionssicher und wartungsfrei, entsprechen aber nicht dem Stil der Altdeutschen Deckung. Bei dieser sollte eine Blechkehle nur dann angewendet werden, wenn eine Schieferkehle wegen zu geringer Kehlneigung riskant ist oder eine Schieferkehle nicht zum Stil des Gebäudes passt.

21.1 Deckrichtung

Bei Hauptkehlen ist die Deckrichtung der Kehlgebinde vom Neigungswinkel und Sparrengrundmaß der an die Kehle anschließenden Dachflächen abhängig.

Sattelkehle. Deckrichtung von der Sattelfläche zur Hauptdachfläche. Hier rechte Kehle.

Hauptkehle. Deckung bei gleicher Dachneigung und gleicher Höhe der angrenzenden Dachflächen wahlweise als rechte oder linke Kehle.

Wangenkehle. Deckrichtung bei eingehender Wangenkehle von der Dachfläche zur Wange, bei ausgehender Wangenkehle von der Wange zur Hauptdachfläche.

Hauptkehle. Hier linke Kehle. Deckrichtung bei ungleicher Dachneigung und/oder unterschiedlicher Höhe der angrenzenden Dachflächen: Von der flacheren Nebendachfläche in die steilere Hauptdachfläche.

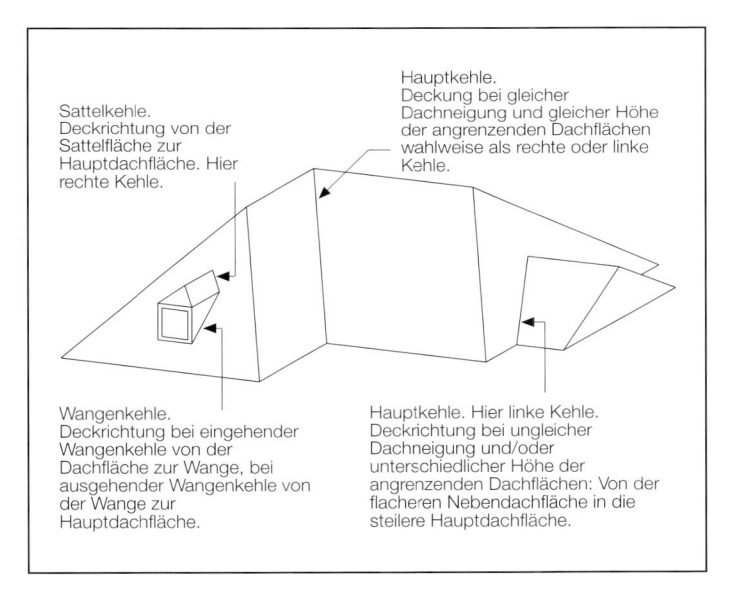

21.1 Deckrichtung der Kehlgebinde am Beispiel eines Walmdaches mit unterschiedlicher Neigung der Dachflächen.

Im Normalfall werden die Kehlgebinde auf derjenigen Dachfläche angesetzt, auf der die offene Rückenfuge des ersten Kehlsteins der Kehlgebinde am wenigsten vom anfließenden Wasser beansprucht wird. Daraus können folgende Grundregeln abgeleitet werden:
- Deckrichtung der Hauptkehlen bei ungleicher Dachneigung: Von der flacheren zur steileren Dachfläche.
- Deckrichtung der Hauptkehlen bei gleicher Dachneigung: Von der Nebendachfläche zur Hauptdachfläche. Als Nebendachfläche gilt die Dachfläche mit dem jeweils kleineren Sparrengrundmaß.
- Deckrichtung bei Sattelkehlen: Von der Sattelfläche zur Hauptdachfläche.
- Deckrichtung bei Wangenkehlen: Im Regelfall von der Dachfläche zur Wange, bei Dachneigung von mindestens 50° auch von der Wange zur Dachfläche.

Sofern in Ausnahmefällen eine zu vorstehenden Grundregeln gegensätzliche Deckrichtung der Kehlgebinde erforderlich ist, muss dem größeren Risiko durch mehr Überdeckung der Kehlsteine, Wassersteine oder Einfäller entsprochen werden.

Anmerkung:

Die Bezeichnungen »Rechte Kehle« und »Linke Kehle« nennen die Deckrichtung der Kehlgebinde, unabhängig von der Deckrichtung der Decksteingebinde auf den am Kehlsparren angrenzenden Dachflächen.

22
Kehlsparrenneigung

Das Dachdeckerhandwerk fordert für *Hauptkehlen* bei Seitenüberdeckung der halben Kehlsteinbreite eine Kehlsparrenneigung von mindestens 30°. Das bedeutet, dass bei einer gleichhüftigen Kehle die Dachneigung mindestens 40° betragen muss.

Diese Neigungsregel ist, wie jede technische Regel, auf den Normalfall bezogen und insofern relativ. Kehlen werden aufgrund der unterschiedlichen Dachgeometrie und Standortbedingungen unterschiedlich beansprucht. Während für die meisten Kehlen eine Kehlsparrenneigung von 30° ausreicht oder bei Sattelkehlen und Wangenkehlen sogar unterschritten werden darf, kann die geforderte Mindestneigung unter ungünstigen Bedingungen ein Risiko sein.

Der auftragausführende Dachdeckermeister muss eigenverantwortlich entscheiden, wie viel Kehlsparrenneigung unter den Bedingungen des Einzelfalles erforderlich ist beziehungsweise, ob eine vorhandene Kehlsparrenneigung für eine funktionsbeständige Kehlendeckung ausreicht.

- Maßstab für die Bewertung der jeweils erforderlichen Kehlsparrenneigung ist die Größe der Grundfläche beziehungsweise das Sparrengrundmaß der an die Kehle angrenzenden Dachflächenabschnitte (Bild 22.1).

Je größer das Sparrengrundmaß besagter Grundflächen ist, desto größer ist bei gleich bleibender Firsthöhe die bei Regen jeweils in die Kehle einfließende Wassermenge; desto größer muss die Kehlsparrenneigung sein.

Dagegen ist die Länge der Kehle ein relativer, zweitrangiger Bewertungsmaßstab. Bei gleicher Regenspende muss eine kurze Kehle zwischen Dachflächen mit großer Grundfläche erheblich mehr Wasser verkraften als eine lange Kehle zwischen Dachflächen mit vergleichsweise kleiner Grundfläche.

Jede zu wenig geneigte Schieferkehle ist über kurz oder lang undicht, das heißt wasserdurchlässig; auch wenn sich dies wegen der unter dem Kehlbrett meistens längerfristig intakten Vordeckbahn erst viel später bemerkbar macht.

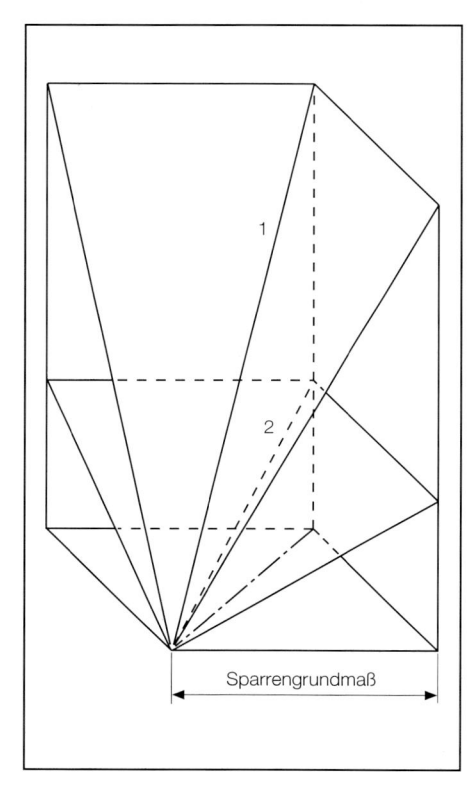

22.1 Bei gleich bleibendem Sparrengrundmaß, beziehungsweise gleich bleibender Grundfläche der in die Kehle entwässernden Dachflächenabschnitte, ist die in den Kehlen 1 und 2 jeweils abzuleitende Wassermenge trotz unterschiedlicher Kehllänge gleich groß. Dieser Fall zeigt, dass bei der Bewertung der Kehlsparrenneigung die Kehllänge bisweilen eine untergeordnete Rolle spielt.

Das bei unzureichender Kehlsparrenneigung in den Kehlsteinverband hineinstauende und auf die Unterkonstruktion übergreifende Wasser unterhält dort ein dauerfeuchtes, Holzbefall förderndes Milieu. Daraus resultieren längerfristig schleichende Dachschäden, besonders im Umfeld einer Kehlmündung. Zum Beispiel eine vermoderte Kehlschalung, von Fäulnispilzen befallene Dachschalungsbretter, angefaulte Tragwerkhölzer oder Holzverbindungen.

Besonders anfällig für Funktionsstörungen sind flach geneigte Hauptkehlen wegen der fehlenden Selbstreinigung durch die Fließkraft des Wassers. Solche Kehlen bleiben nach Regenfällen über längere Zeit feucht und begünstigen dadurch Staubablagerung sowie die Ansiedlung von Algen, Flechten und Moosen in der Kehlmulde. Sobald die Kehle verschlammt oder vermoost und der Schmutz eine Brücke zur Kehlschalung bildet, ist die Kehle undicht.

Im Falle einer riskanten Kehlsparrenneigung muss auf eine Schieferkehle verzichtet und stattdessen eine untergelegte, gegebenenfalls vertiefte Metallkehle, zum Beispiel aus Kupferblech, bevorzugt werden.

Sattelkehlen herkömmlicher Gauben sind meistens kurz. Seitens der Sattelfläche wird jeweils nur relativ wenig Wasser an die kritische Rückenfuge des ersten Kehlsteins der Kehlgebinde herangeführt. Das von der Hauptdachfläche in die Sattelkehle eingeleitete Wasser fließt nicht gegen die Kehlsteinrücken, sondern »treppab« über diese hinweg. Trotz der relativ geringen Beanspruchung einer Sattelkehle sollte diese ein Gefälle von mindestens 25° haben.

Bei *eingehenden Wangenkehlen* sind Kehlneigung und Dachneigung identisch, so dass die Kehlsteine die Richtung des Dachgefälles haben und kein Wasser direkt gegen die offene Rücken-

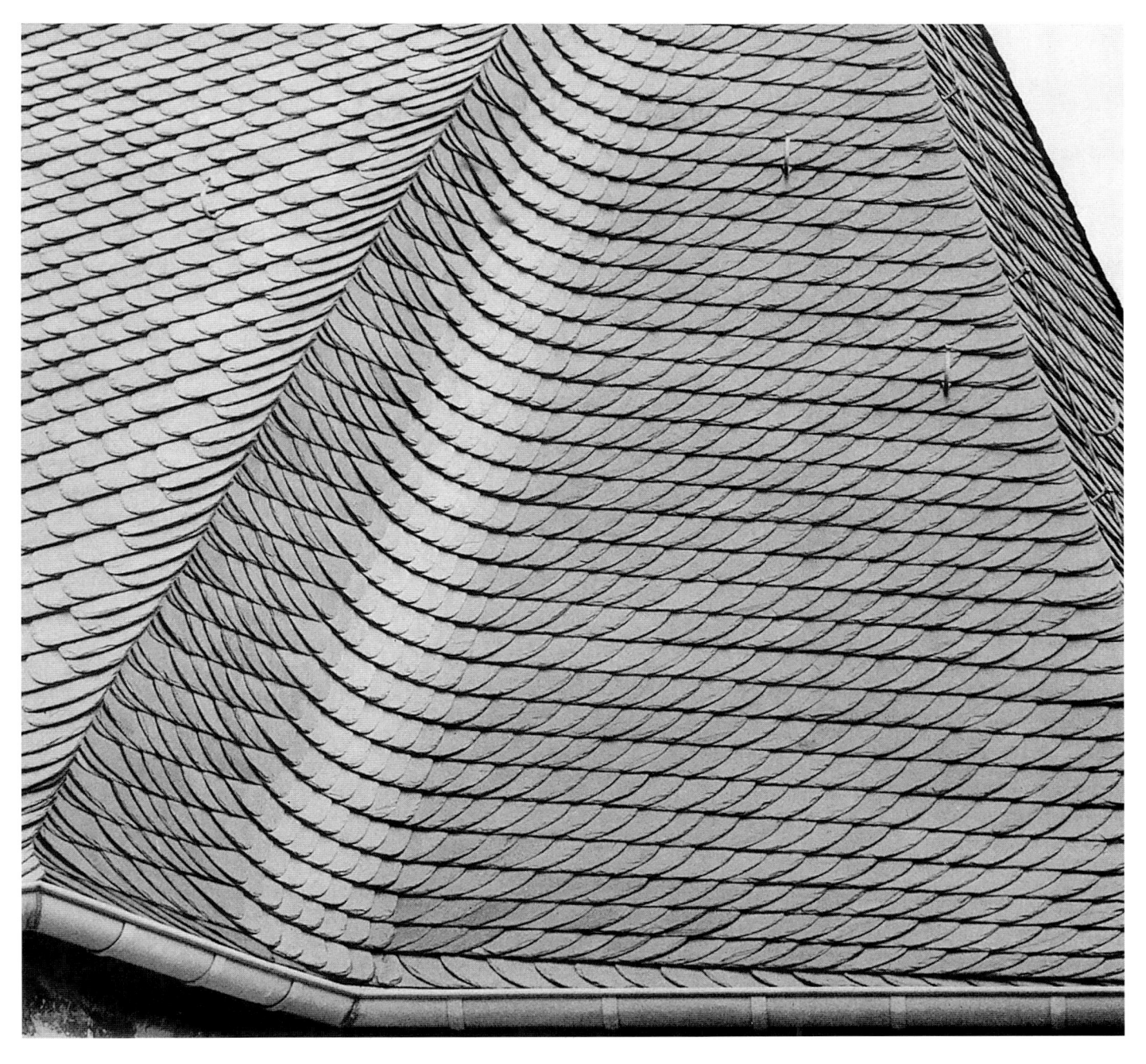

22.2 Regelmäßig eingebundene linke Schieferkehle.

fuge des ersten Kehlsteins der Kehlgebinde fließt, wie das bei Haupt- und Sattelkehlen der Fall ist. Deshalb können eingehende Wangenkehlen ab Mindestdachneigung 25° regensicher gedeckt werden.

Ausgehenden Wangenkehlen wird in [1] eine Dachneigung von mindestens 50° verordnet. Dem sollte nach Möglichkeit entsprochen werden, da die Wangen- und Sattelfläche einer Gaube direkt gegen die Rückenfugen der am Anfang der Kehlgebinde deckenden Kehlsteine entwässern.

23
Kehlsteinformate

Die Grundform des Kehlsteins und die dafür überregional eingeführten Fachbezeichnungen sind in Bild 23.1 dargestellt.

Rücken und Bruch des Kehlsteins bestimmen das Aussehen einer Schieferkehle. Unter diesem Aspekt können Kehlsteine wie folgt zugerichtet werden:

(1) Kehlstein mit geradem Rücken und kurzem Bruch sowie Kehlstein mit geradem Rücken und rundem Bruch.

Diese Kehlsteinformate können bei jeder für Schieferkehlen tauglichen Kehlneigung verwendet werden, da die Seitenüberdeckung des Kehlsteins durch den knappen Fersenbruch kaum reduziert wird.

Kehlsteine mit geradem Rücken und kurzem Bruch (Bild 23.2 a) ergeben einen nur mäßig strukturierten, besonders im Bereich der Kehlübergänge steif wirkenden Kehlsteinverband.

Überregional bevorzugt werden Kehlsteine mit geradem Rücken und rundem Bruch (Bild 23.2 b). Diese sind ein interessanter Kompromiss, wenn Kehlsteine mit kurzem Bruch unerwünscht sind oder Kehlsteine mit rundem Rücken wegen ungenügender Kehlneigung oder zu großer Kehlgebindehöhe nicht verwendet werden können.

(2) Kehlstein mit geradem Rücken und langem (hohen) Bruch sowie Kehlstein mit rundem Rücken.

Beim Kehlstein mit geradem Rücken und langem Bruch (Bild 23.2 c) bewirkt der hoch am Rücken ansetzende und vor dem darunter befindlichen Kehlsteinrücken mit einer kantigen Ferse endende Bruch einen lebhaften Kontrast zum runden Decksteinrücken.

Kehlsteine mit rundem Rücken (Bild 23.2 d) harmonieren mit den Decksteinen; sie ermöglichen bei durchgedeckten Kehlen, insbesondere ausgehenden Wangenkehlen, ästhetisch ausgeformte Kehlübergänge.

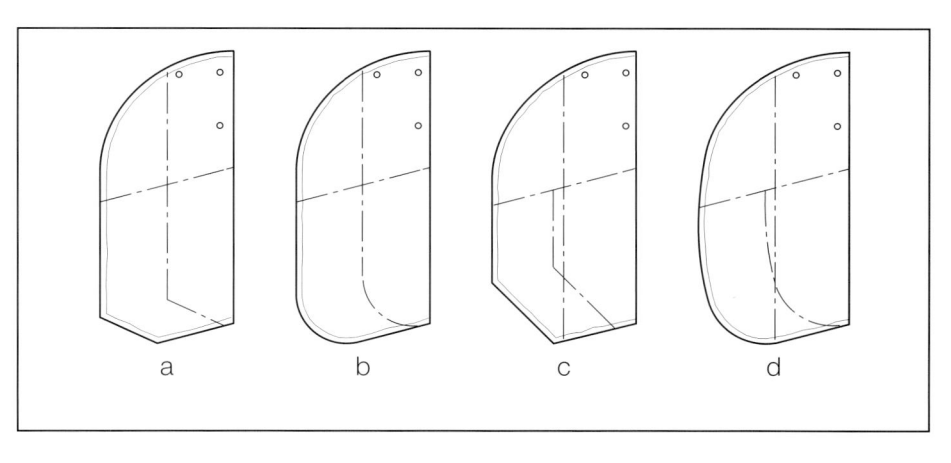

23.1 Grundform des Kehlsteins.
1 Brust
2 Spitze
3 Fuß
4 Ferse
5 Bruch
6 Rücken
7 Kopf
8 Kopfspitze
a Höhenüberdeckung
b Seitenüberdeckung

23.2 Form der Kehlsteine.
a Kehlstein mit geradem Rücken und kurzem Bruch
b Kehlstein mit geradem Rücken und rundem Bruch
c Kehlstein mit geradem Rücken und langem Bruch
d Kehlstein mit rundem Rücken.
Kehlsteine c und d seitlich mehr als die halbe Kehlsteinbreite überdeckt (seitliche Doppeldeckung).

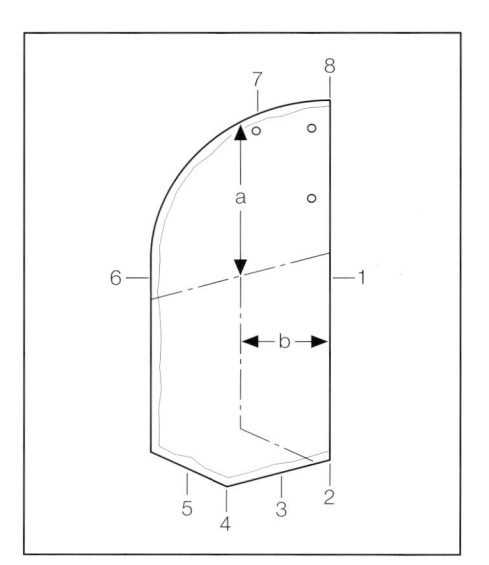

23.3 Kehlsteine mit langem Bruch.

Kehlsteine mit langem Bruch oder rundem Rücken sollten möglichst breit und die Kehlgebinde höchstens 15 cm hoch sein. Demnach eignen sich diese Kehlsteinformate nur für Steildächer oder kleine Gauben, auf denen eine kleine Decksteinsortierung möglich ist.

Infolge des beim Kehlstein mit langem Bruch und beim Kehlstein mit rundem Rücken hoch ansetzenden Bruches wird die Seitenüberdeckung im unteren Bereich dieser Kehlsteine stark reduziert. Zum Ausgleich müssen Kehlsteine mit langem Bruch sowie Kehlsteine mit rundem Rücken reichlich überdeckt werden.

Die Höhenüberdeckung sollte, besonders in Hauptkehlen, bei den am Kehlgebindeanfang und in der Kehlmulde deckenden Kehlsteinen etwa zweifache Kehlgebindehöhe betragen. Seitlich müssen Kehlsteine mit langem Bruch und Kehlsteine mit rundem Rücken durch versetzte Kehlendeckung mindestens 1 cm mehr als die Hälfte der Kehlsteinbreite überdeckt werden [1]. Auf Steildachflächen sind diese mit reichlicher Höhenüberdeckung in Wangenkehlen gedeckten Kehlsteinformate auch bei halber Überdeckung der Kehlsteinbreite erwiesenermaßen funktionssicher.

Bei Kehlsteinen mit langem Bruch und Kehlsteinen mit rundem Rücken ist eine vorteilhaft kombinierte Kehlschalung unerlässlich, da die Verlegung besagter Kehlsteinformate in einer zu engen Kehlmulde kritisch ist. Rücken und Bruch heben sich gern vom Nachbarstein sperrig ab und lassen den Kehlsteinverband kraus erscheinen.

23.4 Ankehlung einer Gaube mit »runden« Kehlsteinen.

24
Überdeckung der Kehlgebinde

24.1 Höhenüberdeckung

Die Höhenüberdeckung eines Kehlgebindes muss mindestens ein Drittel mehr betragen als die des Deckgebindes, auf dem das Kehlgebinde angesetzt wird. Diese Mindestüberdeckung ist meistens nicht ausreichend bei:
- großer Grundfläche der in die Kehle entwässernden Dachflächenabschnitte, besonders auf der Seite des Kehlgebindeanfangs,
- flach geneigten Sattelkehlen,
- ausgehenden Wangenkehlen.

Eine reichlich bemessene, gegebenenfalls bis an das nächste Kehlgebinde heranreichende Höhenüberdeckung ist besonders bei den am Kehlgebindeanfang und im Wasserlauf einer Hauptkehle deckenden Kehlsteinen erforderlich. Außerhalb des Wasserlaufes, am Ende der Kehlgebinde, kann die Höhenüberdeckung der Kehlsteine allmählich bis zur eingangs genannten Mindestüberdeckung reduziert werden. Der durch Überflutung oder Wasserrückstau besonders gefährdete Mündungsbereich einer Hauptkehle kann durch Doppeldeckung der Kehlgebinde funktionssicherer ausgebildet werden.
Trotz reichlich bemessener Höhenüberdeckung ist ein sperriges Lager der Kehlsteine nicht zu erwarten, wenn die sich jeweils in der Höhe überdeckenden Kehlsteine ungefähr gleich lang sind und dadurch in Längsrichtung gleichmäßig schichten.
Einfäller und Wassersteine sind funktionswichtige Bestandteile des Kehlverbandes. Sie müssen mit ansteigendem Kopf zugerichtet werden, damit an der Brust dieser Steine die Höhenüberdeckung des darauf anzusetzenden Kehlsteins erreicht wird.

Auch bei Wangenkehlen muss die Höhenüberdeckung der Wassersteine und Einfäller sowie der ersten Kehlsteine der Kehlgebinde mindestens ein Drittel mehr als die des jeweiligen Deckgebindes betragen. Da bei eingehenden Wangenkehlen nur die ersten Steine der Kehlgebinde vom abfließenden Wasser beansprucht werden, ist bei den zur Wange ansteigenden Kehlsteinen eine sparsamere Höhenüberdeckung unbedenklich.
Bei ausgehenden Wangenkehlen bedürfen alle Steine der Kehlgebinde einer reichlich bemessenen Höhenüberdeckung. Diese muss der jeweiligen Dachneigung und dem Überstand des Gaubensattels entsprechen. In ungünstigen Fällen kann eine Höhenüberdeckung in der Abmessung der jeweiligen Kehlgebindehöhe zweckmäßig sein.
Einfäller und Wassersteine müssen auch bei Wangenkehlen mit ansteigendem Kopf zugerichtet werden, damit an deren Brust die Höhenüberdeckung des darauf anzusetzenden Kehlsteins erreicht wird.

24.2 Seitenüberdeckung

Bei Schieferkehlen in Normalausführung werden die Kehlsteine seitlich um die Hälfte ihrer Breite überdeckt.
Um bei Hauptkehlen eine für den Normalfall ausreichende Seitenüberdeckung zu erzielen, müssen die am Kehlgebindeanfang und im Wasserlauf deckenden Kehlsteine mindestens 13 cm breit sein [1]. Die in einer Kehlsteinsortierung enthaltenen etwas schmaleren Steine können außerhalb des Wasserlaufes, beispielsweise für den Anschluss der Kehlgebinde an die Deckgebinde, verwendet werden. Aber auch diese schmaleren Kehlsteine müssen seitlich halb überdeckt werden.
Die Seitenüberdeckung der Einfäller und Wassersteine hat die gleiche Abmessung wie die Seitenüberdeckung der darauf anzusetzenden Kehlsteine.
Außer in der üblichen Normalausführung können Haupt- und Sattelkehlen sowie ausgehende Wangenkehlen auch als versetzte Kehlen gedeckt werden. Bei dieser relativ selten praktizierten Ausführung werden die Kehlsteine seitlich mehr als die halbe Kehlsteinbreite überdeckt. Versetzte Kehlendeckung wird zum Beispiel bei Verwendung von Kehlsteinen mit langem Bruch oder rundem Rücken gefordert [1].
Auch bei reichlicher Seitenüberdeckung wird in Haupt- und Sattelkehlen das Wasser bis zur Brust der am Kehlgebindeanfang und im Wasserlauf der Kehle deckenden Steine vordringen und an deren Brust entlanglaufen. Sinngemäß gilt dies auch für ausgehend gedeckte Wangenkehlen.
Um zu verhindern, dass in einer unter normalen Bedingungen entwässernden Schieferkehle Wasser nach innen abläuft, müssen die Brust der Einfäller, der Rücken der Wassersteine und die Brust der Kehlsteine durch Hieb von oben zu einer scharfen Kante behauen werden. Diese darf keinerlei Hiebkerben oder Absplitterungen aufweisen. Eine am Rohschiefer bereits vorhandene natürliche Kante oder eine im Schieferbergwerk gesägte Kante muss nur dann mit dem Schieferhammer nachbehauen werden, wenn sie einen mineralischen Belag oder eine Sägestruktur aufweist.

25 Kehlschalung

Eine unzweckmäßige Kehlschalung kann das Decken einer Schieferkehle erheblich komplizieren. Wenn sich Kehlsteine nicht legen wollen oder sperren, liegt das meistens an der Kehlschalung. Auch sind falsch zugeschnittene Kehlbrettschmiegen oft ursächlich für ein unschön verlaufendes Kragengebinde oder für einen nicht gut aussehenden Kehlanfang einer Wangenkehle, insbesondere einer ausgehend gedeckten.

Wegen ihrer unmittelbaren Auswirkung auf die praktische Kehldeckung sollte nur der damit beauftragte Dachdecker die Kehlschalung anbringen, nicht etwa der Zimmermann, dem die Details der Kehldeckung fremd sind. Außerdem hat jeder Schieferdecker seine eigene Methode, eine Schieferkehle so zu schalen, dass sich seine Kehlsteine auch legen.

Vor dem Einbau der Kehlschalung muss in der Kehle eine Bitumendachbahn oder Bitumenschweißbahn verlegt werden. Diese darf im Bereich des Kehlwinkels nicht beschädigt werden. Sowohl bei Regenwetter während der Schieferdeckungsarbeiten als auch später, wenn Kehlsteine zu Bruch gehen oder die Kehle infolge festsitzender Schneelawinen kurzzeitig überflutet und Wasser in die Überdeckungen hineinstaut, muss die Kehlbahn das Wasser aufnehmen und ableiten.

Bei einer Dachsanierung muss die vorhandene Kehlschalung samt der darunter verrotteten Vordeckbahn entfernt werden. Nachfolgend wird im Kehlwinkel wieder eine neue Bitumendachbahn oder Bitumenschweißbahn verlegt und darüber die neue Kehlschalung angebracht.

Die Gewissheit einer unter dem Kehlbrett intakten Bitumendachbahn darf nicht dazu verleiten, ein riskantes Kehlengefälle zu tolerieren oder riskante Kehlsteinüberdeckungen zu rechtfertigen.

Für die Imprägnierung der Kehlschalung dürfen nur zugelassene Holzschutzmittel mit Prüfzeichen verwendet werden.

25.1 Das Lager der Kehlsteine auf der Kehlschalung einer ausgehenden Wangenkehle.

25.2 Kehlschalung für eine ungleichhüftige Kehle.

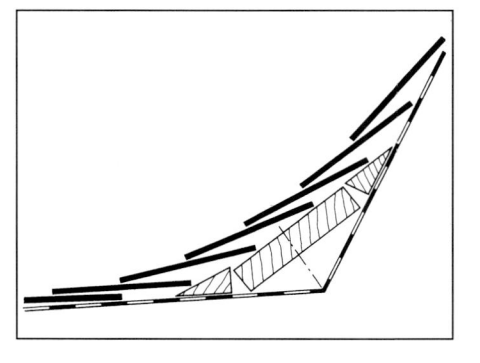

Die Kehlschalung muss den Kehlwinkel so oft brechen, bis keine scharfen Knicke mehr vorhanden sind. Dies kann durch geschickte Kombination eines vollkantigen Kehlbrettes mit mehreren Dreikantleisten von eventuell unterschiedlicher Breite erreicht werden.

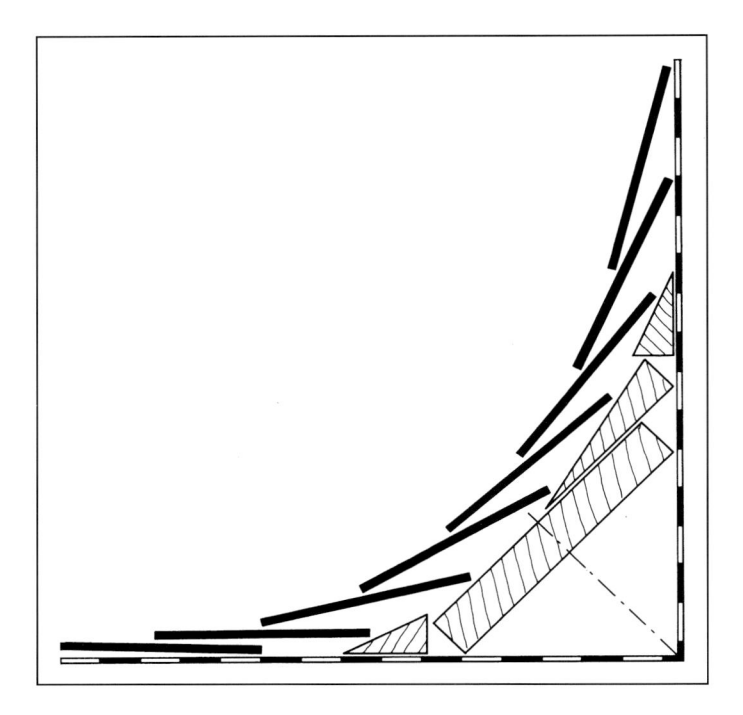

25.3 Kehlschalung für Wangenkehlen. Hier zum Beispiel aus einem vollkantigen Kehlbrett und unterschiedlich breiten Dreikantleisten.

25.1 Hauptkehlen

Die jeweils erforderliche Breite der Kehlschalung richtet sich nach der Größe des Kehlwinkels.

Meistens genügt ein etwa 16 bis 18 cm breites Kehlbrett mit einer an jeder Längsseite anschließenden, mindestens 5 cm breiten Dreikantleiste. Da die Kehlsteine mindestens 13 cm breit sein müssen, sind schmalere Kehlbretter unzweckmäßig.

Bei gleicher Dachneigung beiderseits der Kehle wird das Kehlbrett mittig über dem Kehlwinkel verlegt, bei ungleicher Dachneigung etwas in die steilere Dachfläche gerückt.

Ein ohnehin großer Kehlwinkel sollte nicht durch eine zu breite Kehlschalung unnötig flach ausgerundet werden. Die Kehlsteine dürfen im Bereich ihrer Seitenüberdeckung nicht schlüssig aufeinander liegen. Das hätte den Nachteil, dass Wasser zu weit in den Kehlsteinverband vordringt, die Seitenüberdeckung der Kehlsteine aber nicht zügig entwässern kann. Bei einem großen Kehlwinkel genügt meistens ein an beiden Kantenflächen abgeschrägtes schmales Kehlbrett. Möglich sind auch zwei, mit ihrer Kantenfläche nebeneinander verlegte, aus schmalen Brettern geschnittene Dreikantleisten.

25.2 Wangenkehlen

Bei Wangenkehlen muss der enge Kehlwinkel durch geschickte Kombination eines vollkantigen Kehlbrettes mit mehreren Dreikantleisten so oft gebrochen werden, bis keine scharfen Knicke mehr vorhanden sind.

Der mit den Kehlgebinden von der Dachfläche zur Wange zu überwindende Niveauunterschied muss auf alle Kehlsteine des Kehlgebindes möglichst gleichmäßig verteilt werden. Das geschieht am besten mit einem 16 bis 18 cm breiten, vollkantigen Kehlbrett und mehreren Dreikantleisten von 5 bis 10 cm Breite.

Das Bild 25.3 zeigt eine von mehreren Möglichkeiten, wie die Kehlschalung für eine eingehende Wangenkehle kombiniert werden kann und welche Querneigung die Kehlsteine an den jeweils kritischen Übergängen in etwa haben werden.

Für eine ausgehend zu deckende Wangenkehle kann die vorstehend beschriebene Kehlschalung dadurch optimiert werden, dass anstelle eines parallel besäumten Kehlbrettes ein axial konisch geschnittenes verwendet wird. Auf einer vorteilhaft kombinierten Kehlschalung lassen sich auch breite Kehlsteine mit rundem Rücken oder langem Bruch problemlos decken, ohne dass sie sich vom Nachbarschiefer sperrig abheben. Durch eine stetig verlaufende Ausrundung des Kehlwinkels mittels mehrerer Dreikantleisten wird nicht nur ein zügiger Arbeitsablauf und ein gutes Lager aller Kehlsteine erreicht, sondern auch ein schönes Aussehen der Kehldeckung.

Für Wangenkehlen unzweckmäßig ist eine Kehlschalung, die nur aus einem an den Kantenflächen abgeschrägten Kehlbrett besteht. An dessen Längskanten verbleiben scharfe Knicke, über denen sich die Kehlsteine nur widerspenstig legen.

25.3 Wandkehlen

Auf Bild 34.3 ist eine stabile Kehlschalung, auf der alle Kehlsteine solide befestigt werden können, dargestellt. Das Kehlbrett ist etwa 16 bis 18 cm breit. Dachseitig ist eine 5 cm breite Dreikantleiste angeschlagen. Wandseitig ist das Kehlbrett abgeschrägt, damit es sich an die Wand anschmiegt und der letzte Kehlstein der Kehlgebinde nahe der Wand genagelt werden kann. Das Kehlbrett liegt auf einer entlang der Wand hochkant befestigten Dachlatte und ist auf dieser genagelt.

26 Verlegen der Kehlsteine

Kehlsteine werden meistens als Rohschiefer (Zubehörformate) an die Baustelle geliefert und auf dem Stuhlgerüst im Zuge der Kehldeckung passend zugerichtet. Beim Zurichten vor Ort kann jeder einzelne Kehlstein gezielt auf den im Kehlgebinde zugedachten Platz passend und lagergerecht behauen werden.

Bei ungleichmäßiger Dicke eines Rohschiefers ist die dünnere Steinpartie für den Kopf des Kehlsteins beziehungsweise für den Bereich der Höhenüberdeckung disponiert.

Eine mit Unebenheiten durchsetzte, rau strukturierte Spaltfläche muss beim behauenen Kehlstein außen liegen. Knotige Verdickungen dürfen nicht in den Bereich der Überdeckung verlagert werden.

Je nach Lage des Kehlsteins im Kehlgebinde kann aber auch ein geradezu gegensätzliches Behauen ein weitaus besseres Lager des Kehlsteins herbeiführen. Mitunter genügt schon eine geschickt genutzte Wölbung, Flügeligkeit oder partielle Verdickung des Rohschiefers, um einen widerspenstigen Kehlstein zum Liegen zu bringen.

Bruchrinnen auf der Spaltfläche dürfen nicht in die Seitenüberdeckung des Kehlsteins hineinführen.

Natürliche Rohschieferkanten mit mineralischem Belag sowie Rohschieferkanten mit Spuren des Sägeschnittes, Riefen, Kerben und Absplitterungen müssen zur Verwendung als Kehlsteinbrust mit Hieb von oben scharfkantig behauen werden.

26.1 Lager der Kehlsteine

Das Decken einer Schieferkehle geht nur dann zügig vonstatten, wenn sich alle Kehlsteine mit ihrem Kopf zwanglos auf die Kehlschalung legen, ohne dazu verformt oder nennenswert unterlegt werden zu müssen.

Der Kehlwinkel muss durch eine vorteilhaft kombinierte Kehlschalung so oft gebrochen werden, dass das Kehlgebinde von einem Kehlstein zum nächsten stetig, aber gleichmäßig zur Gegenseite oder Wangenfläche ansteigt. In einem Kehlgebinde darf kein Kehlstein eine im Vergleich zum Nachbarschiefer drastisch veränderte Querneigung haben. Ein zu eng oder zu kantig geschalter Kehlwinkel oder eine ungünstige Stellung des Kehlbrettes sind besonders bei Wangenkehlen ursächlich für ein sperriges Lager von Kehlsteinen.

Durch die Kehlschalung herbeigeführte Verlegeprobleme sind im Verlauf einer Kehldeckung meistens unabänderlich. Sie übertragen sich hartnäckig von einem Kehlgebinde auf das nächste und zwingen schließlich zur Verwendung ungewöhnlich langer Nägel, dicker Holzsplitter zum Unterlegen oder sie verführen zu einem riskanten Verformen der widerspenstigen Kehlsteine.

Bei einer dem Kehlwinkel entsprechenden Kehlschalung kann das erforderliche gleichmäßige Ansteigen der Kehlgebinde zur Gegenseite oder Wange durch gezieltes Brechen der Kopfspitze der Kehlsteine reguliert werden. Dies der jeweiligen Situation entsprechend, bei dem einen Kehlstein etwas mehr, bei dem anderen etwas weniger, im Mittel etwa 2 bis 3 cm von der Kopfspitze nach unten. Durch diese Technik legt sich der Kehlsteinkopf gefügig auf die Unterlage; jeder Kehlstein schichtet in Längsrichtung flacher als die Kehlschalung. Das ist eine Grundvoraussetzung für gutes Liegen der Kehlsteine an jeder Stelle der Schieferkehle. Bei ausreichender Höhenüberdeckung der Kehlsteine ist das Brechen ihrer Kopfspitze überhaupt kein Risiko.

Das vorstehend empfohlene Brechen der Kopfspitze darf nicht verwechselt werden mit einer Verformung des Kehlsteins im Bereich der oberen Brust (Bild 26.1 b). Dafür ursächlich ist meistens ein starker Knick am Übergang von der Kehlschalung zur Wangenfläche. Dieser lässt den auf die Wange übergreifenden Kehlstein im Vergleich zum vorherigen zu steil ansteigen. Der so verformte Kehlstein behindert den im folgenden Kehlgebinde darauf anzusetzenden insofern, als dieser mit dem Kopf nicht auf die Kehlschalung findet. Das kann dazu verführen, den sperrigen Kehlstein entweder gemäß Bild 26.1 c zu verformen oder ihn an der Kopfspitze kräftig zu unterlegen. Beide Praktiken verschärfen im nächsten Kehlgebinde die Verlegeprobleme.

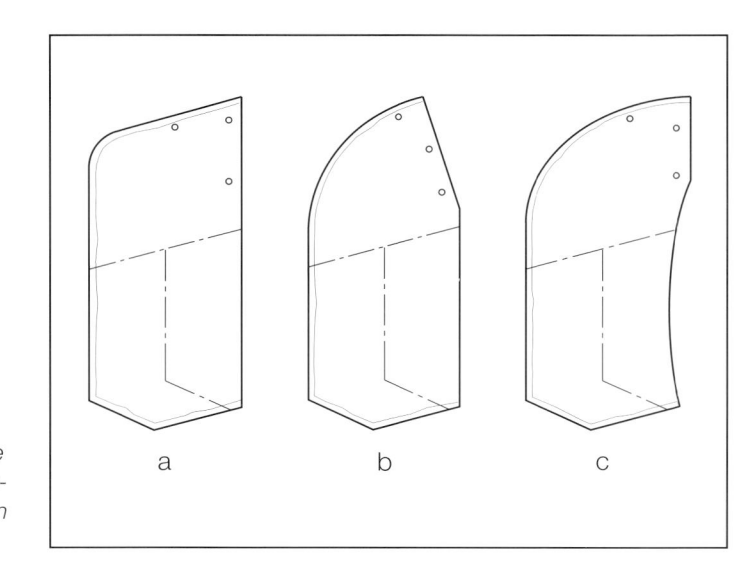

26.1 Kehlsteine mit typischen Formfehlern, die besonders bei Wangenkehlen die Schieferdeckungsarbeiten behindern können.

Der Kehlsteinrücken muss zum Kopf hin bogenförmig gut abgerundet werden. Bei zu knapper Abrundung (Bild 26.1 a) wird der im folgenden Gebinde darüber schichtende Kehlstein unterseitig behindert.

Die Kehlsteine müssen von einem Kehlgebinde zum nächsten etwa gleich lang sein, damit sie in Längsrichtung gleichmäßig schichten. Nicht reichliche, sondern unstete Höhenüberdeckung bei den in der Höhe sich überdeckenden Kehlsteinen ist ursächlich für das Abheben eines Kehlsteinkopfes von der Kehlschalung. Es ist ein sich im nächsten Kehlgebinde prekär auswirkender Trugschluss, an einer kritischen Stelle des Kehlgebindes einen besonders langen Kehlstein zu verlegen, um mit dessen Kopf wieder auf die Schalung zu kommen. Bei gleichmäßiger Schichtung der Kehlsteine lassen sich auch niedrige Kehlgebinde mit reichlicher Höhenüberdeckung problemlos decken.

Kein Kehlstein darf am Kopf breiter zugerichtet werden als am unteren Ende (Bild 26.1 c). Sofern dazu Veranlassung besteht, wurden Fehler gemacht, beispielsweise eine Wangenkehle in zu scharfen Knicken geschalt oder während der Kehldeckung eine anfangs nur geringfügige Sperrung nicht sogleich beachtet und korrigiert.

Das Decken einer Schieferkehle wird nicht dadurch gefördert, dass auf dem Gerüst ständig nach möglichst dünnen Kehlsteinen gesucht wird. Oft kann gerade mit einem besonders dicken Kehlstein eine sperrige Situation beseitigt werden. Ein sich sperrig verhaltender Kehlstein kommt zum Beispiel dadurch wieder mit dem Kopf auf die Kehlschalung, indem der untere Teil einer gesägten, dicken Kehlsteinbrust mit Hieb von oben kräftig abgespalten wird.

26.2 Kehldeckung mit lang gebrochenen Kehlsteinen.

27 Kehlanschlusssteine

Jede rechte und linke Schieferkehle wird auf einem Deckgebinde angesetzt und in die Deckung der Gegenseite dergestalt eingebunden, dass ein regelmäßiger oder unregelmäßiger Verband entsteht. Dazu sind verschiedene Anschlusssteine erforderlich, die auf dem Gerüst im Zuge der Kehldeckung aus Rohschiefer zugerichtet werden.

27.1 Wasserstein

Der Wasserstein ist ein Anschlussstein für den Kehlgebindeanfang.
Die Kehlgebinde beginnen auf einem Wasserstein, wenn Kehlgebinde und Deckgebinde auf der Dachfläche des Kehlgebindeanfangs gegensätzliche Deckrichtung haben. Das ist zutreffend bei:
- Rechtsdeckung auf der Dachseite rechts und linker Kehle,
- Linksdeckung auf der Dachseite links und rechter Kehle.

Der Wasserstein wird mit einem zur Kehle hin ansteigenden Kopf zugerichtet, damit am Rücken des Wassersteins die gleiche Höhenüberdeckung wie bei dem darauf anzusetzenden Kehlstein erzielt wird.
Rücken und Brust des Wassersteins werden mit Hieb von oben zu einer scharfen Kante behauen. Die Nagellöcher dürfen nur am Kopf sowie an der Brust innerhalb der Höhenüberdeckung eingeschlagen werden.
Der Rücken des Wassersteins deckt schlüssig gegen den zweiten Kehlsteinrücken, die Brust des Wassersteins im Normalfall schlüssig gegen den zweiten Decksteinrücken, jeweils im Deckgebinde darunter. An den Kontaktstellen müssen diese Steinkanten gleichermaßen dick sein.
Der Rücken des auf dem Wasserstein anzusetzenden Kehlsteins einerseits und der des Decksteins andererseits müssen gleich dick sein und sollen nach Möglichkeit im Abstand einer nur schmalen Stoßfuge anschließen.
Die seitliche Überdeckung des Wassersteins durch den Deckstein muss mindestens der Seitenüberdeckung der Decksteine dieses Deckgebindes entsprechen. Darauf ist besonders dann zu achten, wenn der auf dem Wasserstein anzusetzende Decksteinrücken an den Kehlsteinrücken angeschmiegt werden muss.

27.1 Von Wassersteinen aus gedeckte linke Kehle bei Rechtsdeckung der Dachfläche rechts.

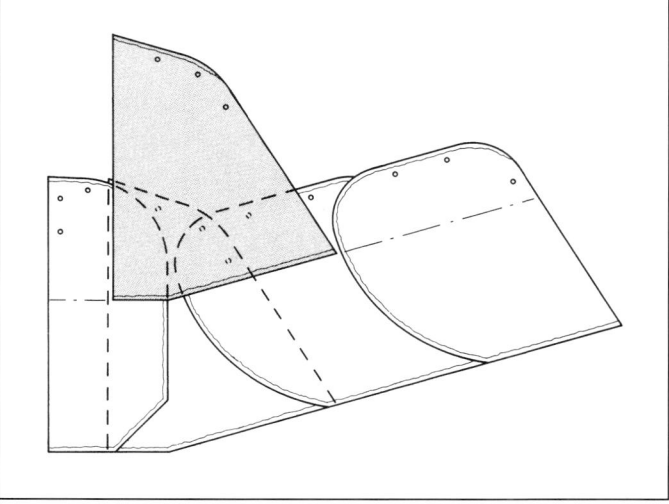

27.2 Form und Position des Wassersteins bei linker eingehender Wangenkehle. Rücken und Brust des Wassersteins müssen mit Hieb von oben zugerichtet sein oder eine glatte Sägekante haben.

27.3 Wasserstein bei linker eingehender Wangenkehle. Durch Übersetzen schmaler Decksteine wird verhindert, dass der Wasserstein zu schmal ausfällt und der seitlich darauf anzusetzende Decksteinrücken unschön beigehauen werden muss.

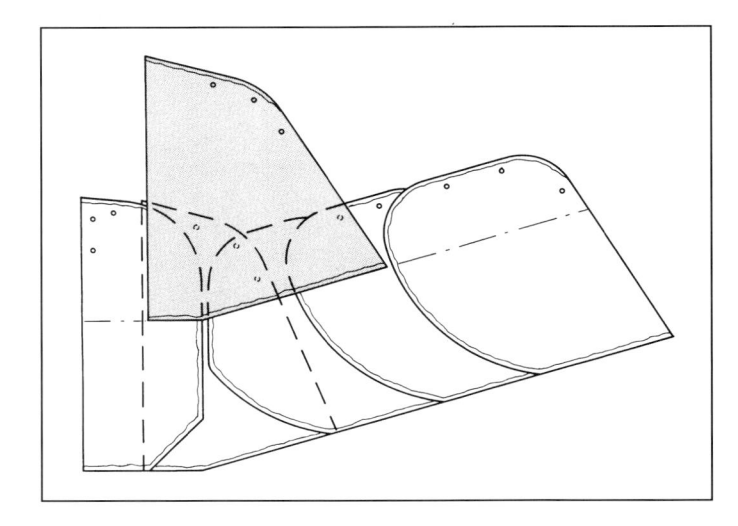

27.4 Übersetzen oder eine Korrektur des Rückenhiebes bei den auf den Wassersteinen seitlich angesetzten Decksteinen bewirken eine enge Stoßfuge zwischen den Kehl- und Decksteinrücken.

Wenn am Kehlgebindeanfang zwei schmale Decksteine nebeneinander decken, sollten diese im nächsten Gebinde mit dem Wasserstein übersetzt werden, damit hier kein Gedränge entsteht und der Wasserstein so breit sein kann, dass er beiderseits ausreichend zu überdecken ist (Bild 27.3). Der mit dem Wasserstein zu übersetzende Decksteinrücken muss dünn sein.
Wenn breite Decksteine neben einer Hauptkehle decken, ist der mit dem Wasserstein anzulaufende Decksteinrücken oft zu weit entfernt. In diesem Fall ist das Übersetzen des am Kehlgebindeanfang deckenden breiten Decksteins mit einem dünnen Wasserstein und einem Deckstein zweckmäßiger als die Disposition eines extrem breiten Wassersteins (Bild 27.4).

27.2 Einfäller

Der Einfäller ist ein Anschlussstein für den Kehlgebindeanfang.
Die Kehlgebinde beginnen auf einem Einfäller, wenn Kehlgebinde und Deckgebinde auf der Dachfläche des Kehlgebindeanfangs dieselbe Deckrichtung haben. Das ist zutreffend bei:
- Rechtsdeckung auf der Dachseite links und rechter Kehle,
- Linksdeckung auf der Dachseite rechts und linker Kehle.

Der Kopf des Einfällers muss zur Brust hin derart ansteigen, dass an dieser die gleiche Höhenüberdeckung wie bei dem darauf anzusetzenden Kehlstein erzielt wird.
Brust und Kopf des Einfällers müssen eine vollkantige Spitze bilden!
Um diesen Bedingungen entsprechen zu können, müssen die Einfäller aus einer passenden Rohschiefersortierung zugerichtet werden. Breite Decksteine aus der auf dem Gerüst gestapelten Sortierung sind an der Brust als Einfäller nicht hoch genug.
Die Brust des Einfällers muss durch Hieb von oben zu einer scharfen Kante behauen werden, es sei denn, die als Brust vorgesehene natürliche oder gesägte Rohschieferkante hat weder Spuren des Sägeschnittes noch Kerben, Riefen oder Absplitterungen.
Die Nagellöcher für wenigstens drei versetzt anzuordnende Schiefernägel dürfen nur entlang der Kopfkante eingeschlagen werden.

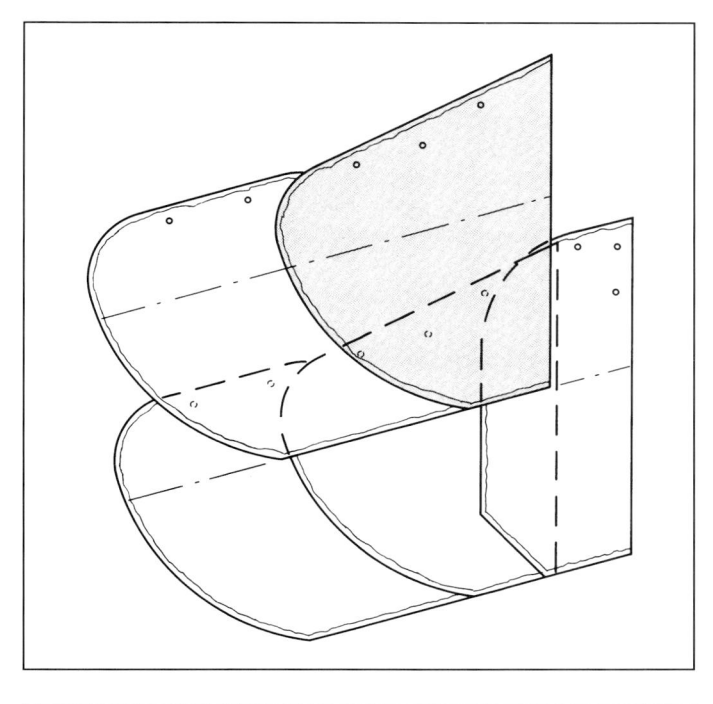

27 Kehlanschlusssteine

27.5 (oben links) Form und Position des Einfällers bei rechter eingehender Wangenkehle. Einfäller müssen mit ansteigendem Kopf aus Rohschiefer zugerichtet werden, damit an der Einfällerbrust die gleiche Höhenüberdeckung wie bei dem darauf anzusetzenden Kehlstein erreicht wird.

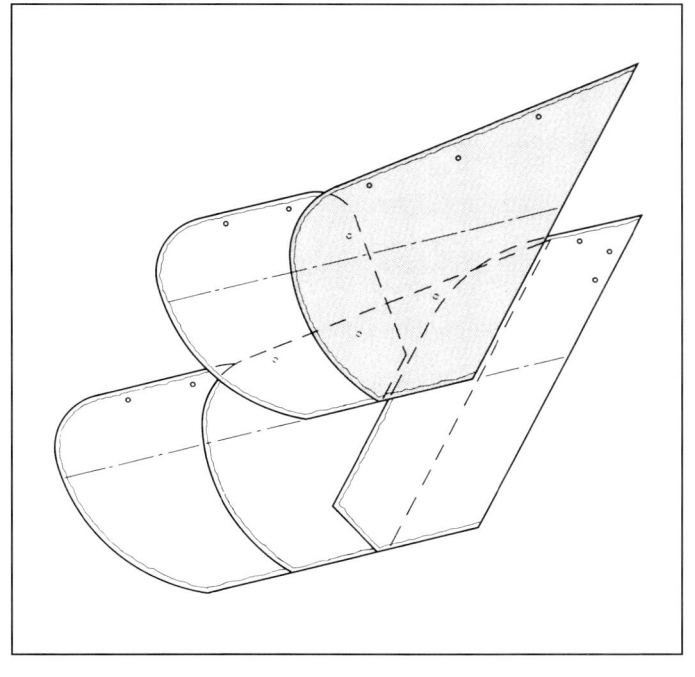

27.6 (unten links) Bei Haupt- und Sattelkehlen kann die oft extreme Größe der Einfäller durch Stumpfen des Rückenhiebes reduziert und dadurch der Kehlgebindeanfang schöner gestaltet werden. Damit dabei die Seitenüberdeckung des vom Einfäller überdeckten Decksteins erhalten bleibt, muss dessen Spitze durch Hieb von oben gestutzt werden.

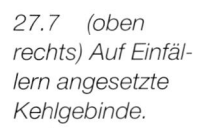

27.7 (oben rechts) Auf Einfällern angesetzte Kehlgebinde.

Wenn in Haupt- oder Sattelkehlen der Einfäller sehr breit ausfällt, kann dessen Rücken eingezogen, der Einfäller mit einem stumpfen Rückenhieb zugerichtet werden. Allerdings muss die Spitze des vom Einfäller seitlich überdeckten letzten Decksteins des Gebindes kräftig gestutzt werden, damit dessen Seitenüberdeckung nicht reduziert wird.

Sofern bei Hauptkehlen die Kehlgebinde auf hohen Deckgebinden angesetzt werden müssen, ergeben sich oft dermaßen große Einfäller, dass an der Baustelle genügend große Rohschiefer mitunter nicht bereitstehen oder die großen Einfäller unmaßstäblich wirken könnten. In solchen Fällen sollten die Deckgebinde auf der Dachseite des Kehlgebindeanfangs auf einem Wasserstein angesetzt werden. Dazu müsste die flachere Dachfläche im Falle einer rechten Kehle mit linken Decksteinen, im Falle einer linken Kehle mit rechten Decksteinen gedeckt werden.

Falls diese Möglichkeit nicht gegeben ist, weil sie beispielsweise nicht rechtzeitig geplant wurde und die Decksteine schon an der Baustelle stehen, können auf jedem Deckgebinde auch zwei Kehlgebinde angesetzt werden. Dazu sind dann pro Deckgebinde ein großer und ein kleiner Einfäller erforderlich (Bild 27.8). Der auf dem großen Einfäller anzusetzende Kehlstein muss dünn sein, damit der kleine Einfällerrücken nicht auffallend abhebt. Die Kehlgebindehöhe ist bei so einer Einfällerkehle recht niedrig und deren Herstellung außergewöhnlich aufwendig. Es ist in jeder Hinsicht zweckmäßiger, eine Hauptkehle von Wassersteinen aus zu decken, zumal eine Einfällerkehle ohnehin nur bei Dachneigung von mindestens 50° oder von Kleinflächen aus gedeckt werden sollte [1].

27.3 Schwärmer

Ein Schwärmer hat die Funktion eines Schlusssteines. Er deckt auf dem letzten Kehlstein eines Kehlgebindes und verbindet dieses mit einem auf die Kehle zulaufenden Deckgebinde. Das ist zutreffend bei:
- linker Kehle und Rechtsdeckung der Dachfläche links,
- rechter Kehle und Linksdeckung der Dachfläche rechts.

Für das Aussehen einer Schieferkehle sind Form und Größe der Schwärmer wichtige Kriterien.

Im Falle eines konstruierten und dementsprechend eingeteilten und abgeschnürten Kehlverbandes deckt bei kleiner Decksteinsortierung die Brust des jeweils letzten Kehlsteins der Kehlgebinde schlüssig gegen die Brust des letzten Decksteins der Deckgebinde. So beispielsweise bei ausgehend gedeckter Wangenkehle (Bild 27.9).
Mit der Länge der an der unteren Decksteinbrust angehauenen Schmiege wird die Seitenüberdeckung des Decksteins durch den Schwärmer reguliert. Diese muss mindestens der Seitenüberdeckung der Decksteine des einzubindenden Deckgebindes entsprechen. Sofern die Kehlgebinde in eine größere Decksteinsortierung eingebunden werden müssen, sollte auf den einzubindenden Deckstein zunächst noch ein dünner Kehlstein (gegebenenfalls auch mehrere) gedeckt werden, um den Schwärmer möglichst klein zu halten. Zu große Schwärmer können das Aussehen einer Schieferkehle erheblich beeinträchtigen.

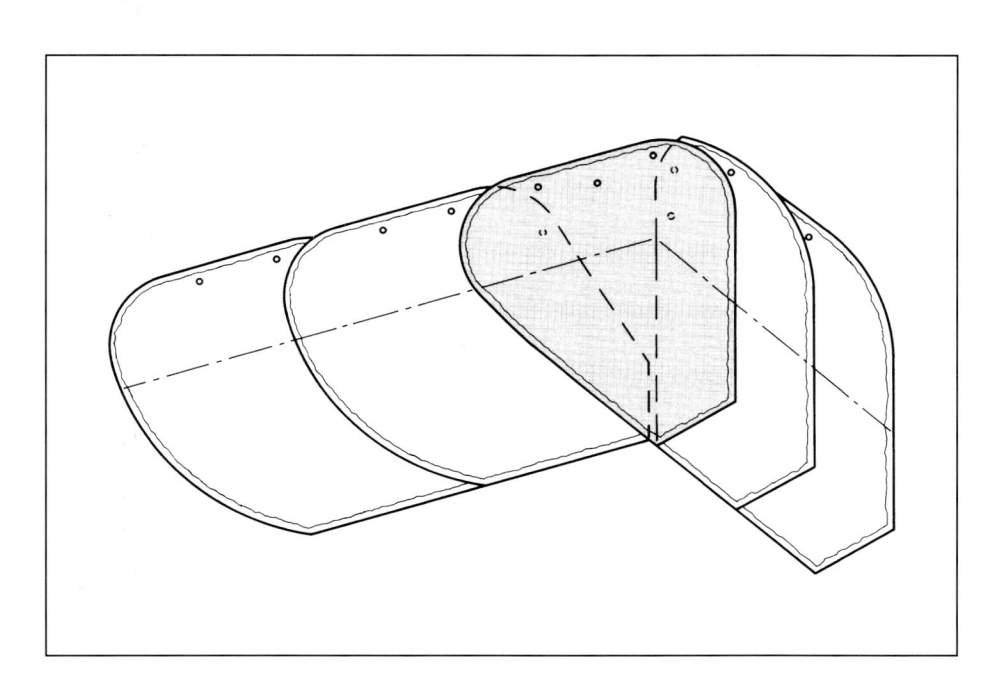

27.8 Kehlgebindeanfang einer rechten Einfällerkehle. Auf ein Decksteingebinde sind zwei Kehlgebinde angesetzt. Der Kehlgebindeanfang mit zwei Einfällern ist eine Problemlösung, wenn auf der Dachfläche des Kehlgebindeanfangs große Decksteine verwendet werden müssen und eine Einfällerkehle unvermeidbar ist. In solchen Fällen ist durch Ansetzen von zwei Kehlgebinden auf ein Decksteingebinde sichergestellt, dass genügend lange Kehlsteine zur Verfügung stehen und diese ausreichend überdeckt werden können.

27.9 Grundform des Schwärmers und dessen Position, hier bei linker ausgehender Wangenkehle. Die Brust des letzten Kehlsteins der Kehlgebinde deckt gegen die Brustschmiege des letzten Decksteins der Deckgebinde. Bei größeren Decksteinen wird zusätzlich ein dünner Kehlstein auf den Deckstein gedeckt, damit der Schwärmer nicht zu groß ausfällt.

27.10 Schwärmer in einer regelmäßig eingebundenen linken Kehle.

Der auf dem Deckstein aufliegende Schwärmerrücken sollte die Kehlgebindelinie möglichst richtungsgleich fortsetzen, ohne dadurch bei Wangenkehlen die Sichtfläche des überdeckten Decksteins unvorteilhaft zu schneiden. Gegebenenfalls müssen dazu auch die Kehl- und Deckgebindesteigung aufeinander abgestimmt werden.
Mit dem letzten Deckstein des einzubindenden Deckgebindes muss so weit an die Kehle herangerückt und dessen Spitze dermaßen gestutzt werden, dass der Deckstein vom Schwärmer seitlich ausreichend überdeckt wird.
Die Kehlgebinde müssen mit einer entsprechenden Anzahl Kehlsteine so weit ausgedeckt werden, bis der Schwärmer plan aufliegt und wie die Decksteine schichtet. Nur dann lassen sich im folgenden Deckgebinde die Decksteine ohne zu sperren auf den Schwärmer aufsetzen.
Das Lager des auf den Schwärmer aufzusetzenden ersten Decksteins kann dadurch verbessert werden, dass die gegen den Schwärmerrücken deckende Decksteinbrust möglichst dick ist. Die auf den Schwärmer aufzusetzenden Decksteine müssen im Bereich der Spitze möglichst dünn sein; ebenso kann aber auch eine dicke, gesägte Decksteinbrust mit dem Schieferhammer zur Steinunterseite hin abgespalten werden.
Die Konstruktion des Kehlverbandes befindet darüber, ob alle Schwärmer entlang der Kehle gleiche oder ungleiche Größe haben. Wird gleichmäßige Größe gewünscht, müssen die Deckgebindehöhen beiderseits der Kehle auf die Konstruktion des gewünschten Kehlverbandes abgestimmt und die

Kehl- und Deckgebindelinien exakt abgeschnürt werden. Infolge dieser erschwerenden Umstände kommt eine mit gleich großen Schwärmern regelmäßig eingebundene Hauptkehle nur in Ausnahmefällen in Betracht.

27.4 Wasserstein und Schwärmer

Mit diesen Steinformaten können die Deckgebinde an die Kehlgebinde angeschlossen werden, wenn beide die gleiche Deckrichtung haben. Das ist zutreffend bei:
- rechter Kehle und Rechtsdeckung der Dachfläche rechts,
- linker Kehle und Linksdeckung der Dachfläche links.

Der Wasserstein gleicht einem im Fußgebinde deckenden Gebindestein und wird auch wie dieser aus einem passenden Rohschiefer zugerichtet. Die zu überdeckenden Kanten müssen mit Hieb von oben behauen und alle Nagellöcher innerhalb der Höhenüberdeckung platziert werden.

Beim Wasserstein wird im unteren Bereich der kehlseitigen Kante eine Schmiege angehauen. Damit wird der Wasserstein schlüssig an die Kehlsteinbrust angelegt und gleichzeitig eine ausreichende Seitenüberdeckung durch den Schwärmer erzielt. Diese muss an beiden Seiten des Wassersteins mindestens der Seitenüberdeckung der Decksteine des anzuschließenden Deckgebindes entsprechen.

Schwärmer- und Decksteinrücken müssen gleich dick sein und auf der folgenden Deckgebindelinie im Abstand einer nur schmalen Stoßfuge zusammentreffen.

Ein Kehlgebindeanschluss mittels Wasserstein und Schwärmer sieht nur dann gut aus, wenn entlang der Kehle alle Wassersteine etwa gleich breit und alle Schwärmer etwa gleich groß sind. Das ist nur möglich, wenn die Kehl- und Deckgebindehöhen auf die Konstruktion des Kehlverbandes abgestimmt und maßgenau abgeschnürt werden. Besonders wichtig ist das Markieren derjenigen Schnittpunkte, an denen

Kehl- und Deckgebinde sowie Schwärmer- und Decksteinrücken zusammentreffen müssen.

Der Schwärmerrücken sollte die Kehlgebindelinie richtungsgleich fortsetzen. Dem Rückenschluss von Schwärmer und Deckstein auf der folgenden Deckgebindelinie muss gegebenenfalls durch einen schärferen oder stumpferen Rückenhieb bei dem auf dem Wasserstein aufzusetzenden Deckstein nachgeholfen werden. Mitunter ist auch in diesem Bereich ein Übersetzen erforderlich, um den Rückenschluss zu ermöglichen oder den Wasserstein in der gewünschten Breite decken zu können.

Die erforderliche Planlage aller Steine im Umfeld des Kehlgebindeanschlusses wird nur dann erreicht, wenn die Kehlgebinde weit genug ausgedeckt werden und kein Schiefer von unvorteilhafter Steindicke verlegt wird.

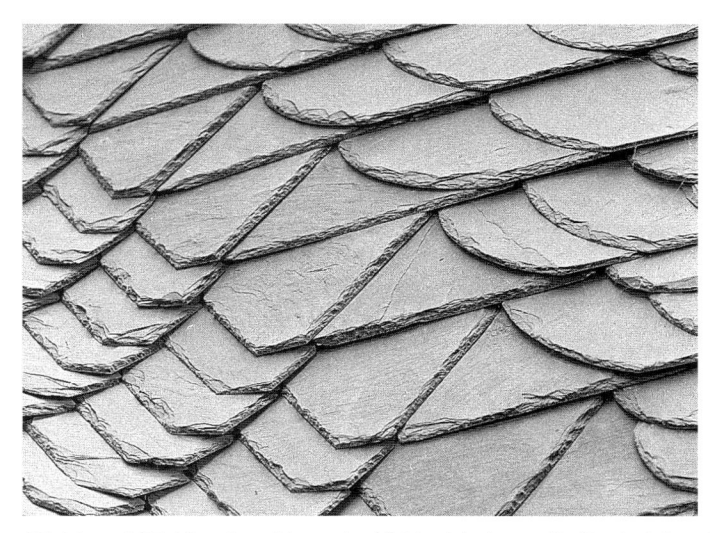

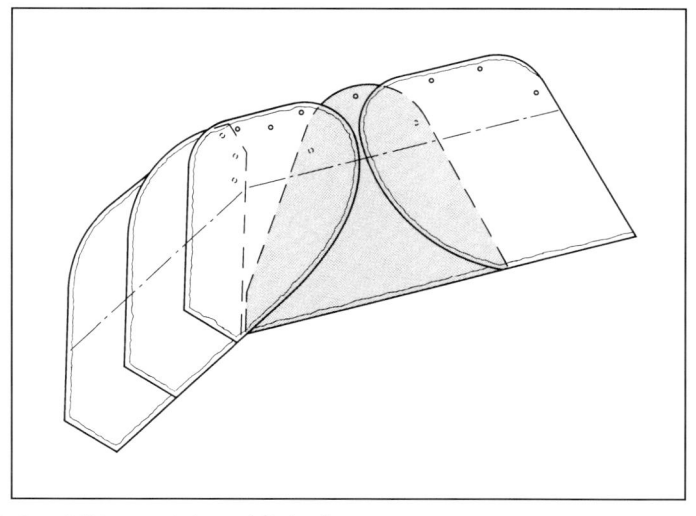

27.11 und 27.12   Anschluss der Kehlgebinde an die Deckssteingebinde mit Wasserstein und Schwärmer.

27.13 Kehldeckung mit lang gebrochenen Kehlsteinen.

28 Linke Kehle

Eine linke Hauptkehle ist möglich, wenn die flachere der am Kehlsparren angrenzenden Dachflächen rechts liegt oder beide Dachflächen gleiche Neigung haben.

Eine linke Hauptkehle wird mit linken Kehlsteinen von der flacheren zur steileren Dachfläche, bei gleichhüftigen Kehlen von der Nebendachfläche zur Hauptdachfläche gedeckt. Als Nebendachfläche gilt die Dachfläche mit dem jeweils kleineren Sparrengrundmaß.

Die Deckrichtung der Deckgebinde beiderseits der Kehle befindet darüber, wie die Kehlgebinde anzusetzen sind und eingebunden werden können.

Typisch für die linke Schieferkehle ist Rechtsdeckung beiderseits der Kehle. Dabei werden die Kehlgebinde auf der Dachfläche rechts auf einem Wasserstein angesetzt und auf der Gegenseite mittels Schwärmer an die Deckgebinde angeschlossen.

Der Wasserstein ist die optimale Art des Kehlgebindeanfangs. Durch die Rücken der Decksteine wird viel von dem auf der Dachfläche des Kehlgebindeanfangs abfließenden Wasser von der offenen Rückenfuge des ersten Kehlsteins der Kehlgebinde fortgeleitet, die Seitenüberdeckung der Wassersteine entlastet. Darum sollte eine Hauptkehle nach Möglichkeit von Wassersteinen aus gedeckt werden und nicht von Einfällern, die das Wasser direkt an die offene Rückenfuge des ersten Kehlsteins der Kehlgebinde heranführen.

28.1 Unregelmäßiger Kehlverband

Bei unregelmäßig eingebundener linker Hauptkehle sind in zwangloser Folge jeweils ein oder mehrere Kehlgebinde an ein Deckgebinde angeschlossen. In den einzelnen Kehlgebinden decken unterschiedlich viele Kehlsteine, die Schwärmer sind unterschiedlich groß. Die kehlseitigen Schwärmerrücken liegen nicht auf einer Linie.

Bei ausreichender Neigung des Kehlsparrens ist dieser Kehlverband bei jeder gleichhüftigen sowie ungleichhüftigen Kehle mit der größeren beziehungsweise steileren Seite links anwendbar. Der Kehlverband ist unkompliziert und rationell auszuführen.

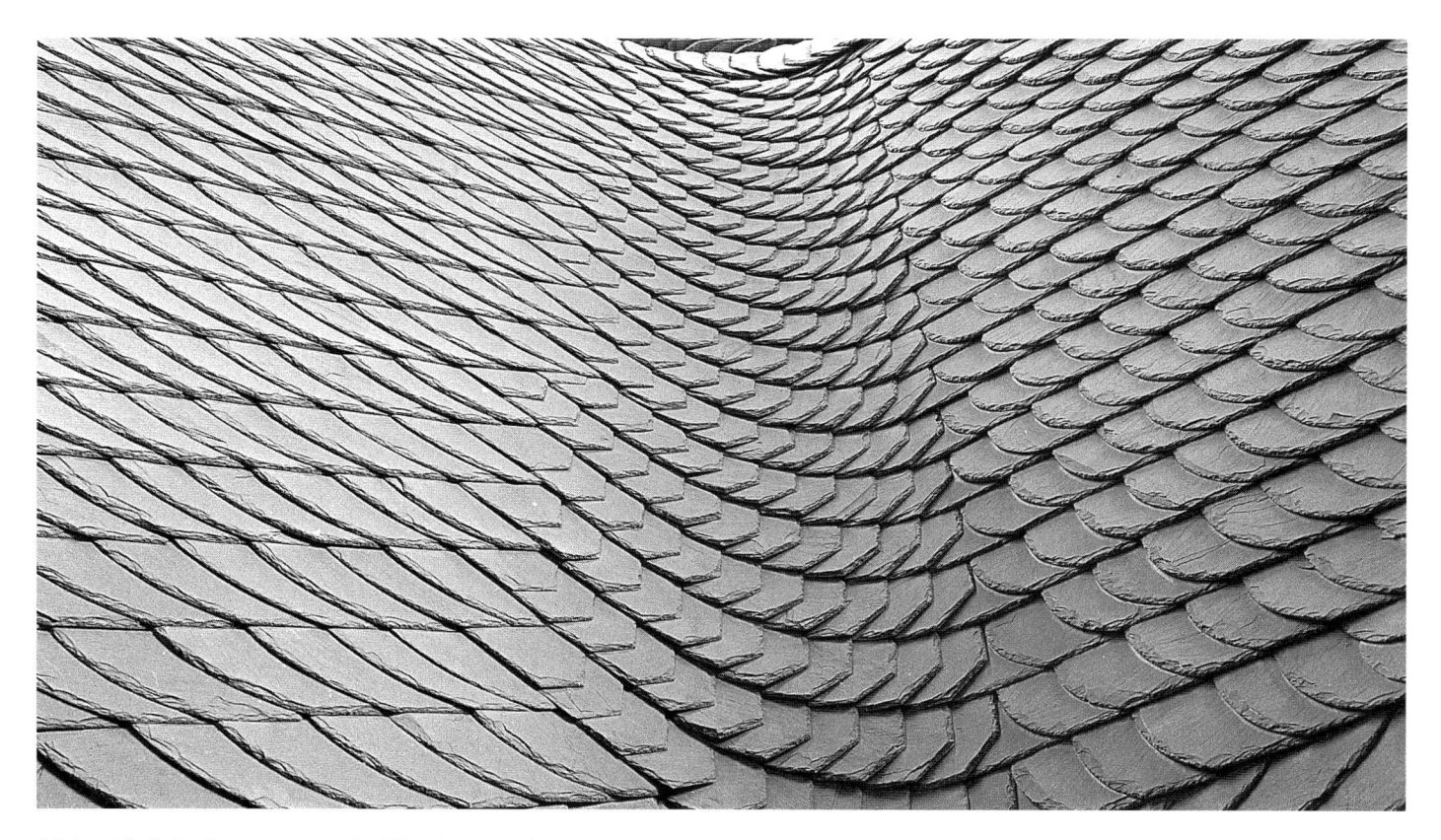

28.1 Mit Schwärmern unregelmäßig eingebundene linke Hauptkehle.

Bei Rechtsdeckung beiderseits sind folgende Arbeitsschritte möglich:

1. Verlegen der Kehlschalung

Die Kehlschalung wird an der Traufenecke zurückgesetzt, damit das erste Fußgebinde der links gelegenen Dachfläche in der Traufenecke angesetzt und vom ersten Kehlgebinde überdeckt werden kann (Bild 28.2).
Da das erste Kehlgebinde nicht von einem vorherigen unterdeckt wird, sollte über die Vorderkante der Kehlschalung ein etwa 10 bis 15 cm hoch reichender Streifen aus Bleiblech verlegt werden. Dieser wird Vorderkante Kehlbrett abgekantet und beiderseits an die Fußsteine angetrieben.

2. Schnüren des Kehlgebindeanfangs

Bei diesem Kehlverband genügt das Schnüren des Kehlgebindeanfangs, der Position des ersten Kehlsteinrückens der Kehlgebinde. Es ist davon auszugehen, dass die Brust des ersten Kehlsteins der Kehlgebinde auf der Dreikantleiste aufliegt und der Kehlstein mindestens 13 cm breit ist.

3. Decken der Dachfläche rechts einschließlich der Kehlgebinde

Die unregelmäßig eingebundene linke Kehle bietet den Vorteil, die Dachfläche rechts einschließlich der Kehlgebinde vordecken zu können. Dazu werden die Kehl- und Deckgebinde jeweils auf einem Wasserstein angesetzt und jedes Kehlgebinde, je nach Größe des Kehlwinkels, mit zunächst sechs bis sieben Kehlsteinen zur Gegenseite hin ausgedeckt. Die dann noch fehlenden Kehlsteine werden später, beim Anschließen der Kehlgebinde an die Deckgebinde, in der jeweils passenden Anzahl, Breite und Dicke hinzugefügt.
Am Kehlgebindeanfang und in der Kehlmulde müssen die Kehlsteine mindestens 13 cm breit sein. Die in der Rohschiefersortierung enthaltenen schmaleren Kehlsteine können auf der steileren Dachfläche zum Anschließen der Kehlgebinde an die Deckgebinde verwendet werden.
Wird die Dachseite rechts einschließlich Kehle vorgedeckt, darf der letzte Kehlstein der Kehlgebinde nur locker angenagelt werden, damit beim Decken des Kehlgebindeanschlusses ein zusätzlicher Kehlstein (oder der Schwärmer) eingeschoben werden kann. Es muss also zwischen den sich in der Höhe überdeckenden äußeren Kehlsteinen der vorgedeckten Kehlgebinde ein Zwischenraum von mindestens Steindicke eingehalten werden.

4. Kehlgebindeanschluss

Bei der unregelmäßig eingebundenen linken Schwärmerkehle müssen die Deckgebindehöhen beiderseits der Kehle nicht aufeinander abgestimmt werden. Bei einer gleichhüftigen Kehle kann auf beiden Dachflächen die gleiche Decksteinsortierung verwendet werden. Das ergibt eine maßstäblich ausgewogene Dachdeckung und vereinfacht den Arbeitsablauf, wenn beide Dachflächen einschließlich Kehle gleichzeitig gedeckt werden sollen.
Beim Beidecken der Kehle wird jedes Kehlgebinde mit einem Schwärmer an ein anlaufendes Deckgebinde angeschlossen. Damit die Schwärmer plan aufliegen und außerdem nicht zu groß ausfallen, müssen die vorgedeckten Kehlgebinde gegebenenfalls durch einen oder mehrere Kehlsteine von passender Breite und Dicke weiter ausgedeckt werden. Alsdann ist jeweils zu überlegen, ob noch ein weiteres Kehlgebinde an dasselbe Deckgebinde angeschlossen werden kann, um zu verhindern, dass das Kehlgebinde zu weit ausgedeckt werden muss, um das folgende Deckgebinde zu erreichen. Die Schwärmer dürfen nicht zu weit in die Dachfläche auswandern.
Das Anschließen der Kehlgebinde an die Deckgebinde erfordert einen geübten Schieferdecker, weil die Schnürung der Deckgebindelinien meistens nicht exakt die Fußspitze des letzten Kehlsteins der vorgedeckten Kehlgebinde anläuft, der letzte Deckstein des Deckgebindes nicht schlüssig an die Kehlsteinspitze angeschmiegt werden kann. Liegt der Anschlusspunkt etwas höher,

28.2 Kehlschalung und Kehlanfang einer linken Hauptkehle bei Rechtsdeckung der Dachflächen.

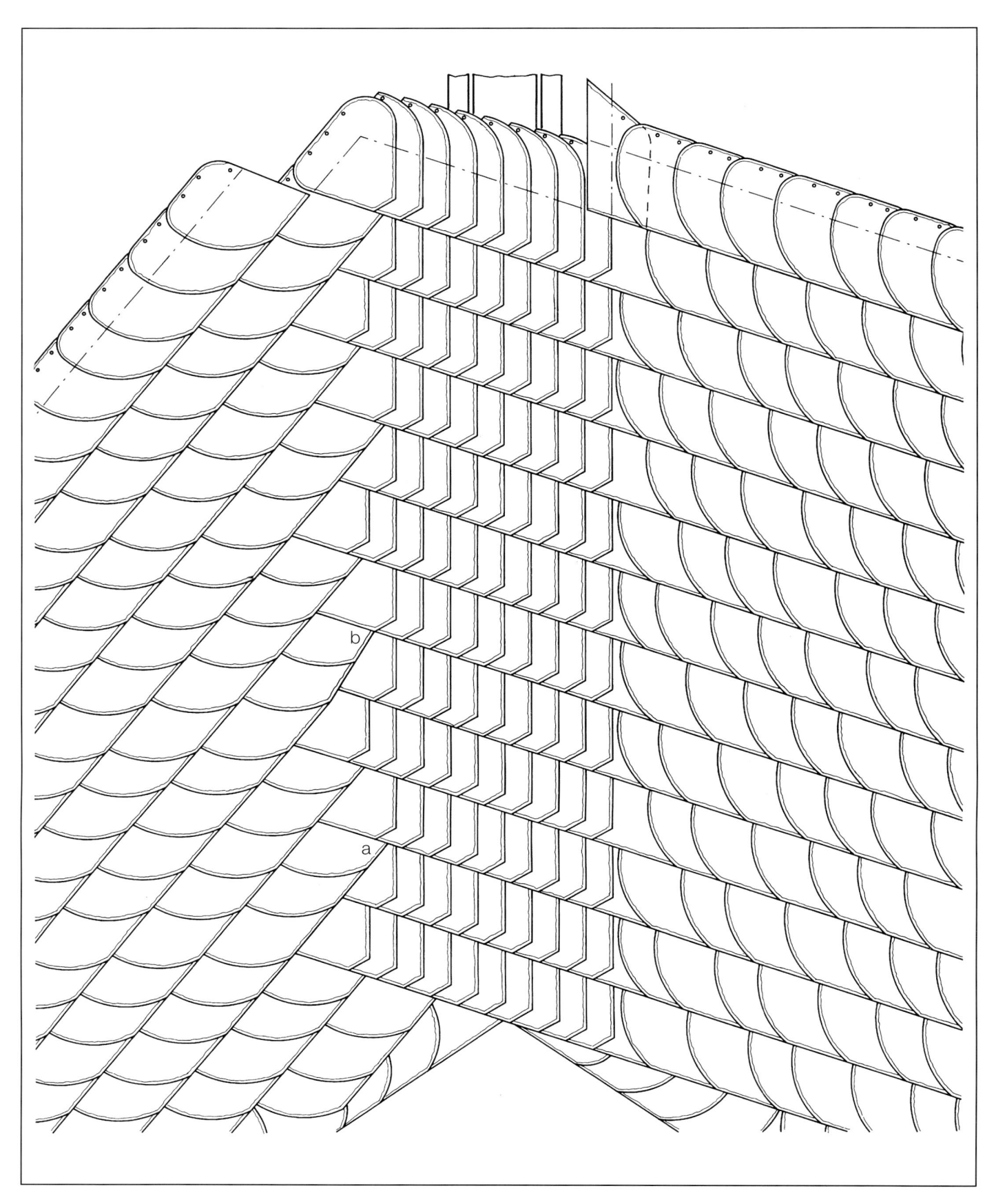

28.3 Mit Schwärmern unregelmäßig eingebundene linke Hauptkehle. In den Kehlgebinden ist die Anzahl der Kehlsteine unterschiedlich, die Schwärmer sind ungleich groß. Die Deckgebindehöhe auf der Dachfläche links ist unabhängig von der Geometrie des Kehlverbandes und von den Gebindehöhen der Gegenseite. Geschnürt wird meistens nur der Verlauf des ersten Kehlsteinrückens der Kehlgebinde.

28 Linke Kehle

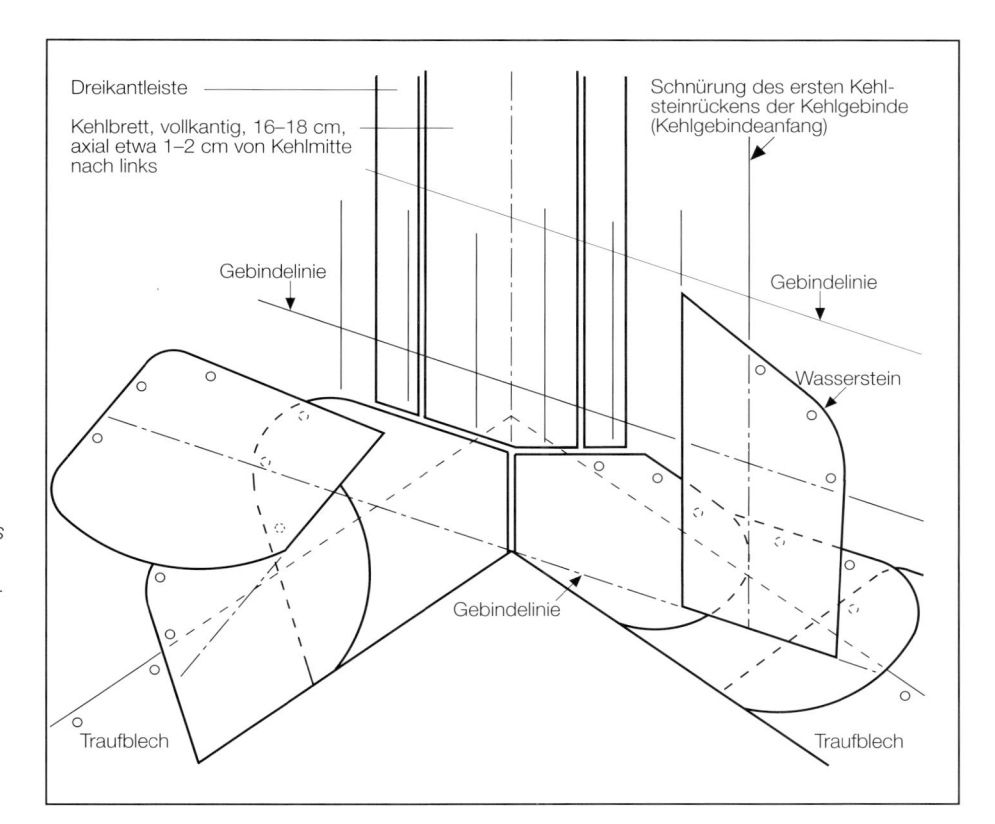

28.4 Anordnung der Kehlschalung, Beidecken der Fußgebinde und Ansetzen des ersten Kehlgebindes auf dem Wasserstein. Dieser hat kehlseitig die Höhenüberdeckung des darauf anzusetzenden Kehlsteins.

28.4 a) Eindecken der Dachfläche links und Anschließen der hier mit sechs Kehlsteinen vorgedeckten Kehlgebinde. Kehlgebindeanschluss unregelmäßig, Schwärmer ungleich groß.
Anschlussbeispiele:
Dünn gespaltener Deckstein a durch gleichfalls dünnen Kehlstein b übersetzt. Ferse des Decksteins c durch scharfen Hieb an den darunter befindlichen Decksteinrücken herangezogen. Breiter Deckstein c durch dünn gespaltenen Wasserstein d und schmalen Deckstein e übersetzt.

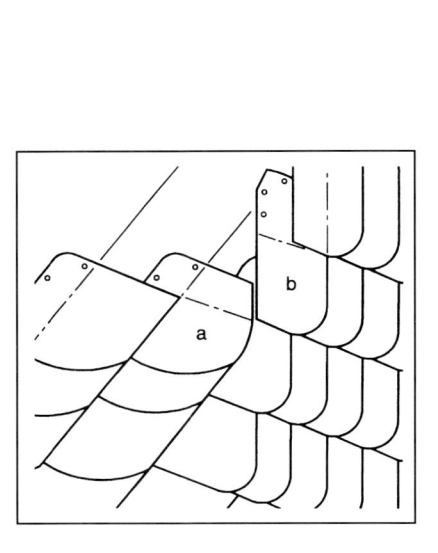

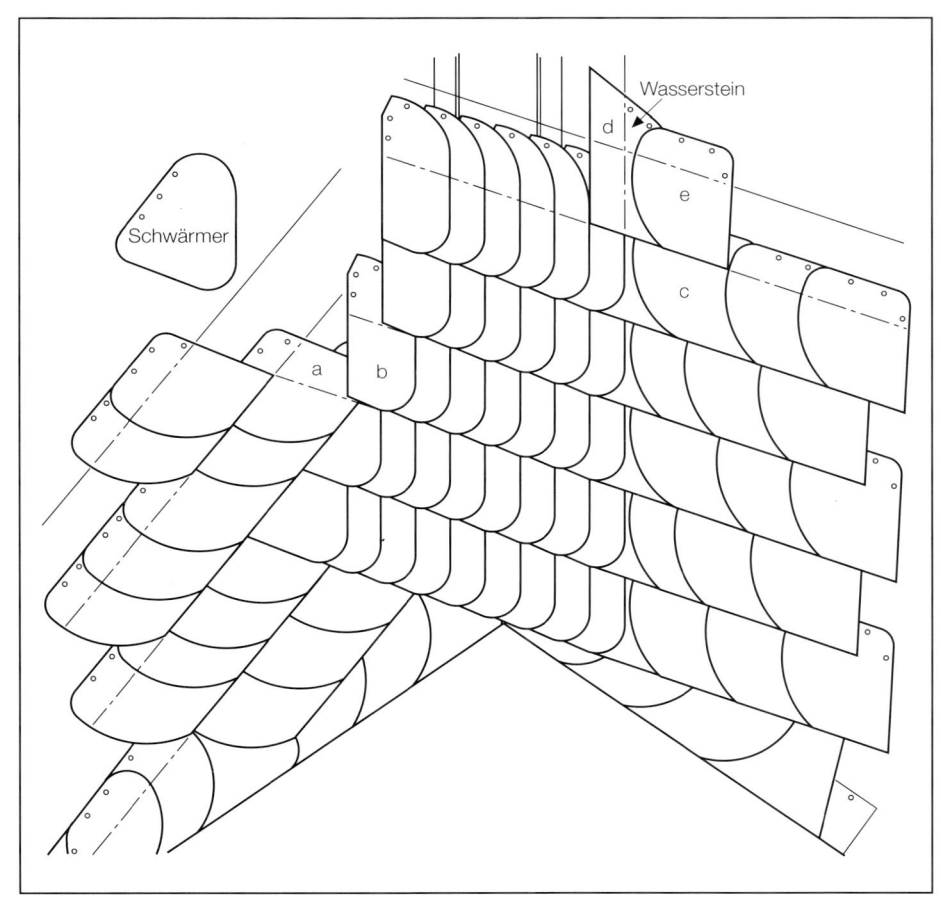

28.4 b) Alternativbeispiel. Vorbereitung des Kehlgebindeanschlusses durch Aufschürzen des Decksteinfußes von a an die Fußspitze des Kehlsteins b.

kann der Fuß des anzuschließenden Decksteins mit dem darauf aufzusetzenden Kehlstein oder Schwärmer übersetzt werden (Bild 28.3 Position a). Der zu übersetzende Decksteinfuß muss dünn sein, damit die am Anschlusspunkt des Kehlgebindes verbleibende Lücke nicht stört.

Gegebenenfalls kann aber auch der Fuß der auf den Schwärmer aufzusetzenden Deckstein dergestalt aufgeschürzt werden, dass die Spitze des anzuschließenden Decksteins an die des letzten Kehlsteins des vorgedeckten Kehlgebindes herangeführt wird (Bild 28.3 Position b). Dies muss aber bereits beim Zurichten des vorherigen Schwärmers berücksichtigt werden, da dieser durch das Aufschürzen beziehungsweise Anheben der Decksteinspitze an Höhenüberdeckung verliert.

28.2 Regelmäßiger Kehlverband

Bei der in Bild 28.6 vorgestellten Kehle ist regelmäßig ein Kehlgebinde an ein anlaufendes Deckgebinde angeschlossen. In allen Kehlgebinden deckt die gleiche Anzahl Kehlsteine, alle Schwärmer entlang der Kehle sind gleich groß, alle Schwärmerrücken liegen auf einer Linie.

28.5 Linke Hauptkehle bei Rechtsdeckung der geschweiften Dachflächen.

Sofern nicht beide Dachseiten und die Kehle gleichzeitig gedeckt werden sollen, erfordert der regelmäßige Kehlverband maßgenaues Schnüren nach Maßgabe der am Bau bereitstehenden Decksteinsortierung.

28 Linke Kehle

28.6 Regelmäßig eingebundene linke Schieferkehle bei Rechtsdeckung der Dachflächen. Schwärmer gleich groß.

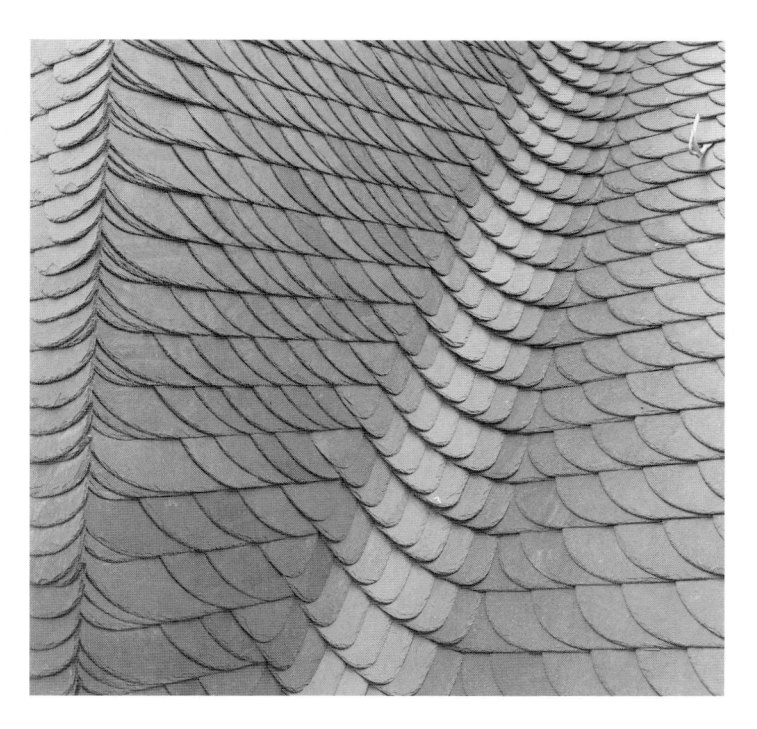

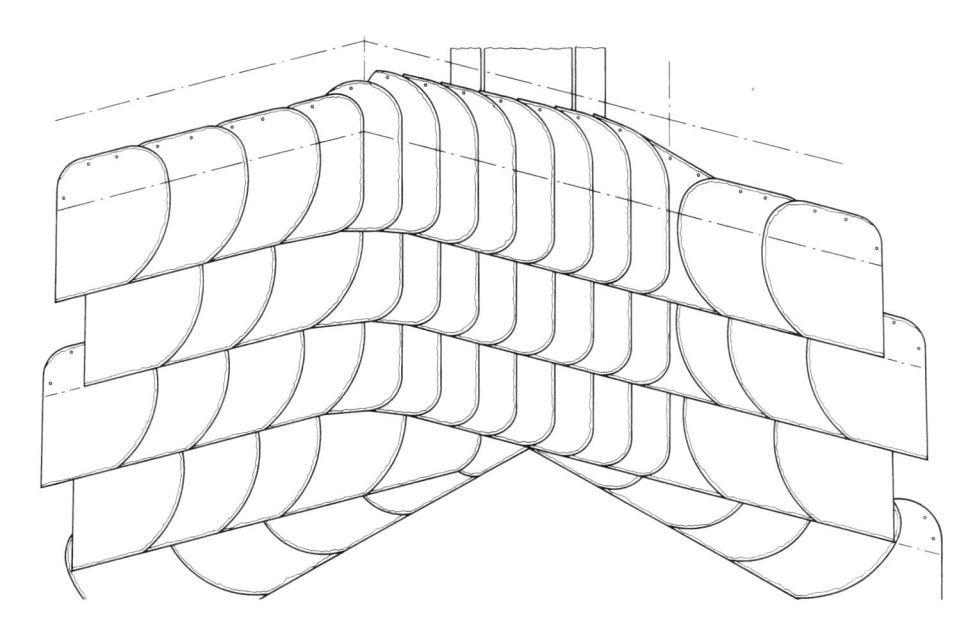

28.7 Linke regelmäßig eingebundene Hauptkehle bei Rechts- und Linksdeckung der Dachflächen. Die Kehlgebinde sind auf einem Wasserstein angesetzt und ohne Schwärmer an die Decksteingebinde der Gegenseite angeschlossen. Die Kehlsteine haben einen geraden Rücken und runden Bruch. Die Gebindehöhen müssen auf die Konstruktion des Kehlverbandes abgestimmt werden. Zweckmäßig ist maßgenaue Schnürung der Kehl- und Deckgebindelinien.

Bei Rechtsdeckung beiderseits ist die Einteilung und Schnürung des Kehlverbandes in folgenden Arbeitsschritten möglich:

1. Schnüren des Kehlgebindeanfangs

Abzutragen ist die Position des ersten Kehlsteinrückens der Kehlgebinde. Es ist davon auszugehen, dass die Brust des jeweils ersten Kehlsteins auf der Dreikantleiste aufliegt und die im Wasserlauf der Kehle deckenden Kehlsteine mindestens 13 cm breit sind. Anschließend wird die Breite der Kehle eingeteilt und die Position der Brust des letzten Kehlsteins der Kehlgebinde abgeschnürt. Die Kehle wird mindestens sieben Kehlsteine breit.

2. Anreißen der Kehlgebindelinien

Diese verlaufen von den Schnittpunkten auf der Dachfläche rechts zur Gegenseite. Die dort auf der Schnürung der äußeren Kehlsteinbrust gebildeten Schnittpunkte bezeichnen die Position, an der Deck- und Kehlgebinde zusammengeführt werden müssen.

3. Schnüren der Deckgebindelinien auf der Dachfläche links

Dafür maßgebend sind die auf der äußeren Schnürung der linken Kehlseite markierten Schnittpunkte (Kehlanschlusspunkte). Die Schnürung des Kehlverbandes gibt zu erkennen, dass die Dachfläche links mit erheblich kleineren Decksteinen als die Gegenseite eingedeckt werden muss. Durch dieses Handicap wird die Anwendungsmöglichkeit der regelmäßig eingebundenen Schwärmerkehle, zumindest bei großer Dachfläche links, erheblich eingeschränkt.

29 Rechte Kehle

29.1   Rechte Einfällerkehle mit durchgedeckten Kehlgebinden.

Eine rechte Kehle ist möglich, wenn die flachere der am Kehlsparren angrenzenden Dachflächen links liegt oder beide Dachflächen gleiche Neigung haben.
Die rechte Kehle wird mit rechten Kehlsteinen von der flacheren Dachseite zur steileren, bei gleichhüftigen Kehlen von der Nebendachfläche zur Hauptdachfläche gedeckt. Als Nebendachfläche gilt die Dachfläche mit dem kleineren Sparrengrundmaß.
Charakteristisch für die rechte Kehle ist Rechtsdeckung der Dachflächen mit Kehlgebindeanfang vom Einfäller und Anschluss der Kehlgebinde an die Deckgebinde der Dachfläche rechts ohne Schwärmer. Stattdessen kann sich aber auch eine andere Fügung des Kehlverbandes ergeben, wenn einerseits oder beidseits der Kehle Linksdeckung vorgesehen ist.

29.1 Einfällerkehle ohne Schwärmer

Bei Rechtsdeckung beiderseits der Kehle werden die Kehlgebinde jeweils auf einem Einfäller angesetzt und ohne erkennbaren Übergang in die Deckgebinde der Gegenseite eingebunden. Auf jedem letzten Kehlstein der Kehlgebinde wird ein Deckgebinde angesetzt. Die Gebinde verlaufen in einem Zuge vom Anfangort der Dachseite links durch die Kehlmulde hindurch bis zum Endort der Dachfläche rechts.

Umgangssprachlich wird dieser Kehlverband als »durchgedeckte Kehle« bezeichnet. Bei gelungener Ausführung und ansprechenden Steinproportionen bietet die durchgedeckte Einfällerkehle ausgewogene Konturen, wie sie von keinem anderen Kehlverband auch nur annähernd erreicht werden. Dies gilt besonders bei versetzter Kehldeckung mit runden oder lang gebrochenen Kehlsteinen.

Eine Einfällerkehle kann aus folgenden Gründen nur bei Dachneigung von wenigstens 50° oder bei Kleinflächen, zum Beispiel Gaubendächern, ohne Risiko gedeckt werden:

- Eine Einfällerkehle wird ungünstig bewässert, da viel von dem auf der Dachfläche links abfließenden Wasser durch die Rücken der Decksteine und Einfäller direkt an die offene Rückenfuge des ersten Kehlsteins der Kehlgebinde herangeführt wird.
- Die Konstruktion dieses Kehlverbandes bedingt auf der Dachfläche links kleinere Decksteine beziehungsweise niedrigere Deckgebindehöhen als auf der Gegenseite; anderenfalls die Kehle nicht regelmäßig eingebunden werden kann und Stichgebinde gedeckt werden müssen. Demzufolge müssen im Falle einer einhüftigen rechten Kehle auf der flacheren Dachseite kleinere Decksteine als auf der steileren Gegenseite gedeckt werden.

Bei Hauptdachflächen ist dies nicht ohne Risiko und widerspricht der Fachregel, für flachere Dachflächen größere Decksteine als für Steildachflächen zu verwenden.

29.1.1 Arbeitsablauf

Das regelmäßige Einbinden einer Einfällerkehle bedingt zumindest bei längeren Kehlen ein maßgenaues Einteilen und Schnüren des Kehlverbandes nach Maßgabe der am Bau vorhandenen Decksteingrößen. Diese Vorarbeiten sind sehr wichtig; sie liefern die für das regelmäßige Einbinden erforderlichen Schnittpunkte der Kehl- und Deckgebindelinien und verschaffen jederzeit einen Überblick über den Soll- und Istzustand des Kehlverbandes.

Das Schnüren des Kehlverbandes geschieht nach Maßgabe derjenigen Dachfläche, für welche die Deckstein- größen unabänderlich vorgegeben sind. Das ist meistens die Hauptdachfläche. Ist dies beispielsweise die Dachseite rechts der Kehle, ist folgender Arbeitsablauf möglich:

1. Verlegen der Kehlschalung

Die Kehlschalung wird an der Traufenecke zurückgesetzt, damit das letzte Fußgebinde der Dachfläche rechts, gegebenenfalls durch Ausklinken, bis in die Traufenecke gedeckt und vom ersten Kehlgebinde überdeckt werden kann (Bild 29.2).

Da das erste Kehlgebinde nicht von einem vorherigen unterdeckt wird, sollte über die Vorderkante der Kehlschalung ein etwa 10 bis 15 cm hoch reichender Streifen Bleiblech verlegt werden. Dieser wird Vorderkante Kehlbrett abgekantet und beiderseits an die Fußsteine angetrieben.

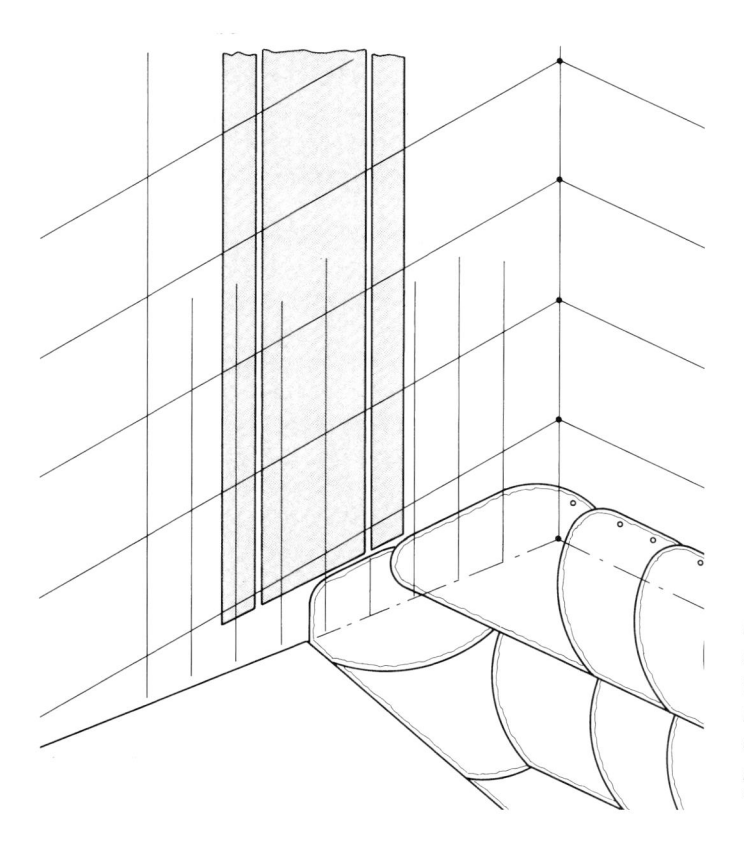

29.2 Rechte Hauptkehle. Position der Kehlschalung und Einteilung des Kehlverbandes im Bereich der Traufe.

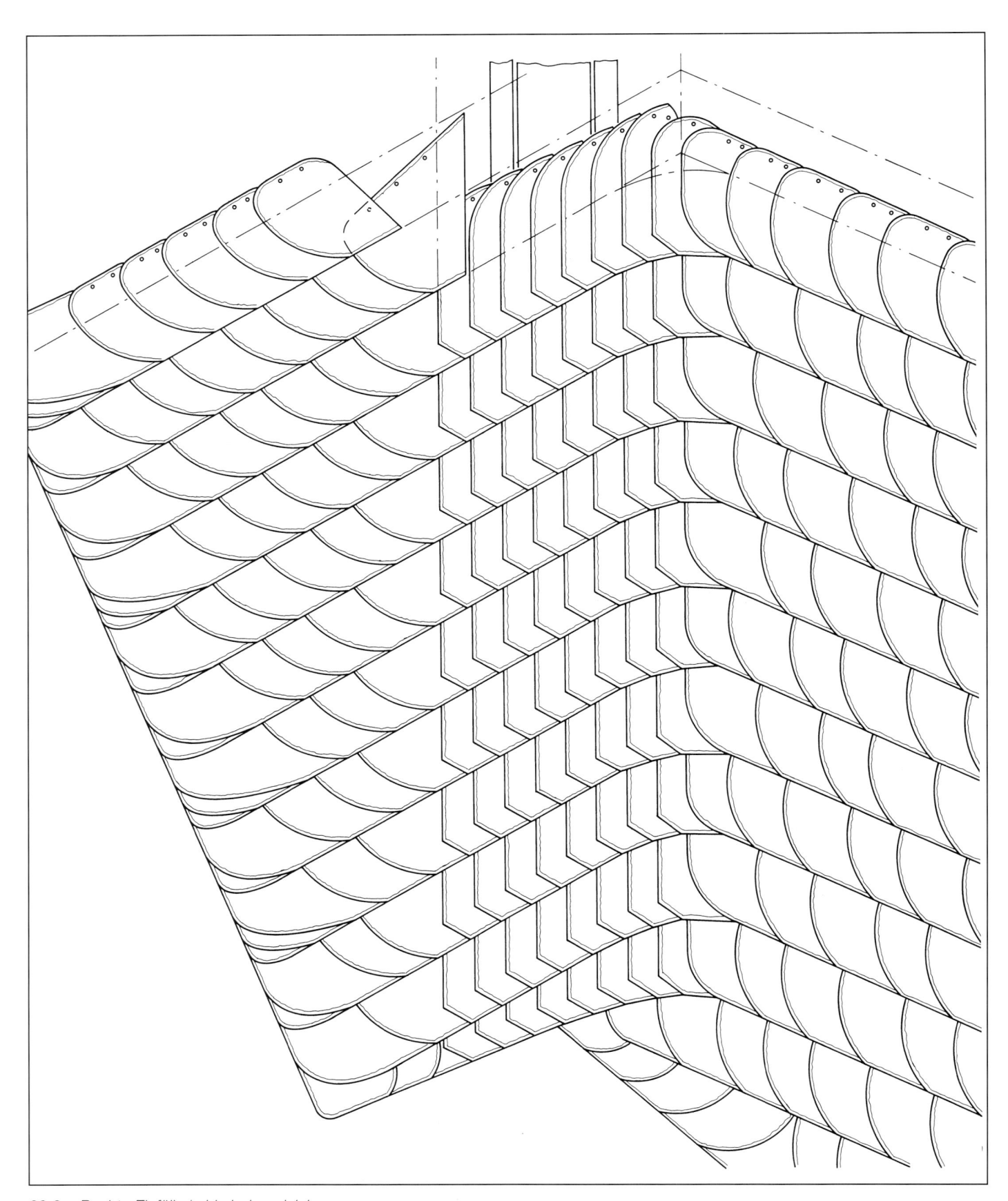

29.3 Rechte Einfällerkehle bei ungleicher Neigung der Haupt- und Nebendachfläche. Abgeschnürter Kehlgebindeanfang. Kehlgebinde auf der Steildachfläche durchgedeckt.

2. Einteilen der Kehlenbreite

Nachdem auf der Dachfläche rechts das letzte Fußgebinde an die Kehlschalung angearbeitet und ein oder mehrere Decksteingebinde angesetzt worden sind, wird zunächst die Breite der Kehle eingeteilt. Dies unter der Vorgabe, dass die Brust des ersten Kehlsteins der Kehlgebinde auf der Dreikantleiste aufliegt und die am Kehlgebindeanfang und in der Kehlmulde deckenden Kehlsteine mindestens 13 cm breit sein müssen. Die Kehle muss so weit nach rechts eingeteilt werden, bis der letzte Kehlstein ohne Querneigung plan aufliegt. Dazu sind mindestens sieben Kehlsteine pro Kehlgebinde erforderlich.

Geschnürt wird die Rückenlinie des ersten Kehlsteins der Kehlgebinde, also der Kehlgebindeanfang sowie die Position der Brust des letzten Kehlsteins der Kehlgebinde.

Das Decken und Ausformen des Kehlgebindeanschlusses rechts kann dadurch erleichtert werden, dass der letzte Kehlstein der Kehlgebinde etwas breiter geschnürt wird.

3. Schnüren der Dachfläche rechts

Gegen die rechts der Kehle geschnürte Brustlinie des letzten Kehlsteins der Kehlgebinde werden, zunächst bis in Reichhöhe, die Fußlinien der Deckgebinde geschnürt. Die sich dabei auf der vertikalen Schnürung ergebenden Schnittpunkte markieren die Position der Fußspitze des jeweils letzten Kehlsteins der Kehlgebinde.

4. Abtragen der Kehlgebindelinien und Deckgebindelinien auf der Dachfläche links

Ausgehend von den rechts der Kehle markierten Schnittpunkten wird die Steigung der Kehlgebinde bestimmt und deren Fußlinie angerissen.

Anschließend werden, ausgehend von den Schnittpunkten auf der Schnürung des Kehlgebindeanfangs, die Deckgebindelinien der links gelegenen Dachfläche geschnürt. Dadurch werden gleichzeitig die für diese Dachfläche zutreffenden Deckgebindehöhen bestimmt.

Aus der Steigung der Kehlgebinde resultiert ein unterschiedliches Höhenniveau der an das einzelne Kehlgebinde rechts und links angeschlossenen Deckgebinde. Dies bedingt auf der Dachseite rechts das Einspitzen eines Deckgebindes unter die Fußlinie des ersten Kehlgebindes.

29.4 Rechte Einfällerkehle. Kehlgebinde auf der Dachfläche rechts durchgedeckt. Kehlsteine mit langem Bruch.

5. Kehlgebindeanschluss rechts

Beim Decken der Kehle werden die Deckgebindelinien der Dachfläche links bis über die Kehlmitte hinaus gleichbleibend fortgeschrieben und dann mehr oder weniger bogenförmig in die auf der Dachfläche rechts zugeordneten Deckgebindelinien eingelenkt. Stattdessen können die Kehlgebinde aber auch geradlinig auf die rechts der Kehle markierten Schnittpunkte zulaufen.

Auf der Dachseite rechts wird auf jedem dort endenden Kehlgebinde ein Deckgebinde angesetzt. Der Kehlübergang wird durch jeweils einen oder mehrere Kehlanschlusssteine dergestalt vermittelt, dass diese das Kehlsteinformat möglichst unauffällig in das Decksteinformat überführen. Das kann gegebenenfalls durch geschicktes Übersetzen von Decksteinen oder Kehlanschlusssteinen vorbereitet werden.

Während der Schieferdeckungsarbeiten ist die Abmessung aller Kehl- und Deckgebindehöhen stets vom nächsthöher gelegenen Schnittpunkt der Einteilung nach unten abzutragen. Anderenfalls können sich, begünstigt durch das bogenförmige Einlaufen der Kehlgebinde in die Deckgebinde der Dachfläche rechts, fortschreitend Abweichungen von der Schnürung des Kehlverbandes einstellen. Ein aus den Vorgaben der Einteilung herausgekommener Kehlverband ist meistens nur durch Einspitzen eines Stichgebindes wieder unter Kontrolle zu bringen.

29.2 Kehlgebindeanfang mit Wasserstein

Bei einer rechten Kehle sollten die Kehlgebinde möglichst nicht auf einem Einfäller, sondern auf einem Wasserstein angesetzt werden. Eine von Wassersteinen ausgehende rechte Kehle bedingt Linksdeckung auf der Dachfläche links (Bild 29.5).

Dieser Kehlverband ist insofern vorteilhaft, als die Rücken der Decksteine kein Wasser an die offene Rückenfuge des ersten Kehlsteins der Kehlgebinde heranführen können.

Der Kehlgebindeanfang mit Wassersteinen verdient besonders dann den Vorzug, wenn die Kehlgebinde auf einer flach geneigten Dachfläche angesetzt werden müssen oder wenn die Dachfläche links infolge großer Grundfläche viel Wasser in die Kehle einleitet.

Form und Disposition des Wassersteins sind in Teil I, Kapitel 27.1 beschrieben.

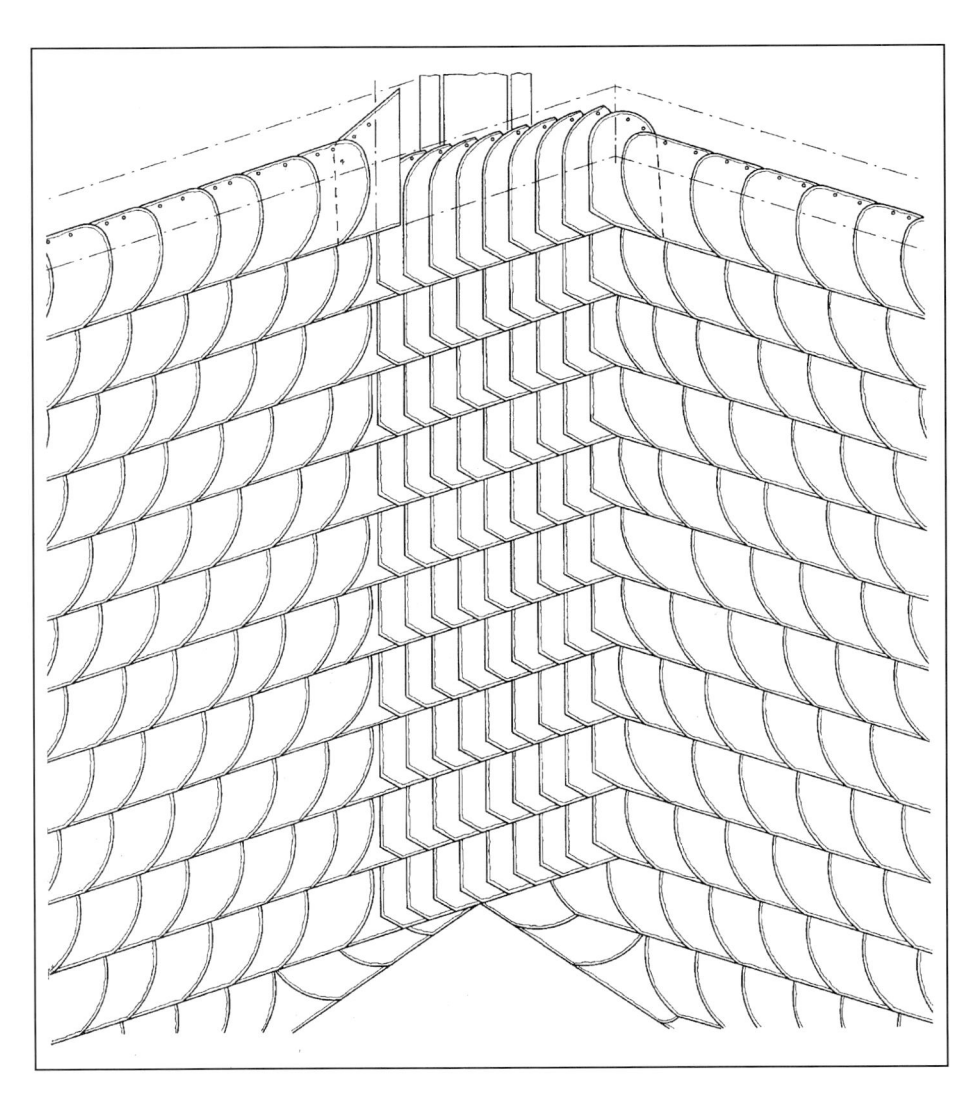

29.5 Rechte Hauptkehle. Linksdeckung auf der Dachfläche des Kehlgebindeanfangs ermöglicht das Ansetzen der Kehlgebinde auf einem Wasserstein.

29.6 Rechte Hauptkehle bei ungleicher Dachneigung und Rechtsdeckung beider Dachflächen. Um Einfäller zu vermeiden, sind die rechten Kehlgebinde jeweils auf einem Wasserstein angesetzt und dieser wird durch einen Endortstein an die Decksteingebinde angeschlossen.

29.2.1 Kehlgebindeanfang mit Wasserstein und Endortstein

Wenn eine rechte Einfällerkehle aus dachkonstruktiven Gründen riskant ist und Linksdeckung auf der flacheren Dachseite, also Deckung der rechten Kehlgebinde vom Wasserstein aus, nicht möglich sein sollte, ist ein Kehlgebindeanfang mit Wasserstein und Endortstein eine sehr praktische und risikofreie Problemlösung (Bild 29.6).

Bei diesem Kehlverband werden die Kehlgebinde, trotz Rechtsdeckung auf der Dachfläche links, auf einem Wasserstein angesetzt. Dieser hat die Form und Funktion eines Endortstichsteins. Die seitlich überdeckten Kanten dieses Wassersteins müssen durch Hieb von oben scharfkantig behauen werden. Der Kopf des Wassersteins muss zur Kehle hin ansteigen, damit am Wassersteinrücken die gleiche Höhenüberdeckung wie bei dem darauf anzusetzenden Kehlstein erzielt wird. Die Nagellöcher dürfen nur am Kopf und an der Brust innerhalb der Höhenüberdeckung eingeschlagen werden.

Gegen den Wasserstein deckt die Brust des letzten Decksteins des Deckgebindes. Beide Steine werden vom Endortstein überdeckt, wobei dieser im Abstand einer Stoßfuge an den Kehlsteinrücken anschließt.

Der Wasserstein muss so breit sein, dass dessen Seitenüberdeckung durch den Endortstein mindestens der Seitenüberdeckung der Decksteine im jeweiligen Deckgebinde entspricht. Dies kann durch Brechen der unteren Wassersteinbrust in der Art eines Eckenschnittes reguliert werden.

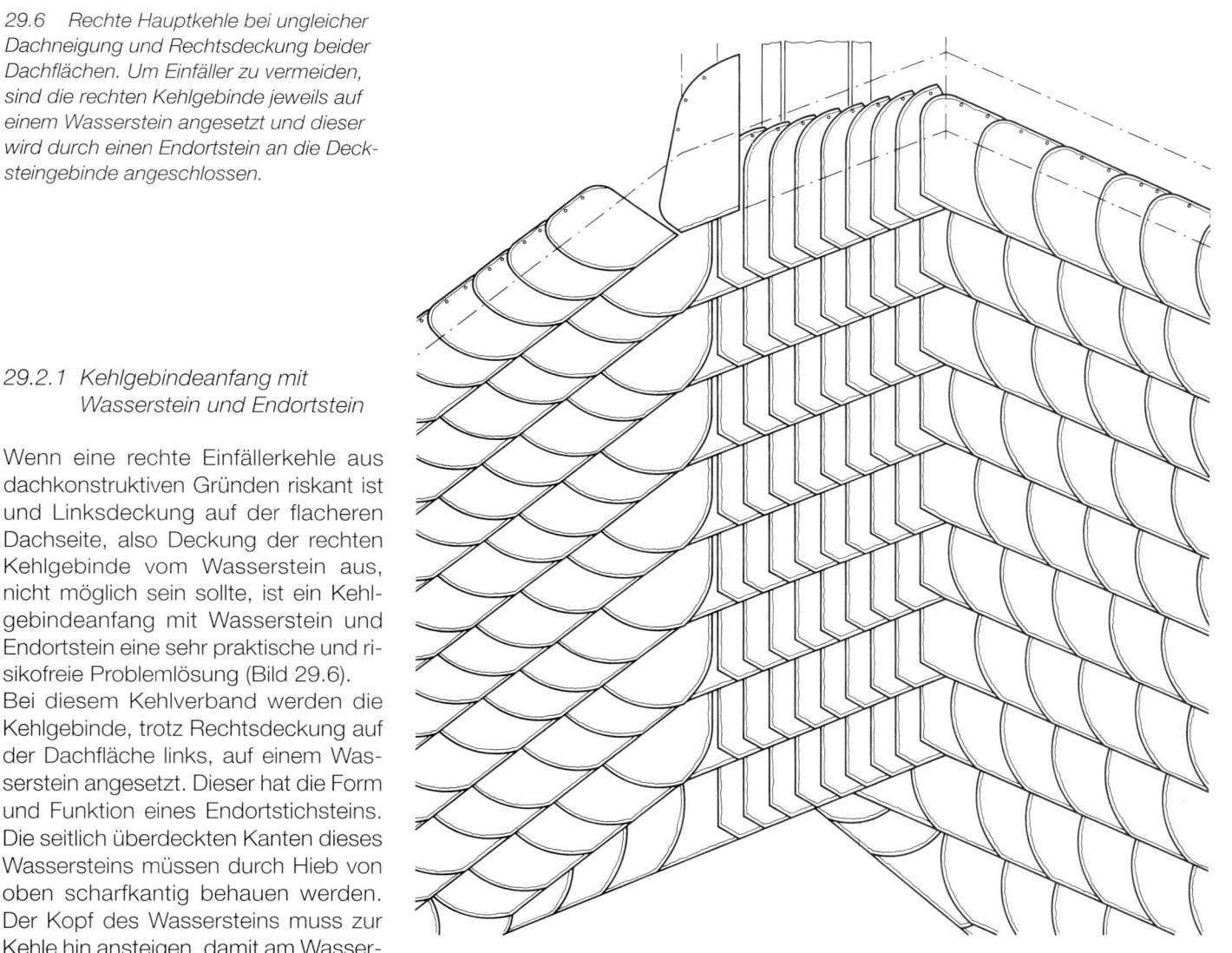

Das durch die Decksteinrücken auf die Endortsteine geleitete Wasser wird durch die Ortsteinrücken von der offenen Rückenfuge des ersten Kehlsteins der Kehlgebinde ferngehalten und zu der als Tropfnase ausgebildeten Ortsteinferse abgeleitet.

29.3 Kehlgebindeanschluss mit Wasserstein und Schwärmer

Voraussetzung für diesen Kehlgebindeanschluss ist eine exakte Schnürung der Kehl- und Deckgebindelinien nach Maßgabe der vor Ort für die Dachflächen zur Verfügung stehenden Decksteinhöhen. Die Schnürung bestimmt die für die Deckung des Kehlgebindeanschlusses erforderlichen Schnittpunkte der Kehl- und Deckgebindelinien.

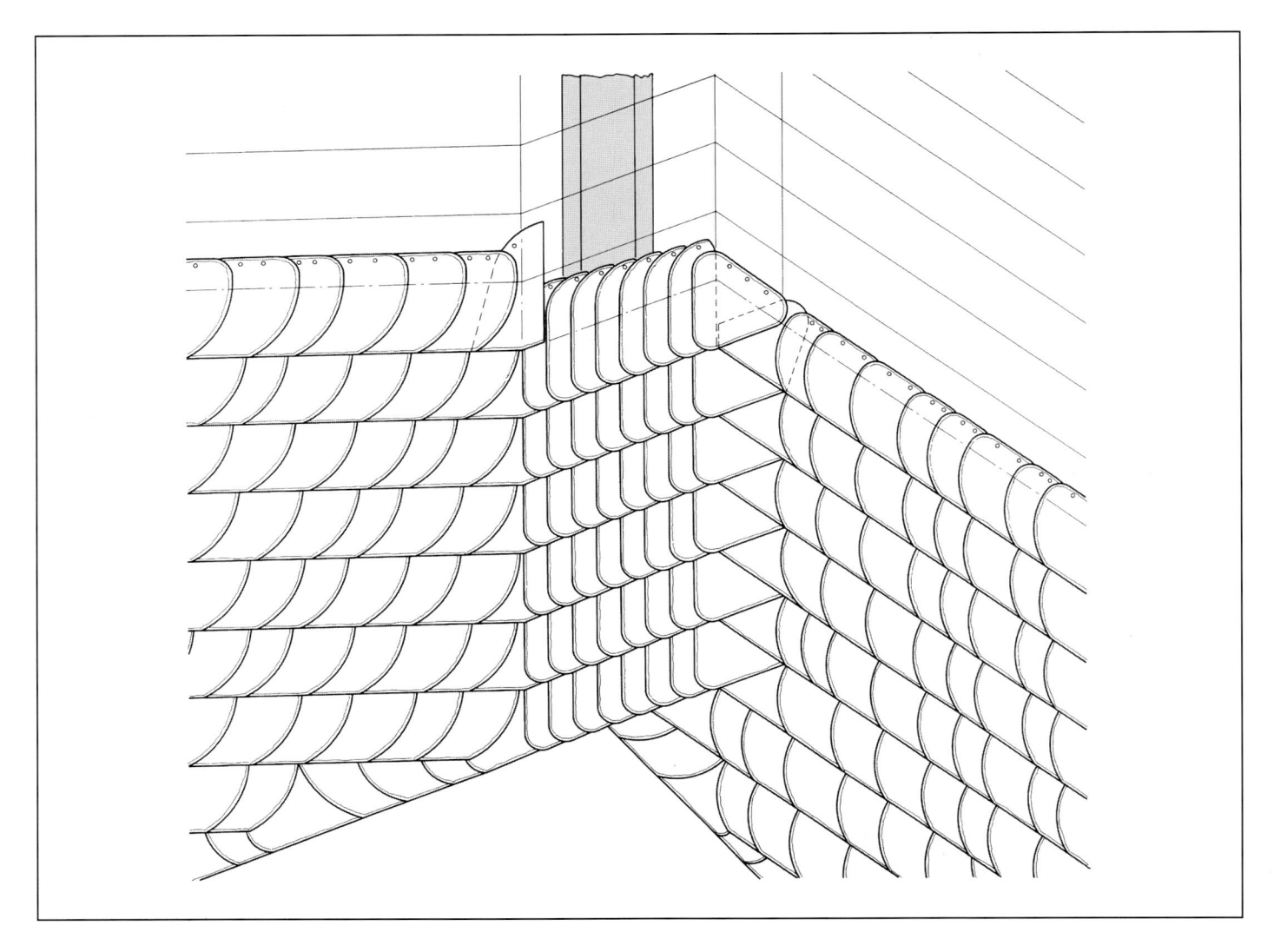

29.7 Schematische Darstellung des Kehlverbandes einer rechten Schieferkehle. Anschluss der Kehlgebinde an die Deckgebinde der Dachfläche rechts mit Wasserstein und Schwärmer.

Die Kehlgebinde werden jeweils auf einem Wasserstein oder Einfäller angesetzt und auf der Gegenseite so weit ausgedeckt, bis der letzte Kehlstein ohne Querneigung plan aufliegt. Meistens sind dazu mindestens sieben Kehlsteine je Kehlgebinde erforderlich. Die Kehlsteine sind im Wasserlauf der Kehle mindestens 13 cm breit. Die in einer Kehlsteinsortierung vorhandenen schmaleren Kehlsteine bleiben dem Ende der Kehlgebinde vorbehalten.

Jedes Kehlgebinde endet mit der Fußspitze des letzten Kehlsteins am jeweiligen Schnittpunkt der Schnürung. Gegen die Spitze des jeweils letzten Kehlsteins deckt der ebenso dicke Wasserstein. Er hat ungefähr die Form eines Gebindesteins.

Den Anschluss des letzten Kehlsteins an den Wasserstein übernimmt der Schwärmer. Er hat die Funktion eines Schlusssteins. Der Schwärmerrücken verläuft ungefähr in Richtung der Kehlgebindelinie.

Bei Verwendung größerer Decksteine sollte auf den Wasserstein noch ein dünner Kehlstein gedeckt werden, damit der Schwärmer optisch nicht zu groß ausfällt.

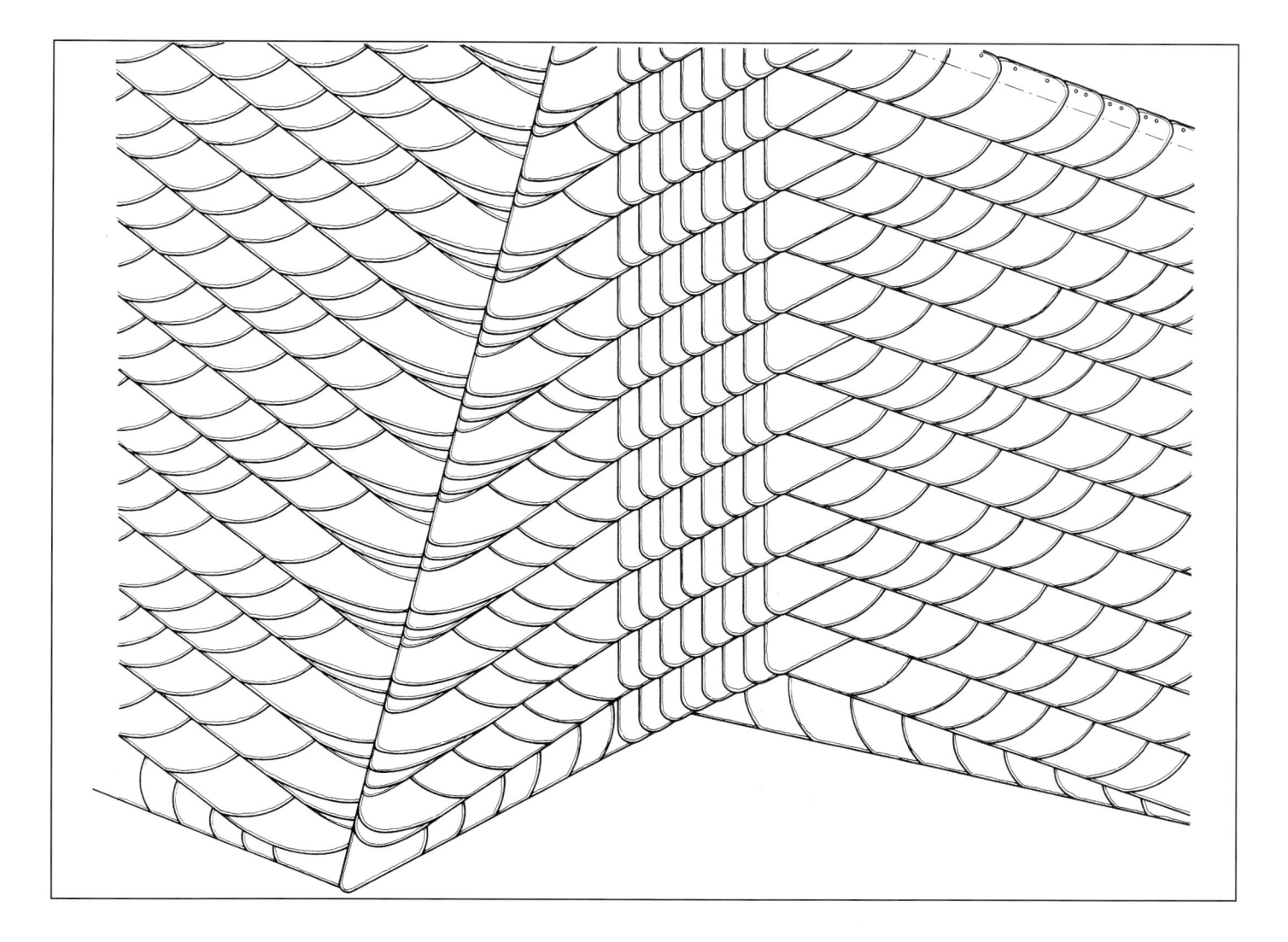

29.8 *Regelmäßig eingebundene rechte Kehle bei spitz zulaufender Nebendachfläche. Die Kehlgebinde beginnen auf der Nebendachfläche auf einem Einfäller und sind auf der Hauptdachfläche regelmäßig durch je einen Schwärmer an die Decksteingebinde angeschlossen.*

Gegen den Schwärmerrücken deckt der erste Decksteinrücken des anzuschließenden Decksteingebindes. Dieser für das Aussehen der Kehldeckung wichtige Anschlusspunkt muss zu Beginn der Kehldeckung parallel zur Kehllinie abgeschnürt werden.

Der Anschluss des ersten Decksteinrückens an den Schwärmerrücken, exakt in Höhe der folgenden Deckgebindelinie, kann mitunter Probleme bereiten. Je nach Decksteinhieb, Deckgebindesteigung und Breite der Decksteine muss durch Übersetzen oder Hiebveränderung manipuliert werden.

Am Anschlusspunkt darf keine auffallend breite Stoßfuge verbleiben.

Für die Steine im Umfeld des Kehlgebindeanschlusses muss die jeweils zweckmäßigste Steindicke gewählt werden, damit Spannungen oder klaffende Deckfugen vermieden werden.

30
Versetzte Kehle

30.1 und 30.2   Versetzte rechte und linke Hauptkehle.

Besonders am Mittelrhein und an der Mosel wurden einst Haupt- und Wangenkehlen gelegentlich auch als versetzte Schieferkehlen gedeckt. In anderen Schiefergebieten, zum Beispiel im Sauerland und in Thüringen, war das Versetzen der Kehlsteine nicht üblich. Auch heute spielt diese Technik überregional eine schwache Außenseiterrolle, sie soll aber nachstehend der Vollständigkeit halber erklärt werden.

- In einer versetzten Schieferkehle ist jeder Einfäller, Wasserstein und Kehlstein seitlich mindestens 1 cm mehr als die halbe Kehlsteinbreite überdeckt. Bei den Kehlsteinen kommt eine seitliche Doppeldeckung zustande.

Damit in Hauptkehlen eine wirksame seitliche Doppeldeckung von möglichst 2 cm erreicht wird und die Deckbreite der Kehlsteine nicht zu schmal ausfällt, müssen möglichst breite Kehlsteine ver-

30 Versetzte Kehle

30.3 bis 30.5 Überdeckung bei der versetzten Schieferkehle, dargestellt am Kehlgebindeanfang einer rechten Einfällerkehle. Die Kehlsteine sind hier 14 cm breit und seitlich 2 cm mehr als die halbe Kehlsteinbreite überdeckt.

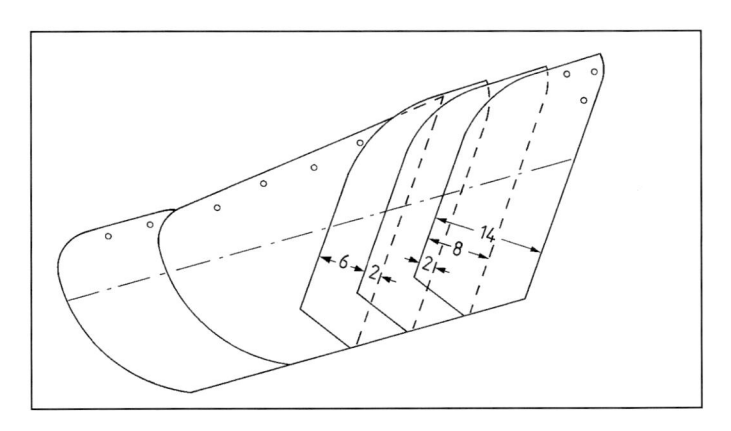

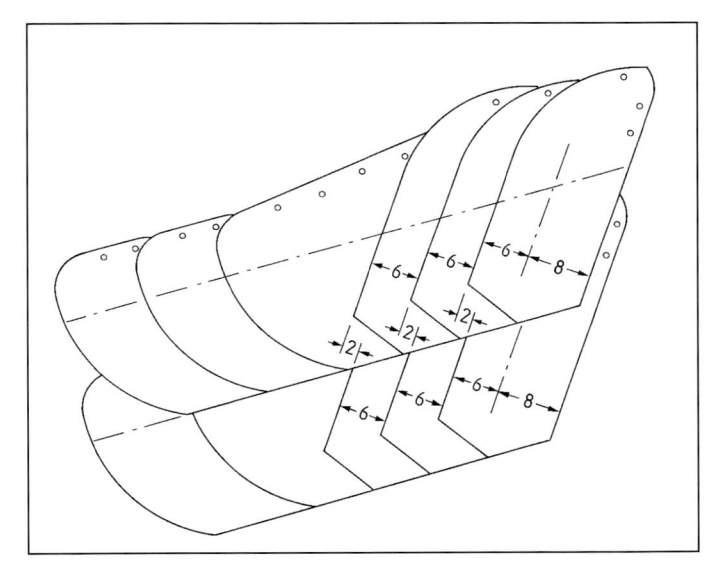

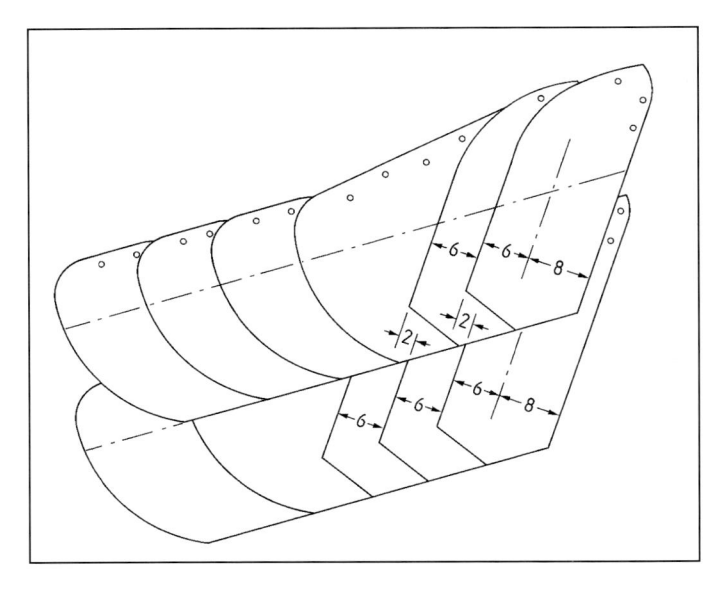

wendet werden. Diese wiederum erfordern eine praktikable, nicht zu eng und möglichst knickfrei geschalte Kehlmulde.

Bei der versetzten Kehle entfällt die Schnürung des Kehlgebindeanfangs. Unverzichtbar ist bei der rechten versetzten Hauptkehle eine auf der Dachfläche rechts neben der letzten Kehlsteinbrust des ersten Kehlgebindes in Kehlrichtung abzutragende Schnürung. Auf dieser werden die für den regelmäßigen Kehlgebindeanschluss wichtigen Schnittpunkte der Kehl- und Deckgebinde markiert.

Das Verlegesystem und die Auswirkung der seitlichen Doppeldeckung sind nachstehend am Beispiel einer versetzten rechten Einfällerkehle dargestellt. Im Beispiel sind die Kehlsteine 14 cm breit und seitlich 2 cm mehr als die halbe Kehlsteinbreite überdeckt. Die Seitenüberdeckung der Einfäller und Kehlsteine beträgt also 8 cm, die Deckbreite der Kehlsteine 6 cm.

(1) Erstes Kehlgebinde (Bild 30.3)
Mit dem ersten Kehlgebinde muss so weit wie möglich auf die Dreikantleiste aufgerückt und dazu die Kopfspitze des Kehlsteins gebrochen werden. Der erste Kehlsteinrücken überdeckt die Einfällerbrust 8 cm, der zweite Kehlsteinrücken die Einfällerbrust 2 cm und der dritte Kehlsteinrücken die Brust des ersten Kehlsteins gleichfalls 2 cm.

(2) Zweites Kehlgebinde (Bild 30.4)
Da die Kehlsteine hier 14 cm breit sind, die Deckbreite der im vorherigen Kehlgebinde deckenden Kehlsteine aber nur 6 cm beträgt, rückt jeder Kehlsteinrücken, im Vergleich zu dem darunter, um 2 cm nach außen.

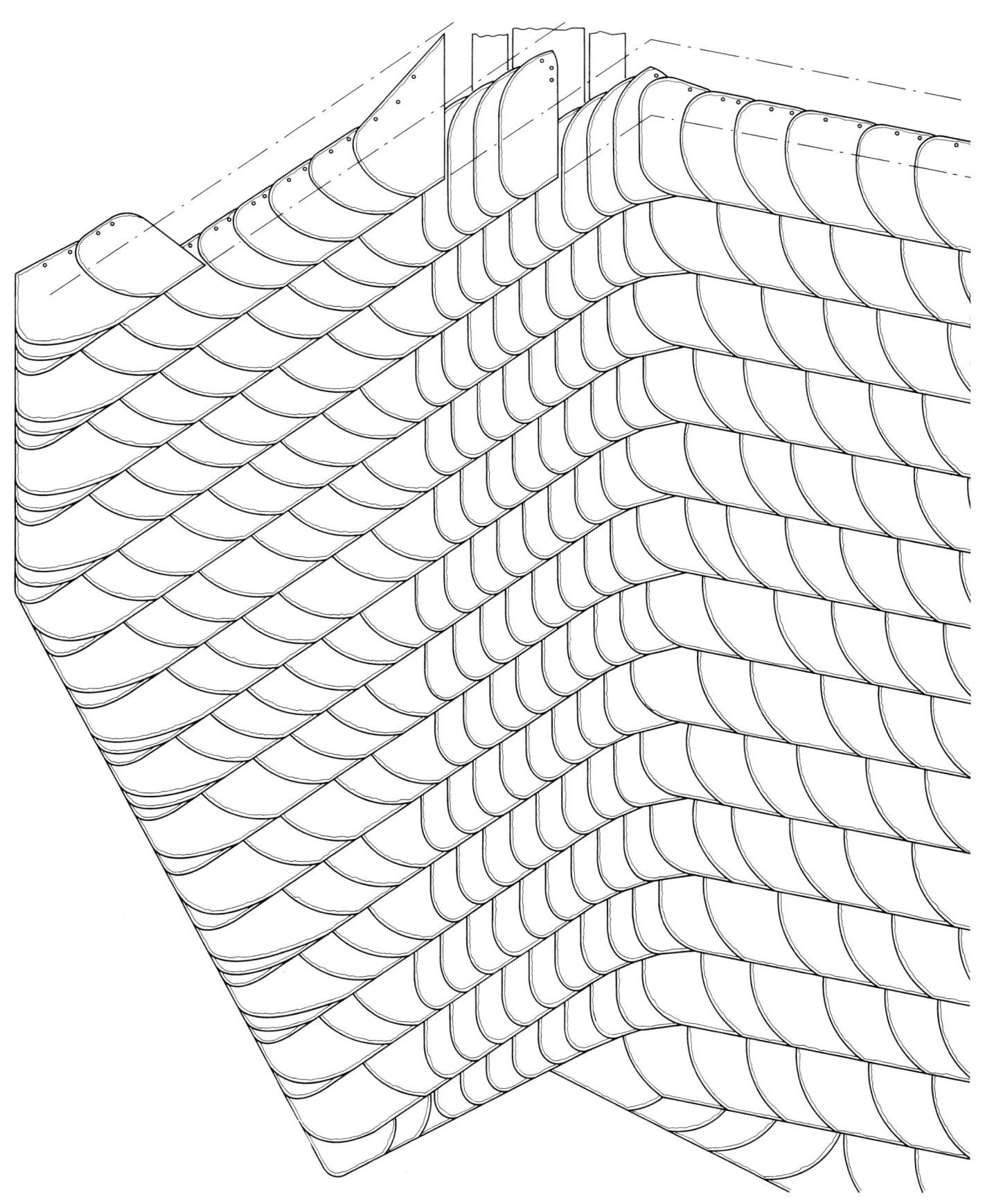

30.6 Versetzte rechte Einfällerkehle bei ungleicher Neigung der Haupt- und Nebendachfläche. Kehlgebinde auf der Dachfläche rechts durchgedeckt.

(3) Drittes oder folgende Kehlgebinde (Bild 30.5)

Mit jedem Kehlgebinde rückt die erste Kehlsteinbrust weiter von der Dreikantleiste ab. Sobald die zweite Kehlsteinbrust des Kehlgebindes noch etwa 2 cm auf der Dreikantleiste aufliegt, wird auf den ersten Kehlstein des folgenden Gebindes zunächst ein schmaler Deckstein mit zurückgesetzter Ferse aufgesetzt und sodann mit dem Einfäller auf den zweiten Kehlstein vorgerückt. Die Einfällerbrust deckt nun schlüssig gegen den dritten Kehlsteinrücken.

Außer auf Einfällern können auch auf Wassersteinen anzusetzende Kehlgebinde versetzt gedeckt werden (Bild 30.2). Dazu muss beim Einrücken des Kehlgebindeanfangs der zweite Kehlsteinrücken des vorherigen Kehlgebindes mit dem Wasserstein übersetzt werden. Der zu übersetzende Kehlstein muss dünn sein.

Die bei der versetzten Kehle erzielte seitliche Doppeldeckung der Kehlsteine wird meistens überbewertet. Wenn in kritischen Situationen die Seitenüberdeckung der Kehlsteine überflutet wird, kann auch deren seitliche Doppeldeckung nicht verhindern, dass stauendes Wasser über die nicht unterdeckte Partie der Kehlsteinbrust auf die Kehlschalung überläuft. Eine herkömmliche Doppeldeckung in Längsrichtung der Kehlsteine bietet weitaus mehr Sicherheit, weil dabei die Kehlsteinbrust in ganzer Länge unterdeckt ist und seitwärts überlaufendes Wasser sicher aufgefangen wird.

Die Vorzüge einer versetzten Schieferkehle sind der aufgelockerte Übergang von der flacheren Dachfläche in die Kehle sowie die (scheinbar) unschematisch verlaufenden Rückenlinien des Kehlverbandes. Diese Vorzüge können besonders bei durchgedeckten Einfällerkehlen und ausgehend gedeckten Wangenkehlen voll genutzt werden. Zweckdienlich sind breite Kehlsteine mit rundem Rücken. Anzustreben ist ein sich möglichst oft wiederholender Vor- und Rückversatz des Kehlgebindeanfangs.

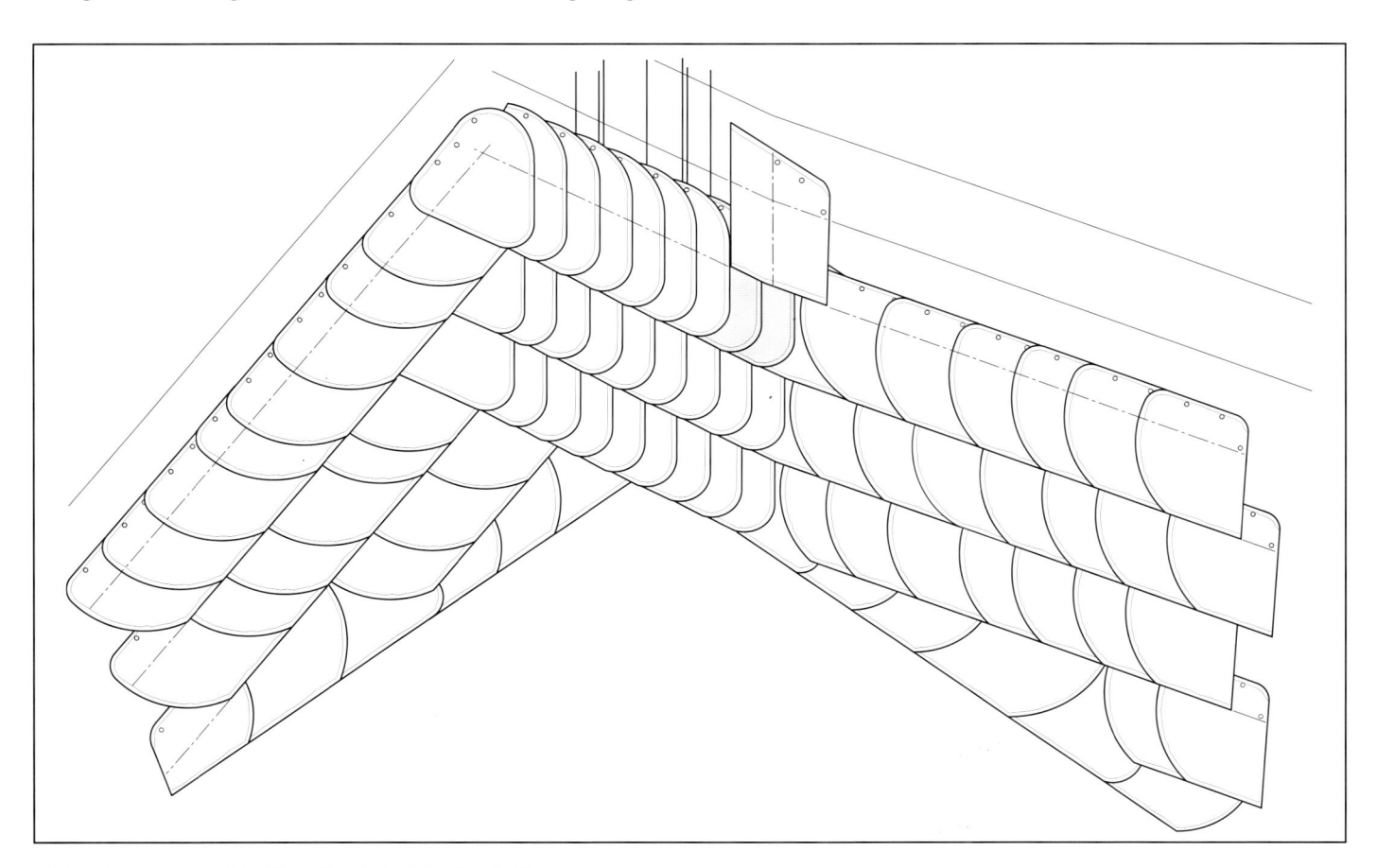

30.7 Versetzte rechte Hauptkehle in Arbeitsschritten.

31
Herzkehle

Die Herzkehle bedingt gleiche Dachneigung beiderseits der Kehle.
Die Kehlgebinde beginnen nicht wie bei der rechten und linken Kehle auf einem Decksteingebinde, sondern in der Mitte der Kehlmulde auf einem Herzwasserstein. Davon ausgehend verlaufen die Kehlgebinde mit mindestens vier rechten und vier linken Kehlsteinen zu den angrenzenden Dachflächen.
Der Herzwasserstein muss möglichst breit sein und darf nur innerhalb der Höhenüberdeckung gelocht werden. Bei Dachneigung weniger als 45° ist für die Herzwassersteine und für die im Kehlgrund deckenden Kehlsteine Doppeldeckung zu empfehlen. Die Kehlsteine müssen mindestens 13 cm breit sein. Beide Längskanten der Herzwassersteine und die Brust der Kehlsteine müssen entweder glatt gesägt sein oder durch Hieb von oben scharfkantig behauen werden. Nachbehauen ist notwendig, wenn eine Rohschieferkante einen Mineralbelag, Spuren des Sägeschnittes, Riefen oder Absplitterungen aufweist.

31.1 Einteilung und Schnürung

Wenn die Herzkehle auf einer oder auf beiden Dachflächen regelmäßig eingebunden werden soll, ist eine Einteilung und Schnürung des Kehlverbandes erforderlich.
Bei Rechtsdeckung beider Dachflächen ergibt sich folgender Arbeitsablauf.
(1) Zuerst wird die Mittellinie der Kehle (Mitte Kehlbrett) geschnürt und dann die Kehle so weit nach rechts und links in Kehlsteinbreiten eingeteilt, bis der jeweils letzte Kehlstein ohne Querneigung plan aufliegt. Zu berücksichtigen ist eine 1 bis 2 cm breite Langfuge zwischen den auf dem Herzwasserstein nebeneinander liegenden Kehlsteinrücken. Die Einteilung der Kehlbreite geschieht am besten mit einem als Lehre dienenden, etwas breiter als normal zugerichteten Kehlstein.
Auf beiden Dachflächen wird die Position der letzten Kehlsteinbrust markiert und parallel zur Kehle geschnürt. Eine Schnürung aller Kehlsteinrücken ist meistens nicht erforderlich.
(2) Auf der Dachfläche rechts werden die Fußlinien der Deckgebinde nach Maßgabe der für diese Dachfläche bereitstehenden Decksteinsortierung gegen die Schnürung der letzten Kehlsteinbrust herangeschnürt. Die sich dabei ergebenden Schnittpunkte be-

31.1 Beiderseits eingebundene Herzkehle bei Rechtsdeckung der Dachflächen. Kehlgebinde auf der Dachfläche links durch Schwärmer unregelmäßig angeschlossen, auf der Dachfläche rechts durchgedeckt.

31 Herzkehle

zeichnen die Position der Fußspitze des letzten Kehlsteins der Kehlgebinde.

(3) Von Mitte Kehle aus wird die Fußlinie der Kehlgebinde mit gleichmäßiger Kehlgebindesteigung gegen die auf der Dachfläche rechts markierten Schnittpunkte abgetragen. Danach geschieht dies mit dem gleichen Steigungswinkel bei der Fußlinie der linken Kehlgebinde. Die Schnittpunkte der rechten und linken Kehlgebinde mit der Vertikalschnürung müssen exakt auf einer Höhe liegen.

Auf der Dachfläche links ist eine Schnürung der Deckgebindelinien nicht erforderlich, wenn dort mit Schwärmern unregelmäßig eingebunden werden soll.

Sollen die Deckgebinde beider Dachflächen in Rechts-Links-Deckung (von der Kehle ausgehend) gedeckt werden, ist auch auf der Dachfläche links eine Schnürung der Deckgebindelinien erforderlich. Auf beiden Dachflächen müssen die sich jeweils gegenüberliegenden Decksteingebinde gleiche Deckgebindehöhe haben, die Schnittpunkte auf der Vertikalschnürung also höhengleich gegenüberliegen.

Probleme können am besten dadurch vermieden werden, dass beide Dachflächen gleichzeitig gedeckt werden.

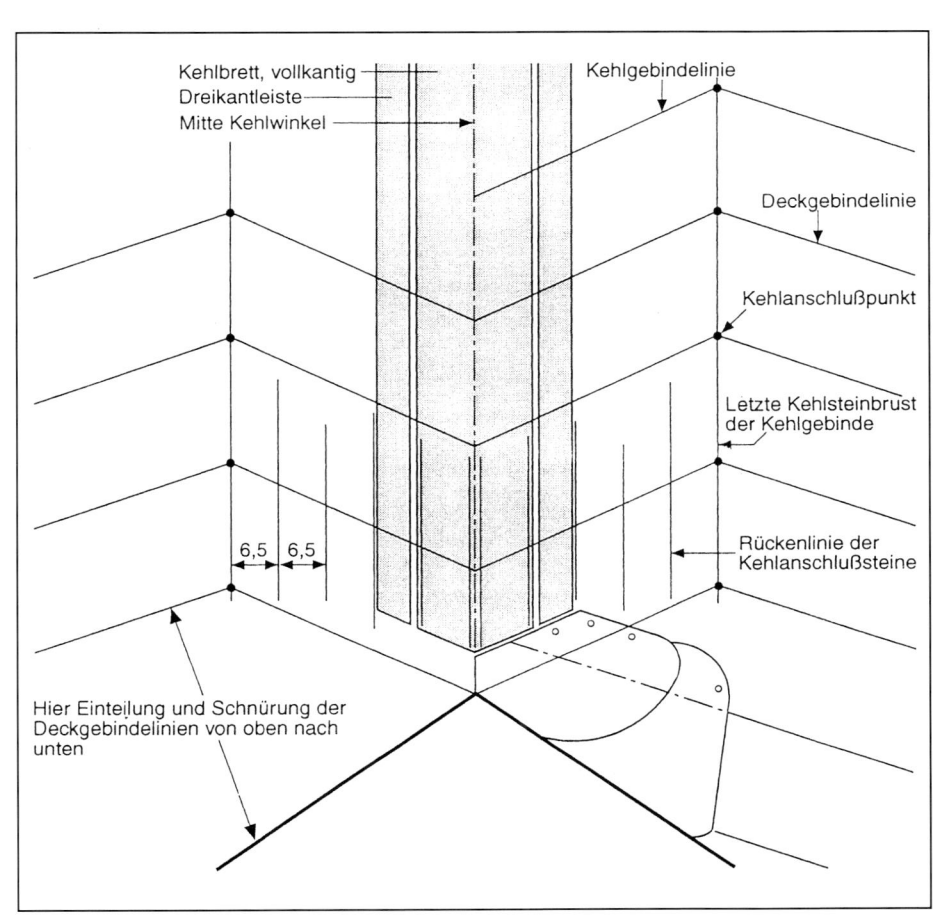

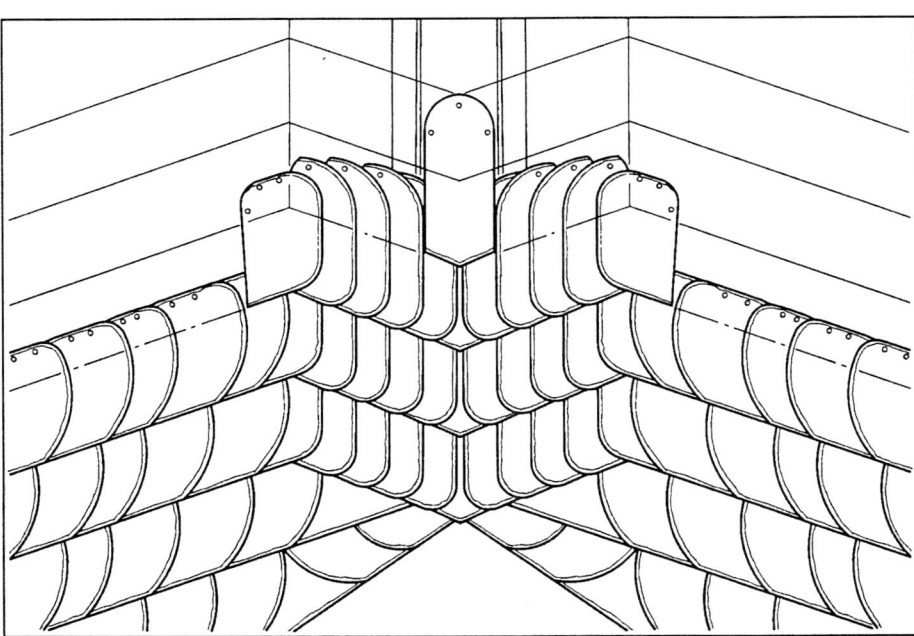

31.2 und 31.3
Einteilung und Schnürung des Kehlverbandes einer beiderseits symmetrisch eingebundenen Herzkehle bei ausgehender Rechts- und Linksdeckung der Dachflächen.

Altdeutsche Deckungen

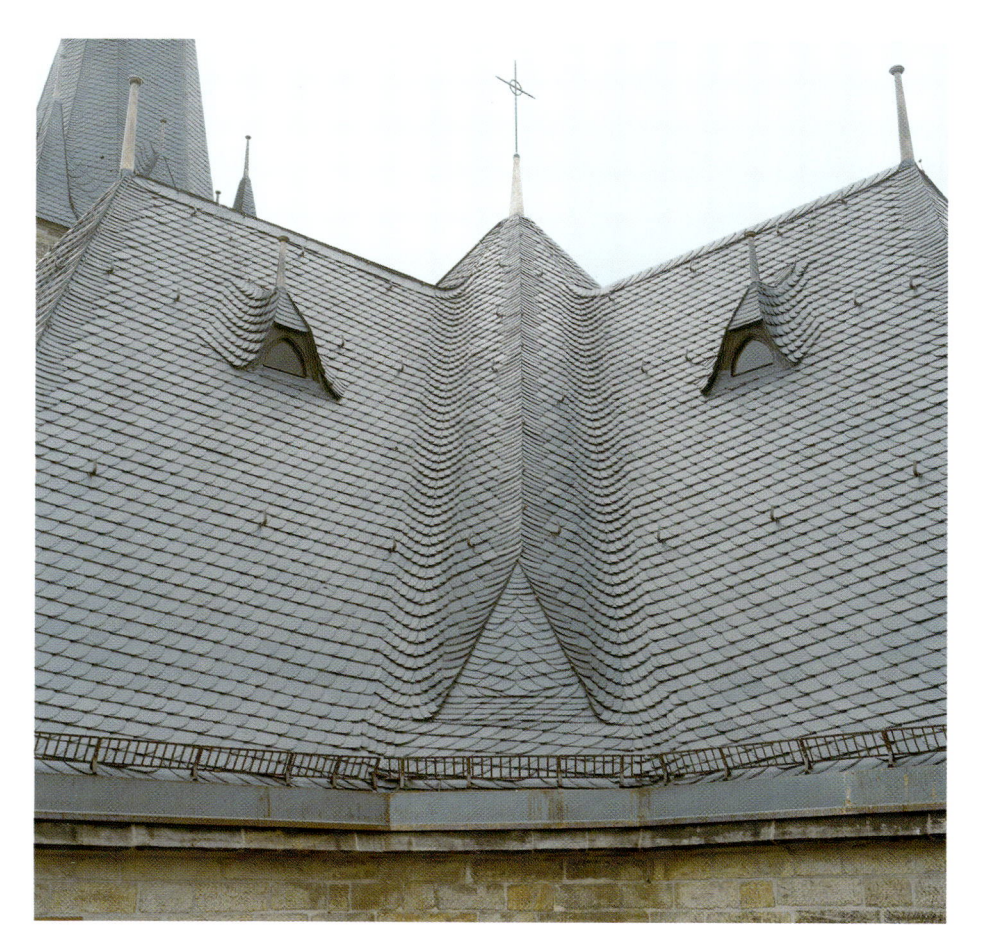

31.4 Gratsattel mit eingebundenen Herzkehlen. Dachflächen in ausgehender Rechts- und Linksdeckung.

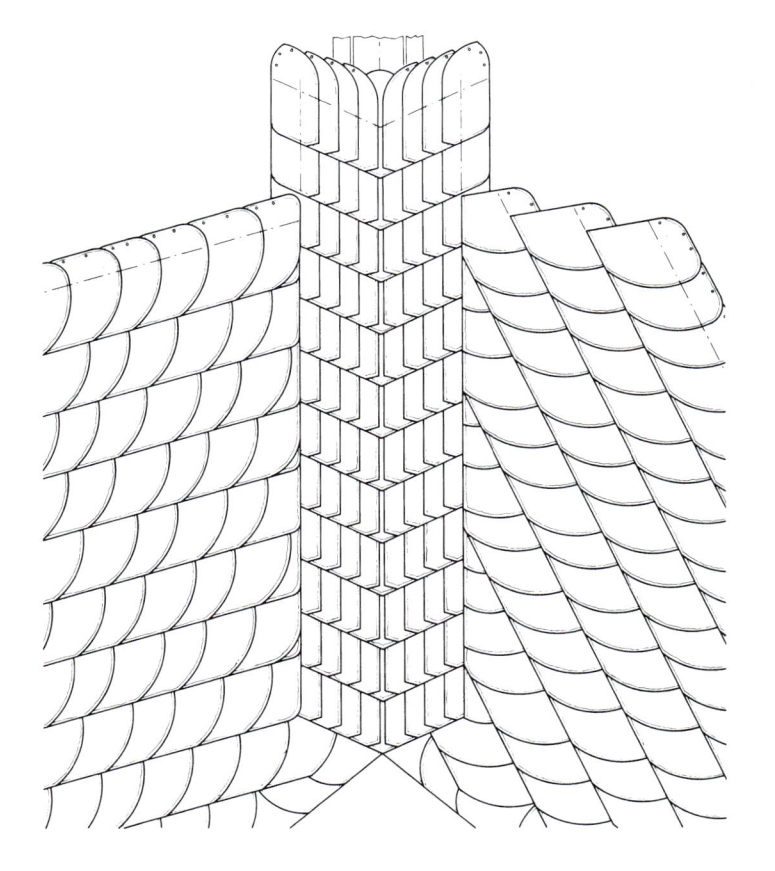

Oft wird die Herzkehle nicht eingebunden, sondern als untergelegte Kehle gedeckt. Dabei bilden Kehl- und Deckgebinde keinen Verband.

Die untergelegte Herzkehle kann entweder vorab in ganzer Länge oder im Zuge der Dachflächendeckung in Teillängen vorgedeckt werden (Bild 31.5).

Die Überdeckung der untergelegten Herzkehle durch die Deckgebinde muss je nach Dachneigung 10 bis 12 cm betragen [1]. Dazu muss der jeweils äußere Kehlstein der Kehlgebinde angemessen breit sowie an der Fußspitze mit Hieb von oben abgerundet oder gestutzt sein.

Beim Anarbeiten der Deckgebinde auf den jeweils äußeren Kehlstein der Kehlgebinde muss eine geschlossene Anschlussfuge angestrebt werden. Auch kleine Lücken müssen durch Passstücke geschlossen werden.

31.5 Untergelegte Herzkehle bei Rechtsdeckung der Dachflächen.

32
Eingehende Wangenkehle

Die eingehende Wangenkehle kann bei jeder für Schieferdeckung geeigneten Dachneigung regensicher gedeckt werden.

Bei der eingehenden Wangenkehle werden die Kehlgebinde auf den Deckgebinden der Dachfläche angesetzt und mit rechten beziehungsweise linken Kehlsteinen zur Wangenfläche gedeckt.

Da die Kehlsteine die Richtung des Dachgefälles einnehmen, fließt das Wasser nicht direkt gegen die offene Rückenfuge des ersten Kehlsteins der Kehlgebinde, wie dies bei einer Hauptkehle der Fall ist. Das Wasser unterspült zwar die Rücken der ersten (zwei) Kehlsteine der Kehlgebinde, die Seitenüberdeckung entwässert aber stets in Richtung des Dachgefälles, so dass ein seitwärts gegen die Kehlsteinbrust gerichteter Wasserdruck entfällt. Auch das von der Gaubenwange in die Kehle abfließende Wasser bedeutet für die eingehende Wangenkehle kein Risiko, da das Wasser »treppab« über die Kehlsteinrücken fließt, ohne diese zu unterlaufen.

Die Kombination der Kehlschalung und die Verlegung der Kehlsteine sind in den Abschnitten 25 und 26 beschrieben.

Bei gleicher Deckrichtung der Kehl- und Deckgebinde werden die Kehlgebinde auf einem Einfäller angesetzt, bei entgegengesetzter Deckrichtung beginnen sie auf einem Wasserstein.

32.1 Eingehende Wangenkehle, ausgehendes Kragengebinde und unregelmäßig eingebundene Sattelkehle.

32.2 Das erste Kehlgebinde der Wangenkehle muss unterhalb des Stirnrahmenpfostens ansetzen und mit schräg ansteigender Fußlinie in einen etwa 5 cm breiten Überstand auslaufen.

Der Kehlgebindeanfang, das heißt die Position des ersten Kehlsteinrückens der Kehlgebinde, wird auf der Dachfläche so abgeschnürt, dass die jeweils erste Kehlsteinbrust auf der Dreikantleiste aufliegt. Die Breite der ersten Kehlsteine der Kehlgebinde muss mindestens 13 cm betragen; nachfolgend können auch schmalere Kehlsteine der Lieferung verwendet werden.

Die Höhenüberdeckung der Einfällerbrust und des Wassersteinrückens sowie der folgenden drei bis vier Kehlsteine muss mindestens ein Drittel mehr betragen als die des Deckgebindes, auf dem das Kehlgebinde angesetzt wird. Die Einfäller dürfen nur am Kopf, die Wassersteine nur am Kopf und in der Höhenüberdeckung der Brust gelocht werden.

32.3 Anschluss der Dachdeckung an eine holzverschalte Wand mittels architekturwirksam verbreiterter eingehender Wangenkehle.

32.4 Das ausgehende Kragengebinde wird von der Wange zur Dachfläche gedeckt und dort an ein Decksteingebinde angeschlossen.

Das erste Kehlgebinde muss so zeitig angesetzt werden, dass es mit stetig ansteigender Fußlinie von schräg unten an den Gaubenpfosten herangeführt werden kann, um dort in einen 4 bis 5 cm breiten, freien Überstand auszulaufen.
Die auf einem Einfäller anzusetzenden Kehlgebinde werden mit Steigung zur Wange gedeckt, die auf einem Wasserstein anzusetzenden am besten rechtwinklig zur Kehlschalung, keinesfalls mit fallender Fußlinie.

32.1 Kragengebinde

Der obere Abschluss der eingehenden Wangenkehle ist das über den Kehlausspitzern deckende Kragengebinde, fachsprachlich Kragen genannt.
Das Kragengebinde kann ein- oder ausgehend gedeckt werden. Der ausgehende Kragen wird meistens bevorzugt, obwohl der eingehend gedeckte funktionssicherer ist.

32.1.1 Ausgehendes Kragengebinde

Der ausgehende Kragen wird auf dem Firstgebinde der Wangenbekleidung angesetzt.
Soll die Wange mit waagerechten Deckgebinden bekleidet werden, muss die Höhe des Firstgebindes bereits bei der Einteilung der Wange bedacht und auf die Deckgebindehöhe der Wangenbekleidung abgestimmt werden.
Von der Höhe des Firstgebindes ist die Länge der Kragensteine abhängig. Diese fallen umso länger aus, je kleiner der Dachneigungswinkel ist. Wird das Firstgebinde zu hoch bemessen, sind die an der Baustelle bereitstehenden rohen Kehlsteine für den Kragen möglicherweise nicht lang genug.
Das Kragengebinde wird an der Gaubenwange auf einem als Einfäller oder Wasserstein ausgebildeten Firststein angesetzt. Der erste Kragenstein liegt mit der Brust auf der Dreikantleiste.
Die Fußlinie des Kragengebindes verläuft zunächst wie die des Firstgebindes und danach mit Steigung dachaufwärts. Beim Schreiben der Kragenfußlinie ist darauf zu achten, dass der Kragen dachaufwärts nicht schmaler wird. Im Bereich der Sattelkehle muss der Kragen so weit nach außen schweifen, dass die später unter dem Kehlüberstand deckenden Kragensteine nicht zu kurz wirken. Bei Sattelgauben mit Gesims ist die Steigung des Kragengebindes von der Gesimsform abhängig. Vorteilhaft ist ein etwa 45° nach außen geneigtes, eventuell profiliertes oder mit Decksteinen bekleidetes Gesimsbrett.
Das ausgehende Kragengebinde ist regensicherer, wenn die Kragensteine, sobald sie den kritischen Bereich der Kehlschalung verlassen, von Stein zu Stein zunehmend gedreht werden. Durch die Wasser abweisende Schräglage wird die Rückenfuge der Kragensteine entlastet.
Die Nagellöcher der Kragensteine müssen möglichst hoch in die mit Hieb von oben behauene Brust eingeschlagen werden. Die Lochung sollte von der Oberseite der Kragensteine her erfolgen, damit die Wasser ziehenden Nageltrichter zur Steinunterseite hin aussplittern.
Der Kragen muss so weit dachaufwärts ausgedeckt werden, bis der letzte Kragenstein möglichst plan liegt. Anderenfalls legen sich die auf den Schwärmer oder Kehlanschlussstein aufzusetzenden Decksteine nicht oder sie sperren. Die an den Schwärmerrücken anschließende Decksteinbrust muss besonders dick gewählt werden, damit der auf dem Schwärmer aufzusetzende Deckstein besser liegt und rückenseitig nicht klafft.
Die Kragensteine müssen seitlich so breit überdeckt und von den Kehlausspitzern so hoch unterdeckt sein, dass das in die Rückenfuge der Kragensteine einfließende und innerhalb deren Seitenüberdeckung dem Gefälletiefpunkt zustrebende Wasser weder auf die Nagellöcher noch auf die Kehlschalung zielt.

32.5 Das eingehende Kragengebinde wird auf der Dachfläche auf einem Deckstein angesetzt und mit fallender Fußlinie zur Wange gedeckt.

32.1.2 Eingehendes Kragengebinde

Zur Deckung des eingehenden Kragengebindes wird zunächst auf der Wangenbeschieferung die Fußlinie des Firstgebindes angerissen. An diese muss die Fußlinie des Kragengebindes angeschlossen werden.

Die Höhe des Wangenfirstgebindes ist unabhängig, wenn die Wange mit Kehlsteinen gedeckt werden soll. Bei einer Wangenbekleidung aus waagerechten Decksteingebinden ist vor dem Abtragen der Firstgebindehöhe eine Einteilung der Wange erforderlich. Das Firstgebinde darf nicht niedriger als die waagerechten Deckgebinde sein.

Das eingehende Kragengebinde wird auf der Dachfläche auf einem gewöhnlichen Einfäller beziehungsweise Wasserstein angesetzt und mit fallender Fußlinie so weit ausgedeckt, bis der letzte Kragenstein plan auf der Wangenfläche liegt.

Der Einfäller beziehungsweise Wasserstein, auf denen das Kragengebinde angesetzt wird, hat in der Regel die gleiche Position wie die Einfäller und Wassersteine der Kehlgebinde. Der Rücken des ersten Kragensteins liegt also auf der geschnürten Linie des Kehlgebindeanfangs. Der erste Kragenstein kann aber auch je nach Gesimsausbildung etwas vor der Schnürung angesetzt und die Fußlinie weniger fallend geschrieben werden.

Die Rücken der Kragensteine liegen, wie die der Kehlsteine in den Kehlgebinden, parallel zur Kehlschalung und zum Dachgefälle. Das vom Gaubendach und aus der Sattelkehle abfließende Wasser fließt nicht direkt gegen die offene Rückenfuge der Kragensteine. Das ist ein bedeutender Vorteil gegenüber einem unter gleichen Bedingungen ausgehend gedeckten Kragen.

Beim eingehenden Kragen sollten die Kragensteine an der Kopfschmiege deutlich breiter als unten, also insgesamt konisch zugerichtet werden. Das macht die Seitenüberdeckung im Bereich der Nagellöcher sicherer. Außerdem legen sich konisch zugerichtete Kragensteine auch an kritischen Stellen der Kehle und auch bei reichlicher Seitenüberdeckung problemlos auf die Kehlschalung. Das Aufliegen des Kopfes muss nicht durch drastische Maßnahmen erzwungen werden.

Auf den letzten Kragenstein wird das Firstgebinde mit einem schmalen Firststein angesetzt. Stattdessen kann das Firstgebinde aber auch am Gaubenpfosten begonnen und mit einem Schlussstein an das Kragengebinde angeschlossen werden.

32.1.3 Metallabdeckung des Kragens

Bei Sattelgauben mit Dachüberstand aus einem nach außen geneigten Gesimsbrett sollte der Kopf der Kragensteine in dem Bereich, wo sie auf dem Gesimsbrett aufliegen, mit Bleiblech abgedeckt werden. Dadurch wird verhindert, dass vom Gaubendach abfließendes Wasser durch Wind hinter den Kopf der Kragensteine getrieben wird.

Der Bleistreifen überdeckt das Kragengebinde etwa 5 cm, wird am Gesimsbrett hochgeführt, etwa 10 cm auf die Kehlschalung der Sattelkehle abgekantet und überall sauber angetrieben. Durch die Abkantung des Bleistreifens auf die Kehlschalung wird gleichzeitig das erste Kehlgebinde der Sattelkehle unterdeckt.

Sinngemäß kann auch bei Sattelgauben ohne Gesimsüberstand verfahren werden. Hier schützt die Bleiblechabdeckung die Fuge unter dem Überstand der Sattelkehle gegen das daraus abfließende, unter Winddruck zurücktreibende Wasser.

32.2 Wangenbekleidung

Bei Gaubenwangen normaler Größe werden meistens die Kehlgebinde bis unter das Wangenfirstgebinde mit Kehlsteinen ausgedeckt. Das ist die zweckmäßigste und gleichzeitig wirtschaftlichste Art der Wangenbekleidung.

Bei größeren Gaubenwangen ist eine Bekleidung aus waagerechten Decksteingebinden ansprechender. Die Deckgebinde beider Wangen sollten am Gaubenpfosten mit einem Anfangort beginnen und mit einem Schwärmer an die Kehlgebinde angeschlossen werden.

Die Deckgebinde können aber auch in Richtung Gaubenpfosten gedeckt werden. Dabei wird auf jedem Kehlgebinde ein Deckgebinde angesetzt und dieses am Gaubenpfosten mit einem Endort beendet. Die Decksteine sollten einen sehr scharfen Hieb und gut abgerundeten Rücken haben.

Eine Wangenbekleidung aus waagerechten Deckgebinden bedingt eine vorherige Einteilung der Wangenfläche in eine ansprechende Firstgebindehöhe und gleichmäßig hohe Decksteingebinde.

Dazu kann die Dachfläche einschließlich der etwa sieben Kehlsteine breiten Wangenkehle bis in die vermutliche Höhe des Kragengebindes vorgedeckt werden. Der letzte Kehlstein der Kehlgebinde wird nur locker befestigt, damit später der Schwärmer oder ein zusätzlicher Kehlstein eingeschoben werden kann.

Nachdem der Endpunkt der Kehlgebinde festliegt, kann an der Wangenfläche die Höhe des Firstgebindes und die der Decksteingebinde ausgemittelt werden. Das Firstgebinde darf nicht niedriger als die Wangengebinde geschrieben werden. Eingeteilt und gemessen wird immer von der Fußlinie des Firstgebindes aus nach unten.

32.6 Eingehende Wangenkehle mit eingehend gedecktem Kragengebinde.

33
Ausgehende Wangenkehle

33.1 Ausgehend gedeckte linke Wangenkehle. Kehlsteine nach rheinischer Art mit langem Bruch.

Bei der ausgehenden (fliehenden) Wangenkehle verlaufen die Kehlgebinde von der Gaubenwange zur Dachfläche. Dort ist regelmäßig ein Kehlgebinde an ein Deckgebinde angeschlossen.

Für ausgehende Wangenkehlen wird eine Dachneigung von mindestens 50° gefordert [1].

Das Risiko, dem eine ausgehende Wangenkehle bei zu wenig Dachneigung ausgesetzt ist, resultiert aus der ungünstigen Schräglage der ersten Kehlsteine der Kehlgebinde zum Wasserlauf. Es ist riskant, wenn von einem Gaubendach das Wasser direkt gegen die Kehlsteinrücken fließt. Deshalb sollten die bei größeren Gauben sowie bei Dachneigung unter 50° besonders gefährdeten ersten Kehlsteine der Kehlgebinde durch einen Gesimsüberstand geschützt sein.

Im Zweifelsfalle sollte immer zugunsten einer eingehenden Wangenkehle entschieden werden!

Als Gesims für Gauben normaler Größe eignet sich besonders ein nach außen geneigtes Gesimsbrett. Daran wird das obere Ende des Kehlbrettes schlüssig angeschmiegt. Unzweckmäßig, besonders für Gauben normaler Größe, ist ein aus Hängebrett und Seitenbrett bestehendes Kastengesims.

33.1 Kehlschalung

Eine ausgehende Wangenkehle kann am besten mit runden oder lang gebrochenen und dementsprechend breiten Kehlsteinen wirkungsvoll ins Bild gesetzt werden. Solche Kehlsteine erfordern eine darauf abgestimmte Kehlschalung, damit sich die Kehlsteine an jeder Stelle der Kehlmulde willig legen und sich der runde oder lange Fersenbruch nicht sperrig abhebt.

Vorteilhaft ist ein in Längsrichtung konisch zugeschnittenes, vollkantiges Kehlbrett. Dies ist an der oberen Schmiege etwa 16 bis 18 cm breit, an der unteren einige Zentimeter schmaler. Das Kehlbrett wird etwas aus dem Kehlwinkel in die Wange gerückt und durch mehrere Dreikantleisten an Dach und Wange angeschlossen.

Ein konisch zugeschnittenes Kehlbrett bietet den Vorteil, dass es sich infolge der von unten nach oben stetig zunehmenden Brettbreite gleichermaßen aus dem Kehlwinkel heraushebt. Die Kehlsteine schichten stets flacher als das Kehlbrett, liegen an jeder Stelle der Kehlmulde mit der Kopfspitze auf und müssen nicht, oder an kritischen Stellen nur unbedeutend, unterlegt werden.

Richtiger Zuschnitt der unteren Kehlbrettschmiege ist Voraussetzung für einen ansehnlichen Kehlanfang. Das erste Kehlgebinde muss möglichst tief angesetzt werden; es darf nicht hängen, sondern sollte möglichst schon

33.2 Sattelgaube mit ausgehender linker Wangenkehle und linker Sattelkehle.

33.3 Linke ausgehend gedeckte Wangenkehle.

am Anfang auf der Dachdeckung aufstehen. Deshalb darf die Kehlbrettschmiege nicht rechtwinklig zur Brettachse geschnitten werden, sondern muss insgesamt pfostenbündig verlaufen.

33.2 Kehlgebindesteigung

Sofern ein Gaubengesims vorhanden ist, muss dessen Form beim Anlegen der Kehlgebindesteigung berücksichtigt werden.

Die Kehlgebindesteigung verleiht der ausgehenden Wangenkehle den besonderen Pfiff. Bei zu wenig Kehlgebindesteigung wirkt die Kehldeckung ausdruckslos, zu viel Steigung behindert das Decken der Kehlsteine und Kehlübergänge sehr.

Eine Kehlgebindesteigung von etwa 30 bis 40° ist praktikabel und ansprechend. Dabei kann zum Beispiel der Schwärmerrücken ungefähr wie die Kehlgebindelinie verlaufen, ohne die Sichtfläche des von ihm überdeckten Decksteins unschön zu schneiden. Außerdem passt diese Kehlgebindesteigung gut zur oberen Schmiege eines schräg stehenden Gesimsbrettes. Es macht sich optisch wie arbeitstechnisch gut, wenn Kehlgebinde und Gesimsbrettschmiege annähernd gleich verlaufen. Auch bei Gauben ohne Gesims ist besagte Kehlgebindesteigung angemessen.

33.3 Einteilung und Schnürung

Nachdem die Deckgebinde vor der Gaube ausgespitzt oder dort ein Firstgebinde gedeckt worden ist, wird der Kehlverband bis in Höhe der Sattelkehle eingeteilt und abgeschnürt.

Die Schnürung ergibt auf der Dachfläche die Position der für das Anschließen der Deckgebinde an die Kehlgebinde wichtigen Anschlusspunkte. Außerdem bietet sie während des Kehlendeckens jederzeit Übersicht über den Soll- und Ist-Zustand des Kehlverbandes, verhindert Unregelmäßigkeiten in der Sichthöhe der Wangen- und Kehlgebinde oder der Kehlgebindesteigung.

Der Kehlverband kann auf unterschiedliche Art eingeteilt und geschnürt werden. Jeder Schieferdecker hat seine eigene, mehr oder weniger gründliche

33.4 Ankehlung eines Dachhäuschens durch ausgehend gedeckte Wangenkehle. Wangenbekleidung mit Kehlsteinen. Kehlgebinde links mit Schwärmern angeschlossen, rechts durchgedeckt.

bindeanfang) und der Position der Brust des jeweils letzten Kehlsteins der Kehlgebinde. Bei der durchgedeckten sowie bei der versetzten ausgehenden Wangenkehle entfällt die Schnürung des Kehlgebindeanfangs und der Kehlsteinrücken.

Methode. Bei kleinen Dachhäuschen genügt meistens schon die Markierung der dachseitigen Kehlanschlusspunkte auf der Vertikalschnürung der jeweils letzten Kehlsteinbrust.

Nachstehend als Beispiel die schulgemäße Einteilung des Kehlverbandes in Arbeitsschritten.

1. Einteilen der Kehlbreite

Es ist davon auszugehen, dass die Brust des ersten Kehlsteins der Kehlgebinde auf der Dreikantleiste aufliegt, die Kehlsteine mindestens 13 cm breit sind und der letzte Kehlstein der Kehlgebinde ohne Querneigung plan auf der Dachfläche aufliegen muss.

Für die Einteilung der Kehle in Deckbreiten eignet sich am besten ein behauener Kehlstein als Lehre. Dieser Maßstein sollte etwa 5 mm Überbreite haben, damit beim Verlegen der Kehlsteine keine Zwängungen entstehen. Beim Kehlgebindeanschluss mit Kehlübergangssteinen ist deren Ausformung leichter, wenn der letzte Kehlstein der Kehlgebinde einige Zentimeter breiter als die übrigen geschrieben wird.

2. Abtragen der Kehlstein-Rückenlinien

Die markierte Position der Kehlsteinrücken beziehungsweise die Deckbreite der Kehlsteine wird mittels Schreiblatte oder per Schnurschlag abgetragen. Bei Übung in der praktischen Kehldeckung genügt die Schnürung des ersten Kehlsteinrückens der Kehlgebinde (Kehlge-

3. Schnüren der Deckgebindelinien

Gegen die dachseitige Vertikalschnürung werden die Fußlinien der Deckgebinde geschnürt. Maßgebend für den Schnürabstand der Deckgebinde sind die auf dem Gerüst vorhandenen Decksteinhöhen.

Die Schnittpunkte der geschnürten Deckgebindelinien mit der dachseitigen Vertikalschnürung markieren die Kehlanschlusspunkte, die Position der Fußspitze des letzten Kehlsteins der Kehlgebinde.

4. Einteilen der Kehlgebinde

Auf der Linie des Kehlgebindeanfangs wird die Höhe der Kehlgebinde markiert. Maßgebend ist der Abstand der Schnittpunkte auf der äußeren dachseitigen Vertikalschnürung. Gemessen wird von oben nach unten!

33.5 Kehlanfang einer ausgehend gedeckten linken Wangenkehle.

Danach wird die Fußlinie des obersten Kehlgebindes geschrieben. Diese verläuft vom obersten Schnittpunkt auf der Linie des Kehlgebindeanfangs zunächst waagerecht und dann mit Steigung zu einem höher gelegenen dachseitigen Schnittpunkt.

Parallel zur Fußlinie des obersten Kehlgebindes werden nach Maßgabe der Schnittpunkte auch die übrigen Kehlgebindelinien von oben nach unten (!) angerissen. Die Kehle muss soweit abwärts eingeteilt werden, dass möglichst schon der Anfang des ersten Kehlgebindes auf der Dachdeckung aufsteht und nicht in der Luft hängt. Dementsprechend muss die untere Kehlbrettschmiege geschnitten sein.

Ausgehend von den auf der Linie des Kehlgebindeanfangs markierten Schnittpunkten wird abschließend die Fußlinie der waagerechten Deckgebinde der Wangenbekleidung geschrieben. Eingeteilt und gemessen wird vom Wangenfirstgebinde aus abwärts.

33.4 Kehlgebindeanschluss mit Schwärmer

Bei Rechtsdeckung der Dachfläche ergibt sich auf der Gaubenseite links ein Kehlgebindeanschluss mit Schwärmern.

Dazu werden die Kehl- und Deckgebinde an den auf der dachseitigen Vertikalschnürung markierten Schnittpunkten (Kehlanschlusspunkte) zusammengeführt. Die Kehlgebinde laufen die dachseitigen Schnittpunkte mit der Spitze der jeweils letzten Kehlsteinbrust an. Die Spitze des dagegen zu deckenden Decksteins wird dergestalt gestutzt, dass sich dieser mit der angehauenen Schräge an die Kehlsteinbrust anschmiegt und mit dem Schwärmer ausreichend überdeckt werden kann. Sollten sich zu große Schwärmer ergeben, kann auf den gegen die Spitze des Kehlsteins gedeckten Deckstein zunächst noch ein dünner Kehlstein gedeckt werden.

Jeder Schwärmer muss von einem besonders dicken Deckstein angelaufen werden, damit der auf dem Schwärmer aufzusetzende, an der Brust möglichst dünne Deckstein rückenseitig schlüssig aufliegt.

33.6 Kehlgebindeanfang einer versetzten, ausgehend gedeckten Wangenkehle.

33.5 Kehlgebindeanschluss mit Kehlanschlusssteinen

Bei Rechtsdeckung der Dachfläche sollten die Kehlgebinde der rechten Wangenkehle möglichst unauffällig in die Deckgebinde der Dachfläche eingelenkt werden. Mehrere Möglichkeiten stehen zur Wahl:

33.5.1 Regelmäßiger Kehlgebindeanschluss

Die Fußlinien der Kehl- und Deckgebinde werden exakt auf die dachseitig markierten Kehlanschlusspunkte ausgerichtet. Auf den letzten Kehlstein der Kehlgebinde wird das Deckgebinde mit einem Kehlanschlussstein angesetzt. Dieser gleicht einem besonders breiten Kehlstein und vermittelt durch Rückenhieb und Deckbreite zwischen dem Format der Kehlsteine und Decksteine (Bild 33.8).
Der erste Decksteinrücken der Deckgebinde läuft den Schnittpunkt des folgenden Kehl- und Deckgebindes an. Dazu sind gegebenenfalls Korrekturen des Decksteinhiebes und/oder Übersetzungen erforderlich. Auch ist es nützlich, den letzten Kehlstein der Kehlgebinde bei der Einteilung des Kehlverbandes etwas breiter abzuschnüren.

33.5.2 Durchgedeckter Kehlgebindeanschluss

Die Kehlgebinde verlaufen im Bereich der markierten Kehlanschlusspunkte zwanglos in die Deckgebinde. Der Übergang verteilt sich auf mehrere, unterschiedlich breite Steine.
Auch bei der durchgedeckten Kehle muss der Kehlverband wie unter 33.3

33.7 Durchgedeckter Kehlgebindeanschluss bei ausgehender Wangenkehle. Kehlsteine mit rundem Rücken.

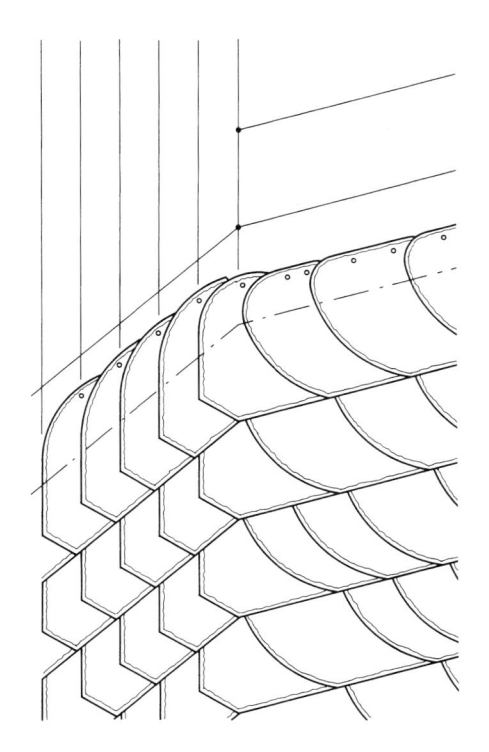

33.8 Schnürung und Verband einer ausgehend gedeckten rechten Wangenkehle. Anschluss der Kehlgebinde an die Decksteingebinde mit Kehlanschlusssteinen.

beschrieben eingeteilt, müssen die Fußlinien der Kehl- und Deckgebinde abgetragen und die dachseitigen Kehlanschlusspunkte markiert werden. Eine Schnürung des Kehlgebindeanfangs und der Kehlsteinrücken entfällt.
Im Bereich des Kehlgebindeanschlusses wird das Kehlsteinformat mittels schön geformter, unterschiedlich breiter Kehlanschlusssteine allmählich und unschematisch dem Decksteinformat angeglichen. Dazu muss beim ersten, gegebenenfalls auch noch zweiten Deckstein der Deckgebinde der obere Teil des Rückens durch gefälligen Hieb mehr oder weniger eingezogen werden, damit in der folgenden Gebindelinie überall genügend Deckbreite vorhanden ist.
Es ist zu empfehlen, die vom Kehlbrett ablaufenden Kehlsteine von einem Stein zum nächsten axial etwas zu drehen, um die Angleichung der Kehlsteine an den Rückenhieb der Decksteine und somit den Kehlübergang zu erleichtern. Dabei ist zu beachten, dass für die Kehlsteine des nächsten Kehlgebindes genügend Deckbreite zur Verfügung steht.
Besonders muss darauf geachtet werden, dass im Bereich des Kehlüberganges kein Gedränge von zu schmalen Decksteinen aufkommt beziehungsweise mehrere schmale Decksteine nebeneinander liegen. Zu wenig verfügbare Deckbreite kann besonders bei scharf behauenen Decksteinen das Ausformen des Kehlüberganges sehr behindern. Dem muss gegebenenfalls durch rechtzeitiges und behutsames Übersetzen vorgebeugt werden.

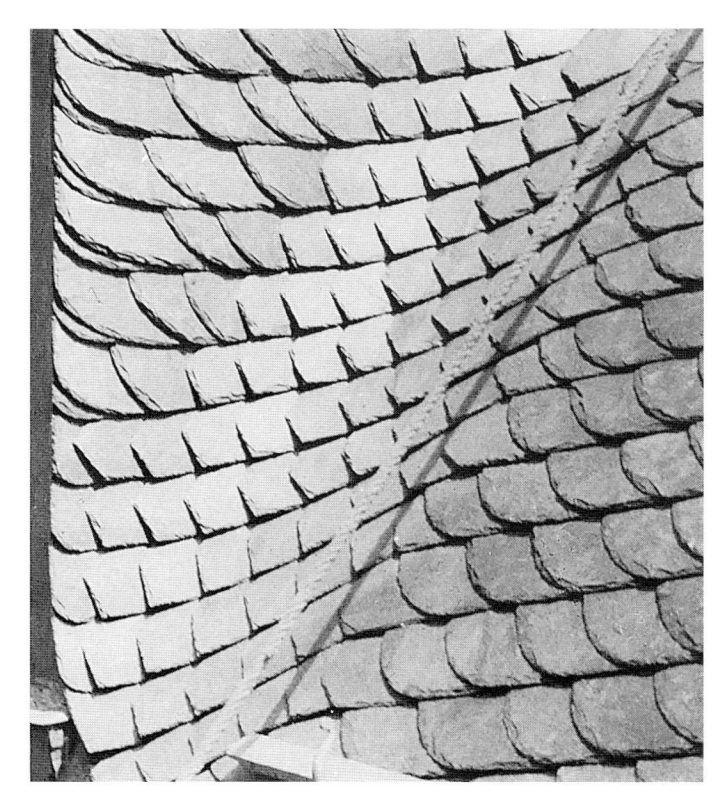

33.9 und 33.10   Gauben mit ausgehenden Wangenkehlen.

33.5.3 Kehlgebindeanschluss mit Wasserstein und Schwärmer

Bei Rechtsdeckung der Dachfläche können die Kehlgebinde der rechten Wangenkehle auch mit Wasserstein und Schwärmer an die Deckgebinde der Dachfläche angeschlossen werden. Dabei liegt die Fußspitze des letzten Kehlsteins der Kehlgebinde auf dem markierten Schnittpunkt der Kehl- und Deckgebindelinie.

An die Brust des letzten Kehlsteins der Kehlgebinde wird der Wasserstein angeschmiegt, indem dessen kehlseitige Fußspitze parallel zur Kehlsteinbrust mit Hieb von oben gestutzt wird. Diese Schmiege muss so lang sein, dass der Wasserstein vom Schwärmer ausreichend überdeckt wird.

Die auf dem Wasserstein deckenden Rücken des Schwärmers und Decksteins müssen auf der Fußlinie des folgenden Deckgebindes zusammenschließen. Dieser Anschlusspunkt muss parallel zur Kehle abgeschnürt werden. Alle Schwärmer müssen die gleiche Größe haben. Um das zu erreichen, wird gegebenenfalls der auf dem Wasserstein anzusetzende Deckstein etwas stumpfer oder schärfer zugerichtet. Ebenso können auch rechtzeitig vorbereitete und nicht grob ausgeführte Übersetzungen zweckdienlich sein.

33.6 Wangenbekleidung

Bei kleinen oder schmalen Gaubenwangen werden die Wangengebinde mit Kehlsteinen gedeckt.

Breite Gaubenwangen sollten möglichst mit Decksteingebinden gedeckt werden. Diese beginnen am Gaubenpfosten mit einem 4 bis 5 cm über die Pfostenbekleidung überstehenden Anfangortgebinde, welches im unteren Teil der Kehle zunächst als Einfäller ausgebildet wird.

Die Kehl- und Deckgebinde können aber auch auf einem Wasserstein angesetzt und die Wangengebinde in Richtung Gaubenpfosten gedeckt werden. Dort enden sie mit einem überstehenden Endortgebinde.

33 Ausgehende Wangenkehle

33.11 Gaube mit ausgehender Wangenkehle.

34
Wandanschluss

34.1 Anschluss der Schieferdeckung an eine mit Bleiblech bekleidete Giebelwand durch eingehende Wandkehle.

Bei der Ausbildung eines Wandanschlusses ist zu berücksichtigen, dass jede Dachfläche unter Windlast, Schneelast und Verkehrslasten mehr oder weniger durchbiegt oder federt. Damit sich die dabei auftretenden Spannungen nicht auf die Dichtung der Wandanschlussfuge übertragen können, muss die Dachdeckung beweglich an die Wand angeschlossen werden. Jeder kraftschlüssige Verbund von Dachdeckung und Wandbaustoff ist ursächlich für Spannungsrisse im Anschlussbereich.
Demzufolge muss jeder Wandanschluss mehrteilig hergestellt werden.

Mörtel, gleich welcher Zusammensetzung, Konsistenz oder Präparierung, ist als Dichtstoff ungeeignet.
Bleche für den Anschluss der Schieferdeckung an angrenzende Wandflächen können wie folgt unterschieden werden:
- Aufliegende Schichtstücke (Nocken) für den Anschluss von Wandkehlen,
- unterliegende Schichtstücke (Nocken) für den Wandanschluss mit Ortsteinen,
- aufliegende Anschlussbleche (ohne Wasserfalz) für Wandkehlen, Stirnflächen und Dachbruch,
- unterliegende Anschlussbleche (mit Wasserfalz) für den Wandanschluss mit Ortsteinen.
- Regional werden Anschlussbleche auch anders benannt, zum Beispiel Winkelblech, Winkelstreifen oder Brustblech.

34.2 Anschluss einer Wandkehle an Ziegelmauerwerk. Winkelstücke mit Wasser abweisendem Schrägschnitt, eingehängt in den Falzumschlag der Anschlussbleche.

34 Wandanschluss

Bei Wandanschlüssen mit Blechen müssen die »Regeln für Metallarbeiten im Dachdeckerhandwerk« [30] sowie die »Fachregeln für Dachdeckungen mit Schiefer« [1] beachtet werden.
Zur Dichtung von Anschlussfugen haben sich elastische Fugendichtstoffe bewährt. Die damit verfüllten Fugen müssen beobachtet und gewartet werden, da die Beständigkeit einer fachgerecht hergestellten Kittfuge von mehreren Bedingungen abhängig ist. Sobald der Dichtstoff versprödet, reißt oder sich vom Wandbaustoff absetzt, ist die Anschlussfuge undicht.

34.1 Seitlicher Anschluss durch Wandkehle

Das Kehlbrett ist etwa 16 cm bis 18 cm breit. Damit das Brett beim Nageln der Kehlsteine nicht federt, sollte entlang der Wand eine Dachlatte, auf der das Kehlbrett aufliegt und genagelt werden kann, hochkant befestigt werden.
Das Kehlbrett sollte wandseitig so abgeschrägt werden, dass es sich mit seiner oberen Längskante an die Wand anlegt und der letzte Kehlstein der Kehlgebinde nahe der Wand genagelt werden kann. Vor der dachseitigen Kantenfläche des Kehlbrettes wird eine etwa 5 cm breite Dreikantleiste angeschlagen.
Die Kehlgebinde werden mit vier bis fünf Kehlsteinen von der Dachfläche zur Wand gedeckt. Der letzte Kehlstein der Kehlgebinde muss in voller Breite an die Wand anschließen. Davon ausgehend wird die Breite der Wandkehle zur Dachfläche hin eingeteilt und die Position des ersten Kehlsteinrückens parallel zum Kehlbrett abgeschnürt.
Bei Dachneigung von wenigstens 50° kann eine Wandkehle auch ausgehend gedeckt werden.
Der bewegliche Anschluss der Wandkehle an den Wandbaustoff wird meistens mit aufliegenden Anschlussblechen (Winkelbleche), oft auch mit Schichtstücken (Nocken) aus Bleiblech, hergestellt. Die Bleche werden dergestalt zugeschnitten und gekantet, dass sie den letzten Kehlstein der Kehlgebinde seitlich halb überdecken und 8 cm an der Wand hochreichen.
Die Bleche müssen wasserdicht (hinterlaufsicher) an den Wandbaustoff angeschlossen werden. Mehrere Möglichkeiten stehen zur Wahl:
(1) Die Aufkantung der am oberen Rand befestigten Anschlussbleche oder Schichtstücke kann unter handelsüblichen, etwa 70 mm breiten Wandanschlussprofilen mit hinterlegter Dichtungsschnur verwahrt werden.
Die durch Sicken ausgesteiften Profilschienen werden im Abstand von ≤ 20 cm mit Spreizdübeln und nicht rostenden Dichtschrauben gegen die Wand gepresst. Die zwischen Profilschienen und Wand verbleibende Fuge muss gereinigt, gegebenenfalls vorbehandelt und mit elastischem Fugendichtstoff geschlossen werden.
(2) Die Aufkantung der am oberen Rand befestigten Anschlussbleche oder Schichtstücke kann auch unter aufgesetzten Kappleisten aus Zink- oder Kupferblech verwahrt werden. Diese werden in eine mindestens 2 cm tief geschnittene Wandfuge eingebaut und in Abständen von ≤ 20 cm mit Mauerhaken befestigt. Abschließend wird die gereinigte und gegebenenfalls vorbehandelte Wandfuge mit elastischem Fugendichtstoff geschlossen.

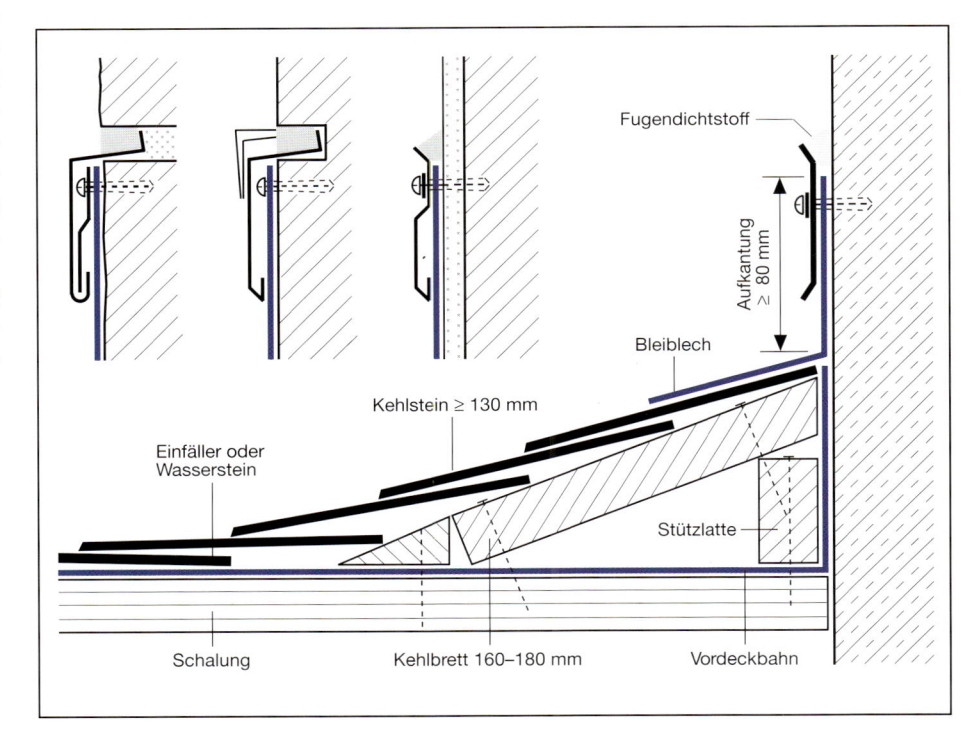

34.3 Seitlicher Wandanschluss durch eingehende Wandkehle, aufliegende Schichtstücke (Nocken) oder aufliegende Anschlussbleche. Anschluss der Schichtstücke oder Anschlussbleche an den Wandbaustoff durch Wandanschlussprofil oder Überhangstreifen. Dichtung der Wandfuge durch elastischen Fugendichtstoff.

34.4 Wandanschluss durch eingehende Wandkehle, Schichtstücke und Überhangstreifen.

(3) Bei Ziegel- oder Bruchsteinmauerwerk kann die Aufkantung der am oberen Rand befestigten Anschlussbleche oder Schichtstücke auch unter dreieckig zugeschnittenen Blechen (Winkelstücke, Fallblätter) aus Blei- oder Kupferblech verwahrt werden. Die treppenartig angeordneten Bleche greifen mindestens 2 cm tief in eine aufgestemmte waagerechte Mauerwerksfuge und werden darin durch Mauerhaken befestigt. Zusätzlich können die Winkelstücke an der senkrechten Schnittkante gegen Abheben durch Wind mittels Mauerhaken befestigt werden. Abschließend werden die Wandfugen gereinigt, gegebenenfalls vorbehandelt und mit elastischem Fugendichtstoff geschlossen.

34.2 Seitlicher Anschluss mit unterliegenden Schichtstücken (Nocken)

Schichtstücke, auch Nocken genannt, sind winkelig gekantete Anschlussbleche für den seitlichen Anschluss der Deckgebinde an die Wand.
Die Deckgebinde beginnen oder enden auf den Metallwinkeln mit einem Anfang- oder Endortgebinde. Jeder Stich- oder Ortstein wird mit einem Schichtstück unterlegt. Die Ortgebinde müssen die Schichtstücke bei Dachneigung ≤ 35° mindestens 15 cm, bei Dachneigung > 35° mindestens 12 cm überdecken [1].
Die Höhenüberdeckung der Schichtstücke untereinander muss bei Schieferdeckung mit Gebindesteigung mindestens ein Drittel mehr als die des jeweiligen Decksteingebindes betragen [1].

Die Schichtstücke müssen an der Wand 8 cm aufgekantet werden [1].
Die dachseitige Längskante der Schichtstücke hat keinen Wasserfalz. Glattkantig und frei von Schnittkerben wirkt die Blechkante, wie eine mit Hieb von oben behauene Kehlsteinbrust, Wasser ableitend.
Zwischen Schiefer und Aufkantung der Schichtstücke muss eine angemessen breite Fuge eingehalten werden. Dieser Wandabstand des Schiefers dient der Selbstreinigung der Fuge und erschwert dort im Normalfall die Ansiedlung von Schmutz.
Die wandseitige Kante der Stich- und Ortsteine wird mit Hieb von oben zugerichtet und zum Fuß hin gut abgerundet, damit das Wasser von der Abstandfuge fortgeleitet wird. Die wandseitige Kopfspitze der auf dem Blech deckenden Schiefer muss schräg gebrochen werden, damit deren Kopf nicht als Wasserleiter wirkt.
Die Schichtstücke werden nur am Kopf genagelt. Sie dürfen an keiner Stelle von den Schiefernägeln der Stich- oder Ortsteine perforiert oder an der überdeckten Längskante von einem Nagel gestreift werden.
Die Aufkantung der Schichtstücke wird, wie in Teil I, Kapitel 34.1 beschrieben, wasserdicht (hinterlaufsicher) an den Wandbaustoff angeschlossen.

34.3 Seitlicher Anschluss mit unterliegenden (gefalzten) Anschlussblechen

Außer durch Wandkehle oder Schichtstücke kann der seitliche Wandanschluss auch mit unterliegenden Anschlussblechen hergestellt werden. Diese haben an der dachseitigen Längskante einen Wasserfalz. Bei längeren Wandanschlüssen sollten die Anschlussbleche sicherheitshalber mit vertieftem, mindestens 4 cm breitem Wasserlauf gekantet werden.

34 Wandanschluss

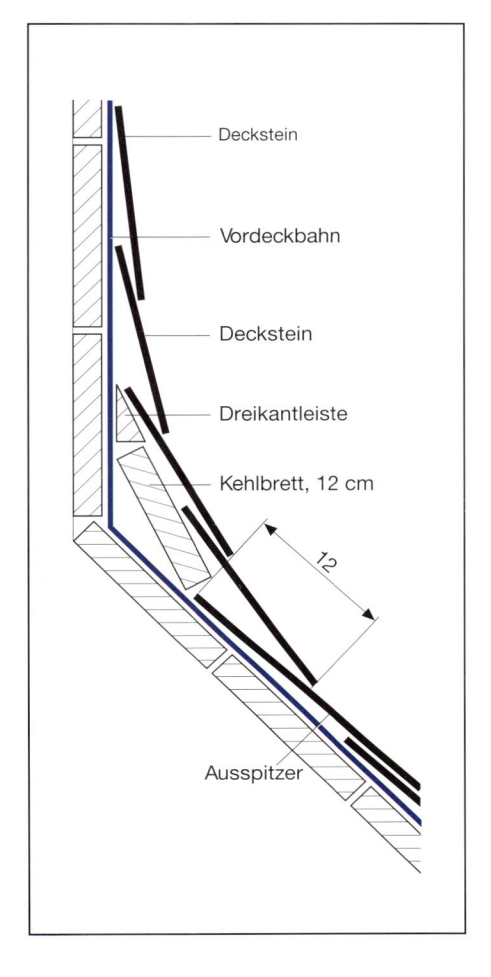

34.5 Ankehlung von Stirnflächen durch waagerechte Decksteingebinde auf Kehlbrett und Dreikantleiste oder auf zwei aufgedoppelte Dreikantleisten.

34.4.1 Stirnflächenanschluss mit aufliegenden Anschlussblechen

Bei schmalen Gauben oder Schornsteinköpfen können die Deckgebinde der Dachfläche schlüssig gegen die Stirnfläche oder den Gaubenfenster-Brüstungsriegel ausgespitzt werden. Vor breiteren Gauben oder Wandflächen wird meistens ein Firstgebinde gedeckt.

Die Anschlussbleche, zum Beispiel aus Bleiblech oder Kupferblech, müssen die Dachdeckung mindestens 10 cm überdecken und an der Stirnfläche 8 cm aufgekantet werden.

Die Anschlussbleche überdecken seitlich 10 cm oder werden durch liegenden Falz verbunden. Anschlussbleche aus Kupfer oder Zink erhalten an der unteren Längskante einen aussteifenden Umschlag. Bei Anschlussblechen aus Blei kann die untere Längskante durch Hafte gegen Abheben gesichert werden.

Ein kritischer Punkt ist die Anschlusshöhe vor Gaubenfenstern. Der Brüstungsriegel muss so hoch liegen, dass unter dem Gaubenfenster eine schlagregensichere, senkrechte Anschlusshöhe vorhanden ist. Bei der Planung ist zu berücksichtigen, dass die vor dem Brüstungsriegel deckenden Schiefer im Bereich der Seitenüberdeckung bis zu 2 cm auf der Dachschalung auftragen.

Die Ortgebinde müssen die Anschlussbleche, je nach Dachneigung, mindestens 8 bis 12 cm überdecken und einen Wandabstand von mindestens 4 cm einhalten. Der Anschluss der Bleche an den Wandbaustoff kann wie Teil I, 34.1 beschrieben hergestellt werden.

34.4 Stirnflächenanschluss

Der Anschluss der Dachdeckung an Stirnflächen kann mit aufliegenden Anschlussblechen (Winkelstreifen, Brustblechen) sowie mit Kehlsteinen oder kleinen Decksteinen hergestellt werden.

34.6 Ankehlung einer Stirnfläche mit Kehlsteinen in waagerechten Gebinden auf Kehlbrett und Dreikantleiste.

Die Aufkantungshöhe der vor dem Brüstungsriegel anzuordnenden Anschlussbleche muss so bemessen werden, dass die Aufkantung zwischen den Gaubendachpfosten mindestens 5 cm breit auf die Oberseite des Brüstungsriegels abgekantet und dort angeheftet werden kann. An der Vorderfläche des Brüstungsriegels dürfen die Bleche nicht genagelt (perforiert) werden!
Nach Fertigstellung des Metallanschlusses können Gaubenfenster und Gaubenfensterbank eingebaut werden. Die Fensterbank erhält eine Metallabdeckung, deren seitliche Aufkantung von der Pfostenbekleidung überdeckt wird.

34.4.2 Stirnflächenanschluss durch Ankehlung

Dazu wird der Kehlwinkel mit einem 10 bis 12 cm breiten, vollkantigen Kehlbrett und wandseitig zugeordneter Dreikantleiste leicht ausgerundet (Bild 34.5). Gegen die untere Kantenfläche des Kehlbrettes werden die Deckgebinde der Dachfläche schlüssig ausgespitzt. Auf den Ausspitzgebinden wird das erste Deckgebinde der Wandbekleidung aufgesetzt. Es hat meistens die gleiche Deckrichtung wie die Deckgebinde der Dachfläche.
Statt mit kleinen Decksteinen ist auch Ankehlung mit waagerecht verlegten Kehlsteinen möglich. Diese sind mindestens 13 cm breit und etwa 20 cm lang.

34.7 Anschluss der Schieferdeckung an Ziegelmauerwerk durch eingehende Wandkehle und aufliegende Anschlussbleche und Winkelstücke aus Blei. Die treppenförmigen Überhänge (Winkelstücke) sind in einen Umschlag der aufliegenden Anschlussbleche eingehängt. Die ebenfalls mit einem schmalen Umschlag versehene Vorderkante der dreieckigen Winkelstücke verläuft schräg und dadurch Wasser abweisend.

35 Flachdachgauben

Gauben mit Flachdach oder flach geneigtem Dach sind bei Neubaudächern ein oft vorkommendes Planungsdetail. Die Detaillierung solcher Gauben unterliegt nicht den Zwängen der Dachneigung oder Dachdeckungsart; die Gauben ermöglichen wohngerechte Fenster, der Abbund ist wirtschaftlich.
Flachdachgauben mit Wangenkehlen sollten einen schmalen Dachüberstand haben. Für die Schieferdeckungsarbeiten ist ein Gesims aus schräg stehenden, an den Gesimsecken auf Gehrung geschnittenen Gesimsbrettern zweckmäßiger als ein Kastengesims. Flachdachgauben ohne Dachüberstand geben sich betont kubisch, was einen Verzicht auf Wangenkehlen nahe legt.
Das Gaubendach ist ein Leichtdach; es wird bauphysikalisch stark beansprucht. Angesichts der heute aktuellen Dämmstoffdicke ist die zwischen Wärmedämmung und Dachschalung vorhandene Querschnitthöhe der Luftschicht nicht mehr strömungswirksam. Die meisten flach geneigten Gaubendächer müssen als unbelüftete Konstruktion ausgebildet werden.
Dazu wird an den Innenflächen der Gaube, auf der Raumseite der Wärmedämmung, eine Dampfsperre mit $S_d \geq 100$ m verlegt. Die Dampfsperrbahnen des Gaubendaches, der Gaubenwangen und angrenzenden Dachschrägen müssen untereinander mit Klebebändern luft- und wasserdampfdicht verbunden und als zusammenhängende Dampfsperre ausgebildet werden. Auch an angrenzende Hölzer des Gaubenstirnrahmens müssen die Dampfsperrbahnen mit Dichtbändern luft- und wasserdampfdicht angeschlossen werden. An die vor- und rückspringenden Raumecken der Gaube sollten die Dampfsperrbahnen durch Quetschfalten statt durch Scherenschnitte angearbeitet werden. Schnittfugen müssen mit Klebebändern geschlossen werden.
Die Entwässerung größerer Gaubendächer erfolgt in eine vorgehängte halbrunde oder kastenförmige Dachrinne mit Traufblech. Das Regenfallrohr wird bei angekehlten Gaubenwangen am Ortgang der Gaubenstirnfläche heruntergeführt. Alternativ kann die Dachrinne an den Wangenendpunkten über einen offenen Rinnenauslauf oder über einen Rinnenbogen auf die Wangenkehlen entwässern.
Der seitliche Dachrandabschluss kann auch durch mehrfach gekantete Bleche ausgebildet werden. Dazu wird die Dachkante durch ein zur Dachseite etwas geneigtes Profilholz erhöht. Die senkrechte Abkantung der Dachrandbleche überdeckt die Wangenbekleidung je nach Gebäudehöhe 50 bis 80 mm.
Kleine Gaubendächer können anstelle einer vorgehängten Dachrinne eine ringsumlaufende Dachrandverwahrung aus mehrfach gekanteten, durch Vorstoßbleche ausgesteiften Blechen erhalten. Eine Dreikantung verhindert das Abfließen des Wassers nach vorn.

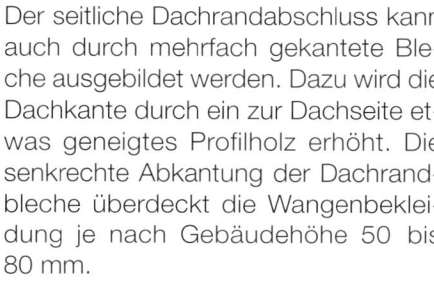

35.1 Metalldeckung

Flach geneigte Gaubendächer können durch eine Dachdeckung aus Metall wartungsfrei und korrosionsbeständig ausgebildet werden. Schieferdächer empfehlen eine Doppelstehfalzdeckung aus Kupferblech. Möglich ist aber auch eine Doppelstehfalz- oder Wulstdeckung aus Bleiblech oder eine Leistendeckung nach Deutscher Art.
Für die Planung und Ausführung von Metalldächern und Bauklempnerarbeiten gelten die »Fachregeln des Klempnerhandwerks« und die »Fachregeln für Metallarbeiten im Dachdeckerhandwerk«.

35.1 Gaube mit flachem Dach. Dachdeckung aus gefalzten Kupferblechen. Wangenkehlen in ausgehender Deckung.

Bei der Wahl des Blechwerkstoffes muss zur Verhütung von Kontaktkorrosion die elektrochemische Spannungszahl der Metalle beachtet werden. Kontaktkorrosion kann dadurch entstehen, dass bei unterschiedlichen, durch Feuchtigkeit indirekt miteinander verbundenen Metallen ein Stromfluss aufgebaut und dadurch das weniger edle Metall in Lösung geht und zerstört wird. Deshalb darf in Fließrichtung des Wassers kein weniger edles Baumetall als im darüber befindlichen Dachbereich eingebaut werden. Bei einem Gaubendach aus Kupferblech dürfen zum Beispiel tiefer gelegene Dachrinnen nicht aus Zink bestehen.

Da Metalldeckungen zwar regensicher, die Falze und einzelne Detailpunkte jedoch nicht rückstauwasserdicht sein können, sollte das Gaubendach für die vorgenannten Deckungsarten möglichst 7° Neigung haben.

Die Blechbahnen werden auf einer Schutzlage, zum Beispiel aus besandeten Bitumendachbahnen V 13, verlegt.

An der Steildachfläche müssen die Schare etwa 200 mm hochgeführt werden. Im Bereich des Überganges und an der Aufkantung werden die Doppelstehfalze umgelegt oder zu einer rund ausgefalzten Quetschfalte ausgebildet. Die Schieferdeckung greift etwa 120 bis 150 mm auf die Winkelbleche.

35.2 Dachabdichtung

Die Dachabdichtung des Gaubendaches muss den vom Dachdeckerhandwerk herausgegebenen Flachdachrichtlinien [35] entsprechen.

Die Gaubendachabdichtung mit Bitumenbahnen wird auf einer Schalung aus Vollholz hergestellt. Die Bretter müssen der Sortierklasse S 10 oder MS 10 nach DIN 4074-1 entsprechen [22]. Die Abdichtung bedarf eines Gefälles von mindestens 2 Prozent.

Die bituminöse Abdichtung des Gaubendaches wird meistens auf einer Trennschicht aus besandeten Bitumendachbahnen V 13 ausgeführt. Diese verhindert ein kraftschlüssiges Ankleben der Abdichtungslage an die nicht formstabilen Dachschalungsbretter. Beim Schweißen der Abdichtungslage verhindert die Trennlage ein Durchschlagen der Schweißflamme durch die Schalungsfugen in den Deckenhohlraum. Eine Trennlage aus Bitumendachbahnen mit Glasvlieseinlage gilt nicht als erste Abdichtungslage.

Entsprechend dem großen Angebot an Dachbahnen stehen zahlreiche Abdichtungsvarianten zur Wahl. Für die bituminöse Abdichtung des Gaubendaches werden meistens 4 mm oder 5 mm dicke Bitumenschweißbahnen verwendet.

Für eine 1-lagige Dachabdichtung auf Trennlage eignen sich besonders Polymerbitumen-Schweißbahnen mit Glasgewebe- oder Polyestervlieseinlage und oberseitiger mineralischer Abstreuung.

Bei mehrlagiger Dachabdichtung mit Schweißbahnen müssen für die erste Abdichtungslage Bahnen mit hoher mechanischer Festigkeit, zum Beispiel Bitumen-Schweißbahnen mit Trägereinlage aus Glasgewebe (G 200 S5), verwendet werden. Für die Oberlage müssen Polymerbitumen-Schweißbahnen, zum Beispiel mit mineralischer Abstreuung, verwendet werden. Bitumen-Schweißbahnen mit einer Trägereinlage aus Glasvlies (V 60 S4) dürfen als erste oder einzige Abdichtungslage nicht verwendet werden.

Die Abdichtungsbahnen werden mindestens 8 cm überdeckt, die Überdeckungen wasserdicht verklebt und am oberen Rand mit Breitkopfstiften im Abstand von etwa 5 cm genagelt.

Der Anschluss des Gaubendaches an die Steildachfläche wird mit Anschlussblechen hergestellt. Diese werden bei kurzen Anschlüssen mit Breitkopfstiften befestigt. Bei längeren Anschlüssen muss die thermische Längenänderung des Blechanschlusses durch indirekte Befestigung und gegebenenfalls Dehnungsausgleicher schadlos gehalten werden. Die Anschlussbleche müssen auf einer Lage Dachbahn verlegt werden [35].

Traufbleche müssen so breit zugeschnitten sein, dass bei mehrlagiger Abdichtung ein Klebeflansch von möglichst 150 mm Breite für den Lagenrückversatz vorhanden ist. Die Traufbleche müssen 2-lagig eingeklebt werden; bei 1-lagiger Dachabdichtung durch die Abdichtungslage und einen mindestens 25 cm breiten Schleppstreifen [35].

Die Traufbleche werden zwecks Aussteifung in den hinteren Rinnenwasserfalz oder in die Feder der Rinnenhalter eingehängt.

Die dachseitige Längskante des Traufbleches wird bei kurzer Traufe mit Breitkopfstiften direkt befestigt. Die Traufbleche müssen, zum Beispiel durch Löten, wasserdicht miteinander verbunden werden. Die Dachabdichtung reicht etwa bis an die Abkantung der Traufbleche.

- »Bei Abdichtungen aus Bitumenbahnen muss die Einklebefläche von Blechanschlüssen mindestens 12 cm breit sein. Die Abdichtung muss vollflächig aufgeklebt und auf dem Flansch zweilagig sein, z. B. durch einen mindestens 25 cm breiten Streifen, z. B. aus Polymerbitumenbahn mit Polyestervlieseinlage. Sind Scherbewegungen gegenüber der Dachabdichtung nicht vermeidbar, ist am Übergang vom Kleberand zur Dachabdichtung ein mindestens 10 cm breiter, lose verlegter Trennstreifen anzuordnen. Die aufgeklebte Abdichtung sollte etwa 10 mm vor der Aufkantung enden.« Zitat »Flachdachrichtlinien« 10.2.2 (5).

36 Schleppgaube

Bei einer Schleppgaube muss das Gaubendach mindestens 25° Neigung haben. Unter diesem Aspekt kommt eine Schleppgaube mit einigermaßen wohngerechter Gaubenfensterhöhe nur für Dächer ab etwa 40° Dachneigung in Betracht.

Auf Steildächern ist zu wenig Schleppdachneigung besonders im Winter nach ausgiebigem Schneefall riskant. Bei Temperaturanstieg lösen sich auf der Hauptdachfläche Teile der Schneedecke und gleiten als Schneebretter oder Dachlawinen abwärts auf das Schleppdach. Da dort der Schnee nur zögernd abtaut, kann das bei Wetterumschlag vom Steildach abfließende Schmelz- oder Regenwasser in die Deckung des Schleppdaches hineinstauen.

Beim Schieferdach wird der seitliche Überstand des Schleppdaches meistens durch die etwa 8 bis 12 cm überstehende Dachschalung nebst einem darunter befestigten gehobelten Hängebrett gebildet. Drahtstifte müssen von dessen Unterseite eingeschlagen werden und so lang sein, dass sie an der Oberseite der Dachschalungsbretter herauskommen und umgeschlagen werden können. Eine seitlich am Hängebrett befestigte, nach unten etwa 1 cm vorstehende gehobelte Leiste dient als Blende. Diese wird von der Schieferdeckung des Schleppdaches 4 bis 5 cm überragt.

Das Schleppdach entwässert meistens in eine vorgehängte Dachrinne mit einem etwa 150 mm auf die Dachschalung hinaufreichenden Traufblech. Die Rinnenhalter müssen bündig in die Dachschalung eingelassen und bündig befestigt werden.

Ansprechender als ein an der Wange oder Stirnwand heruntergeführtes Regenfallrohr ist ein an beiden Enden der waagerecht angeschlagenen Dachrinne nach hinten abgewinkelter Rinnenbogen.

36.1 Schleppdach

Wenn möglich, werden die Deckgebinde des Schleppdaches ohne zusätzliche Maßnahmen über die Dachbruchlinie hinweggedeckt und auf der Hauptdachfläche mit gleicher Gebindehöhe und gleicher Gebindesteigung fortgesetzt.

36.1 Schleppgaube mit eingehenden Wangenkehlen und ausgehenden Kragengebinden. Deckgebinde des Schleppdaches am Dachbruch durchgedeckt.

Zunächst wird die Deckung der Hauptdachfläche an einer Seite der Gaube bis über die Dachbruchlinie hochgearbeitet und danach die Fußlinie des zuletzt gedeckten Gebindes per Schnurschlag auf das Schleppdach übertragen.
Nachfolgend muss das Schleppdach vom Schnurschlag abwärts in relevante Deckgebindehöhen eingeteilt werden. Neigungsbedingt sind auf dem Schleppdach größere Decksteine und mehr Höhenüberdeckung als auf der Hauptdachfläche oberhalb des Dachbruches erforderlich. Die über den Dachbruch hinwegzudeckenden Gebinde müssen auf dem Schleppdach die gleiche Gebindehöhe haben wie oberhalb des Dachbruches. Das wird durch größere Höhenüberdeckung der auf dem Schleppdach größeren Decksteine erreicht.

Die im Bereich des Dachbruches bei den Decksteinen mehr oder weniger auftretenden Lagerschwierigkeiten dürfen nicht dazu verleiten, zu viel vom vorderen Decksteinkopf wegzunehmen.
Erlaubt der Dachbruch kein Durchdecken der Deckgebinde, muss das Schleppdach separat gedeckt und an der Dachbruchlinie ein Anschluss ausgebildet werden. Als Möglichkeiten stehen zur Wahl:

36.2 Bei praktikabler Neigungsdifferenz können die Decksteingebinde der Schleppdachfläche am Dachknick durchgedeckt werden.

36.3 und 36.4   Schleppgaube mit ausgehend gedeckten Wangenkehlen.

(1) Für einen Anschluss ohne Metall werden die Deckgebinde des Schleppdaches unmittelbar an der Dachbruchlinie, eventuell gegen die Kantenfläche einer breiten Dreikantleiste, ausgespitzt und die Deckgebinde der Steildachfläche mit funktionssicherer Überdeckung ohne Fußgebinde auf die Ausspitzgebinde eingespitzt. Dieser Übergang hat den Vorteil, dass auf dem Schleppdach die Gebindehöhen und Gebindesteigung unabhängig von den Vorgaben der Hauptdachfläche bestimmt werden können.

(2) Alternativ können die Deckgebinde des Schleppdaches gegen die Dachbruchlinie ausgespitzt und unter aufliegenden Anschlussblechen (Winkelblechen, Winkelstreifen) aus mindestens 1,5 mm dickem Bleiblech verwahrt werden. Ein Firstgebinde ist hier nachteilig. Die mindestens 12 cm auf die Ausspitzgebinde übergreifenden Anschlussbleche werden seitlich mindestens 10 cm überlappt oder durch liegenden Falz verbunden. Die Deckgebinde der Hauptdachfläche werden auf der dachseitigen Aufkantung der Anschlussbleche eingespitzt oder auf Fußgebinden angesetzt.

36.2 Wangenkehlen

Die Wangenkehlen werden meistens eingehend gedeckt. Dabei enden die Kehlgebinde unter einem Firstgebinde. Bei höheren Wangen besteht die Möglichkeit, die Kehlgebinde nur so hoch auszudecken, bis der letzte Kehlstein der Kehlgebinde ohne Querneigung plan liegt. Die Eindeckung der Wangen geschieht mit parallel zum Wangenfirst verlaufenden niedrigen Deckgebinden. Diese beginnen an den Stirnrahmen mit einem kleinen Anfangort und werden mittels Schwärmer an die Kehlgebinde angeschlossen.

Das Kragengebinde wird meistens ausgehend gedeckt. Das ist bei einer Schleppgaube insofern schwierig und zeitaufwendig, als sich die Kragensteine nicht überall gutwillig legen und der oft sehr lange Kragen mit einer richtungsstabilen, nicht schlängelnden Fußlinie gedeckt werden muss. Außerdem sind auf Steildachflächen die Schmiegen der Kragensteine sehr lang, so dass dafür ungewöhnlich lange Rohschiefer benötigt werden.

Praktikabler ist auch bei der Schleppgaube ein eingehender Kragen. Dieser wird auf der Dachfläche auf einem Wasserstein beziehungsweise Einfäller angesetzt, mit gleichmäßig fallender Fußlinie zur Wange gedeckt und dort an das entgegenkommende Wangenfirstgebinde angeschlossen. Der eingehende Kragen bedingt im Vergleich zum ausgehenden relativ kurze Kehlsteine, die sich zudem problemlos auf die Kehlschalung legen.

36.3 Abgewalmte Schleppgaube

Bei einer beiderseits abgewalmten Schleppgaube wird das Schleppdach, ungeachtet der Neigung der Seitenwalme und Hauptwindrichtung, mit seitlich überstehenden Ortgebinden gedeckt.

Die Deckgebinde beider Seitenwalme beginnen unter dem Überstand des Schleppdaches mit einem Anfangortgebinde und enden vor der Kehle mit einem Einfäller. Darauf werden die Kehlgebinde angesetzt. Der Anschluss der Kehlgebinde an die Deckgebinde der Hauptdachfläche entspricht dem einer normalen Sattelkehle. Im oberen Teil der Kehle, wo kein Platz mehr für Anfangortgebinde vorhanden ist, muss die Ferse der unter dem Überstand des Schleppdaches deckenden Kehlanfänger mit Hieb von oben gut abgerundet werden, damit kein Wasser gegen die Überstandsfuge geleitet wird.

Für das Schleppdach gelten die gleichen Rahmenbedingungen wie in Teil I, 36.1 beschrieben.

36.5 Schleppgauben mit eingehenden Wangenkehlen und Wangenbekleidung aus Decksteingebinden. Kehlgebindeanschluss mit Schwärmern.

36.6 Seitlich abgewalmte Schleppgaube. Die Decksteingebinde der Walmfläche und die Kehlgebinde der Sattelkehle haben Deckrichtung vom Grat zur Hauptdachfläche.

37
Geschweifte Schleppgaube

Die geschweifte Schleppgaube hat im Gegensatz zur Fledermausgaube ein ebenflächiges Dach. An das ohne Scheitelüberhöhung, nicht konvex hergestellte Gaubendach sind an jeder Seite die geschweiften Wangen angeschlossen. Der jeweils äußere Sparren des Schleppdaches kann aus optischen Gründen mehr oder weniger nach innen eingezogen werden. Ein gewölbtes Gaubendach kann bei der Detaillierung der Schieferdeckungsarbeiten Probleme bereiten.

Oberhalb des Gaubendaches beziehungsweise der Dachbruchlinie sollte noch etwa 60 bis 80 cm Steildachfläche vorhanden sein.

Der Abstand zwischen Gaube und Grat, Ortgang, Hauptkehle oder angrenzenden Wandflächen sollte an der engsten Stelle mindestens 0,80 m betragen. Geringere Abstände komplizieren an dieser trichterförmigen Engstelle die Detaillierung der Schieferdeckungsarbeiten, begünstigen das Anfrieren von Schneeverwehungen oder Dachlawinen und dadurch Wasserrückstau in die Überdeckungen.

37.1 Gaubendach

Das Gaubendach wird am besten in eine vorgehängte, an der Vorderkante der Wangen heruntergeführte halbrunde oder kastenförmige Dachrinne mit Traufblech entwässert.

Bei einer geschweiften Schleppgaube muss das Gaubendach mindestens 25° Neigung haben. Unter diesem Aspekt kommt eine geschweifte Schleppgaube mit einigermaßen wohngerechter Gaubenfensterhöhe nur für steile Dächer in Betracht.

37.1 Geschweifte Schleppgaube mit Bekleidung der Wangenflächen aus parallel zur Schleppdachneigung gerichteten Decksteingebinden. Diese beginnen am Stirnrahmen mit je einem Anfangortgebinde und sind durch Schwärmer an die Kehlgebinde angeschlossen. Die Decksteingebinde des Schleppdaches und der Hauptdachfläche sind an der Dachbruchlinie ein- beziehungsweise ausgespitzt.

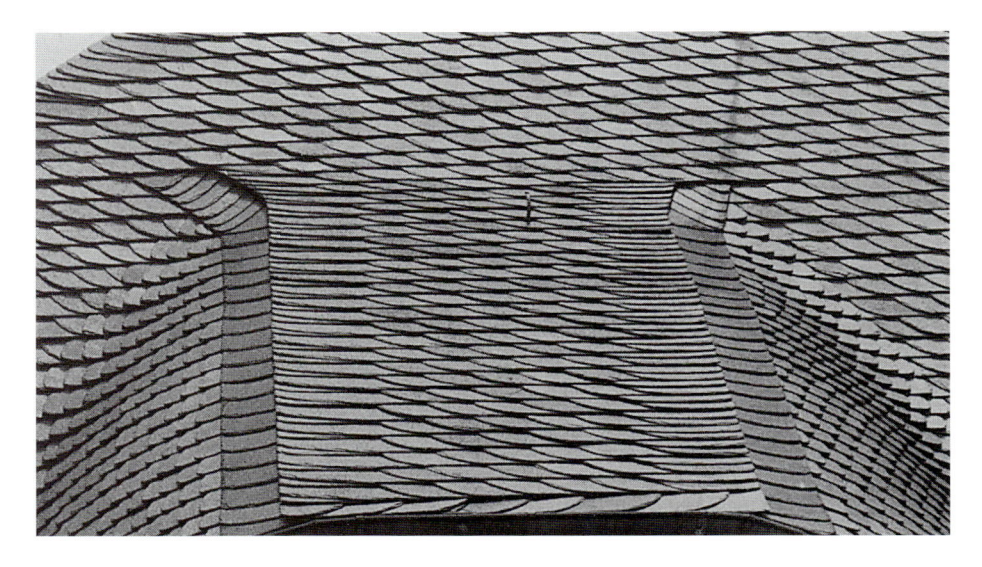

37.2 Geschweifte Schleppgaube. Die Kehlgebinde der eingehenden Wangenkehle enden unter einem Firstgebinde, auf dem ein ausgehendes Kragengebinde angesetzt ist. Die First- und Kragengebinde werden von der Ortdeckung des Schleppdaches überdeckt. Die Decksteingebinde des Schleppdaches sind über den Dachknick durchgedeckt.

Wenn möglich, werden die Deckgebinde des Gaubendaches ohne zusätzliche Maßnahmen über die Dachbruchlinie hinweggedeckt und auf der Hauptdachfläche mit gleicher Gebindehöhe und gleicher Gebindesteigung fortgesetzt.

Zunächst wird die Deckung der Hauptdachfläche an einer Seite der Gaube bis über die Dachbruchlinie hochgearbeitet und danach die Fußlinie des zuletzt gedeckten Gebindes per Schnurschlag auf das Gaubendach übertragen.

Nachfolgend muss das Gaubendach vom Schnurschlag abwärts in relevante Deckgebindehöhen eingeteilt werden. Neigungsbedingt sind auf dem Gaubendach meistens größere Decksteine als auf der Hauptdachfläche erforderlich.

Die über den Dachbruch hinwegzudeckenden Gebinde müssen auf dem Gaubendach die gleiche Gebindehöhe haben wie oberhalb des Dachbruches. Das wird durch größere Höhenüberdeckung der auf dem Gaubendach größeren Decksteine erreicht.

Die im Bereich des Dachbruches bei den Decksteinen mehr oder weniger auftretenden Lagerschwierigkeiten dürfen nicht dazu verleiten, zu viel vom vorderen Decksteinkopf wegzunehmen. Erlaubt der Dachbruch kein Durchde-

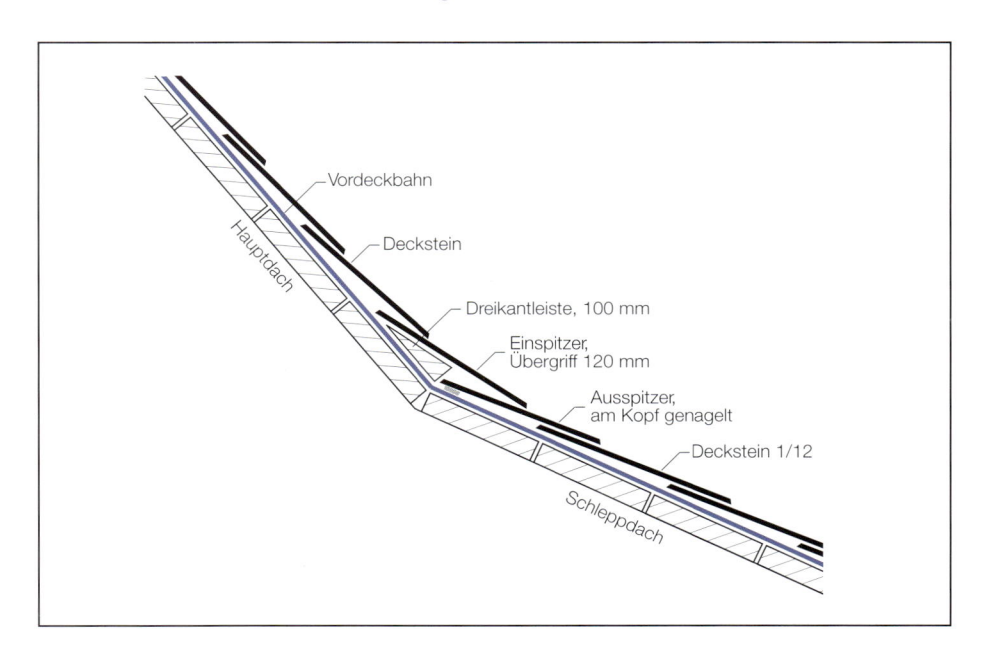

37.3 Ausbildung eines Gaubendachbruches ohne Metallanschluss durch aufliegende Anschlussbleche. Die niedrigen Deckgebinde der Hauptdachfläche sind auf die Ausspitzgebinde des Gaubendaches eingespitzt.

37 *Geschweifte Schleppgaube*

37.4 Geschweifte Schleppgaube, bei der die Kehlgebinde der eingehend gedeckten Kehle an der Wangenfläche hochgeführt sind.

cken der Deckgebinde, muss das Gaubendach separat gedeckt und an der Dachbruchlinie ein Anschluss ausgebildet werden. Als Möglichkeiten stehen zur Wahl:

(1) Für einen Anschluss ohne Metall werden die Deckgebinde des Gaubendaches unmittelbar an der Dachbruchlinie, eventuell gegen die Kantenfläche einer breiten Dreikantleiste, ausgespitzt und die Deckgebinde der Steildachfläche mit funktionssicherer Überdeckung ohne Fußgebinde auf die Ausspitzgebinde eingespitzt. Dieser Übergang hat den Vorteil, dass auf dem Gaubendach die Gebindehöhen und Gebindesteigung unabhängig von den Vorgaben der Hauptdachfläche bestimmt werden können.

(2) Alternativ können die Deckgebinde des Gaubendaches gegen die Dachbruchlinie ausgespitzt und unter Anschlussblechen aus mindestens 1,5 mm dickem Bleiblech verwahrt werden. Ein Firstgebinde ist hier nachteilig.

Die mindestens 12 cm auf die Ausspitzgebinde übergreifenden Anschlussbleche werden seitlich mindestens 10 cm überlappt oder durch liegenden Falz verbunden. Die Deckgebinde der Hauptdachfläche werden auf der dachseitigen Aufkantung der Anschlussbleche eingespitzt oder auf Fußgebinden begonnen.

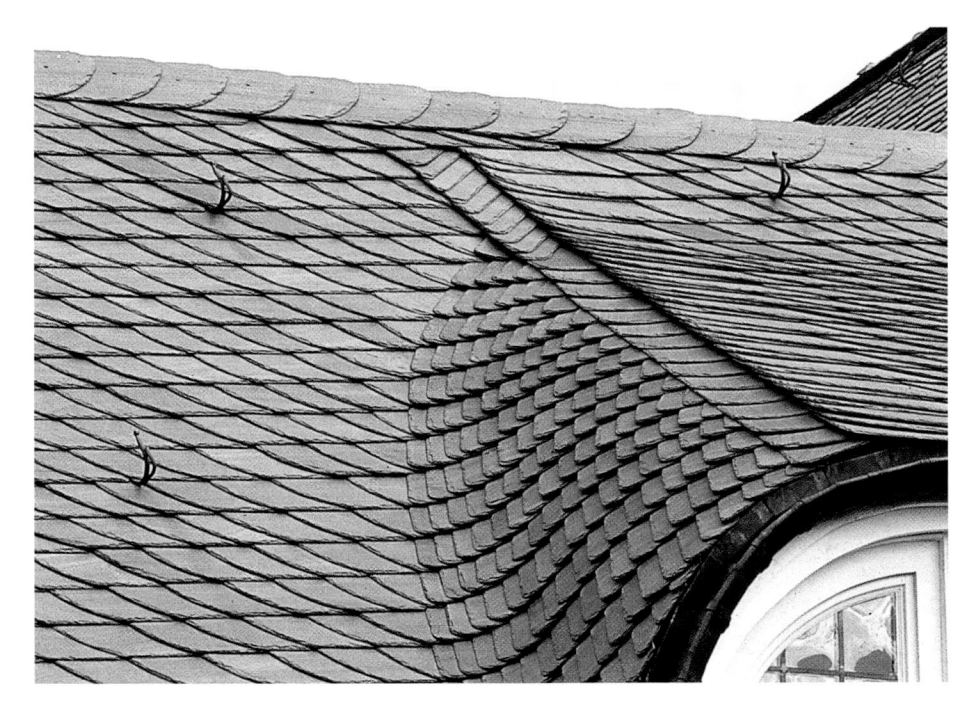

37.2 Wangen

Die Neigung und Schweifung der Wangen richtet sich nach der Höhe des Gaubenstirnrahmens und dem auf der Dachfläche neben der Gaube zur Verfügung stehenden Platz. Angemessen ist eine Wangenneigung von etwa 60°. Damit bei den Schieferdeckungsarbeiten im Bereich der Wangenschweifung keine Probleme auftreten, sollte bei der Konstruktion der Stirnbogenlinie ein Radius des Scheitelbogens von etwa 80 cm, bei der unteren ein Radius von mindestens 60 cm zugrunde gelegt werden.

Der Radius muss bei allen Bogen gleich groß sein. Die Anpassung der Innenbogen muss durch stetige Verkürzung ihrer Länge, nicht durch Veränderung der Radien erfolgen.

Wird bei der Konstruktion des Stirnrahmens auf den unteren Kreisbogen verzichtet, muss zur Ausrundung des Fußpunktes ein angemessen breites Kehlbrett verwendet werden.

Bei der Konstruktion der Stirnbogenlinie nach der Viertelmethode (Bild 37.4) soll die Grundlinie der Stirnrahmenschweifung mindestens das 1,5fache der Stirnflächenhöhe betragen [1].

Die geschweiften Wangen bestehen aus der Stirnrahmenbohle und den dachaufwärts im Abstand von höchstens 0,70 m am äußeren Gaubendachsparren und auf der Kehlbohle befestigten, senkrecht stehenden Innenbogen.

Die Wangen müssen von den Außenkanten des Gaubendaches abwärts geschalt werden, damit auf der Wangenwölbung keine keilförmig zugeschnittenen Bretter erforderlich werden. Diese

37.5 Bei der geschweiften Schleppgaube sollte die Grundlinie der Stirnrahmenschweifung mindestens 1,5-mal so lang wie die Höhe der Stirnfläche sein.

würden das Nageln der Schiefer erheblich behindern. Die Wangen sollten mit etwa 30 mm dicken Dachschalungsbrettern geschalt werden, damit die im konvexen Bereich hochstehenden Schalungskanten bündig abgehobelt werden können.

Die Schweifung der Gaube kommt am besten zur Geltung, wenn die Kehlgebinde mit breiten, runden Kehlsteinen an den Wangen hochgeführt, also eingehend gedeckt werden. Die Kehlgebinde beginnen auf der Dachfläche auf einem Einfäller beziehungsweise Wasserstein und enden vor dem Übergang zum Gaubendach unter einem niedrigen, zur Wange geneigten Firstgebinde. Darauf wird ein ausgehendes Kragengebinde angesetzt.

Über dem First- und Kragengebinde schichtet mit schlagregensicherem Überstand die Ortdeckung des Gaubendaches.

Werden die Kehlgebinde bis zum Wangenfirstgebinde ausgedeckt, können die Kehlsteine nach dem Verlassen der Kehlschalung axial gleichmäßig gedreht und allmählich in die Richtung des Wangenfirstgebindes eingeschwenkt werden. Bei Verwendung breiter Kehlsteine mit ausholend rundem Bruch ist das weder hinderlich noch störend.

Größere Wangen mit ausreichendem Radius der Wangenwölbung können auch mit niedrigen, parallel zum Wangenfirstgebinde gerichteten Decksteingebinden eingedeckt werden. Die Deckgebinde beider Wangen beginnen an der Stirnrahmenbohle mit einem Anfangort und werden mit einem Schwärmer an die eingehend gedeckten Kehlgebinde angeschlossen.

37.6 Geschweifte Schleppgaube mit eingehender Ankehlung. Anschluss des Gaubenschleppdaches an die Hauptdachfläche durch Ein- beziehungsweise Ausspitzen der Deckgebinde.

38 Sattelgaube

38.1 Sattelgaube mit Walm. Sattelgesims aus schräg stehenden Gesimsbrettern.

In den Begriff der Sattelgaube ist hier auch die vergleichbare Gaube mit Walm, die so genannte Walmgaube, eingeschlossen.

Die klassische Sattelgaube, auch Dachhäuschen genannt, bedingt ausgewogene Proportionen des Stirnrahmens, eine darauf abgestimmte Gaubendachneigung sowie ein zum Stil der Gaube formal und maßstäblich passendes Gaubengesims.

Unter diesen Bedingungen kommt die Sattelgaube meistens nur für einzeln stehende Fenster oder Luken in Betracht. Gehobenen Ansprüchen an Wohnräume kann die Sattelgaube wegen ihrer engen Fensternische und bescheidenen Fenstergröße meistens nicht entsprechen. Diesbezüglich sind Schleppgaube und Gaube mit Flachdach zweckmäßiger.

38.2 Sattelgaube mit Walm.

Oft vertreten ist die Sattelgaube auf Althausdächern. Auf denkmalwerten Gebäuden haben Sattelgauben meistens eine dem jeweiligen Baustil, der einstigen Nutzung des Dachraumes oder der jeweiligen regionalen Bautradition entsprechende Form. Diese kommt besonders durch das Gaubendach, allerlei Zierat oder aufwendige Profile zum Ausdruck. In einer schlichten Form würden historisch disponierte Gauben zwar den gleichen Zweck erfüllen, dann aber nicht mehr dem Stil des Gebäudes und den Ansprüchen der Denkmalpflege entsprechen. Deswegen darf bei Dachsanierungsarbeiten auf denkmalgeschützten Gebäuden die Detaillierung der Gauben nicht ohne Genehmigung der Denkmalschutzbehörde verändert werden. Verwitterte Teile, beispielsweise Gesimsprofile, müssen in der ursprünglichen Form erneuert werden. Ebenso sollten auch der neue Kehlverband und die Form der Kehlsteine dem historischen Vorbild stilgleich nachvollzogen werden.

Bei Althausdächern mit genutzten Dachräumen verdienen Gaubenfenster mit Flügelsprossen den Vorzug. Kleine Sattelgauben für Dachraumlüftung oder Dachausstieg erhalten anstelle verglaster Fenster besser eine seitlich anschlagende oder vertikal schwingbare Jalousielade mit Insektenschutzgewebe. Zweckmäßig ist ein Gesimsüberstand des Gaubendaches. Es schützt das Kragengebinde einer ein-

38.3 Linke, von Einfällern aus gedeckte und unregelmäßig eingebundene Sattelkehle. Kehlsteine mit langem Bruch.

gehenden Wangenkehle sowie die ersten Kehlsteine der Kehlgebinde einer ausgehend gedeckten Wangenkehle gegen das vom Gaubensatteldach abfließende Wasser.

Als Gesims für Gauben mit Wangenkehlen eignet sich besonders ein etwa 10 bis 12 cm breites, nach außen geneigtes Gesimsbrett oder ein Gesimsprofil. Bei Walmgauben muss der Stoß der schräg gestellten Gesimsbretter übereck als Gehrung ausgeführt werden. Ein aus Hängebrett und Seitenbrett bestehendes Kastengesims ist für Gauben mit Wangenkehlen unzweckmäßig.

Das Gaubengesims wird durch ein richtig aufgebautes Holzschutz- oder Anstrichsystem behandelt oder mit Decksteinen in Deckrichtung zum Fensterpfosten bekleidet.

Die Gaubenwangen werden meistens als eingehende Wangenkehlen mit Deckrichtung von der Dachfläche zur Wange gedeckt. Bei Dachneigung von mindestens 50° sind ausgehende Wangenkehlen (Deckrichtung von der Gaubenwange zur Dachfläche) ansprechender.

Die Bekleidung der Gaubenpfosten und der sich daneben, unter dem Anfang der Wangenkehlen ergebenden Öffnung sind im Teil I, Kapitel 44 beschrieben.

Die Kehlgebinde der Sattelkehlen werden von der Sattelfläche zur Hauptdachfläche gedeckt. Die rechten und linken Kehlgebinde beginnen auf der Sattelfläche jeweils auf einem Einfäller oder Wasserstein und werden auf der Hauptdachfläche wie die Kehlgebinde einer rechten oder linken Hauptkehle an die Deckgebinde angeschlossen (siehe Teil I, Kapitel 28 und 29).

Der obere Abschluss einer Sattelkehle ist das Kragengebinde. Die Kragengebinde werden auf den Firstgebinden angesetzt und auf der Dachfläche so weit ausgedeckt, bis der letzte Kragenstein plan aufliegt und ein Deckgebinde der Dachfläche den Kragen überdecken kann. Wenn sich unter dem Kragengebinde einer Sattelkehle Einspitzgebinde ergeben, müssen die vom Kragen überdeckten Kanten der Kehleinspitzer mit Hieb von oben behauen und gut abgerundet werden.

39 Spitzgaube

39.1 und 39.2 Spitzgauben mit fallendem First.

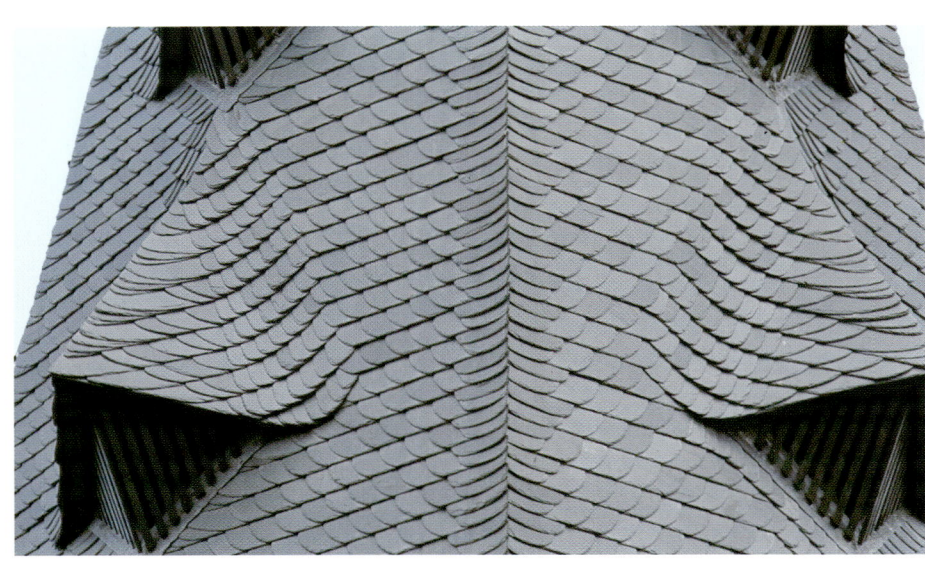

Die Spitzgaube ist bei Althausdächern und Bauaufgaben der Denkmalpflege eine interessante Problemlösung der Dachraumlüftung und -belichtung. Dementsprechend sollte eine Spitzgaube bescheiden dimensioniert sein und sich nicht unnötig hoch aus der Dachfläche herausheben. Reizvoll sind Spitzgauben mit nach vorn geneigtem Stirnrahmen und fallendem First.

Die Spitzgaube wird mit ihrem Stirnrahmen auf ein zwischen den Sparren eingebautes Wechselholz aufgesetzt. Die Oberkante des Fensterriegels muss so hoch über Oberkante Dachschalung liegen, dass ein Metallanschluss mit schlagregensicherer Aufkantung möglich ist. Die zum Beispiel aus Bleiblech 1,5 mm gekanteten Anschlussbleche überdecken die Dachdeckung etwa 12 cm. Die Aufkantung wird auf den Fensterriegel umgelegt, hinten und beiderseits aufgekantet und an Schnittstellen gelötet. Nach Fertigstellung des Metallanschlusses kann das Gaubenfenster oder ein Rahmen mit Lüftungsgitter eingesetzt werden.

Die Kehlgebinde der Spitzgaube werden meistens von den dreieckigen Gaubendachflächen zur Hauptdachfläche gedeckt. Dort werden sie wie die Kehlgebinde einer rechten oder linken Sattelkehle an die Deckgebinde angeschlossen.

40 Fledermausgaube

40.1 Fledermausgaube in eingehender Deckart. Die Kehlgebinde beginnen auf der Dachfläche jeweils auf einem Einfäller beziehungsweise Wasserstein und enden an jeder Seite unter einem ausgehend gedeckten Firstgebinde.

Die klassische Fledermausgaube ist eine niedrige, geschweifte Gaube zur Belüftung und Belichtung nicht bewohnter Dachräume.

Für ausgebaute Schieferdächer mit wohngerechter Gaubenfensterhöhe ist die Fledermausgaube unzweckmäßig. Probleme entstehen besonders dann, wenn die Gaube wegen zu großer Scheitelhöhe obendrauf zu flach ist und die Scheitellinie zu wenig Neigung hat.

40.1 Rahmenbedingungen

Die Möglichkeit, eine Fledermausgaube einzubauen, ist von der gewünschten Größe des Gaubenfensters und dem vorhandenen Hauptdachprofil abhängig. Eine Fledermausgaube mit wohngerechter Gaubenfensterhöhe kommt nur für Steildächer mit langen Sparren und langer Hauptdachtraufe in Betracht. Im Einzelfall kann anhand maßstäblich skizzierter Profile geklärt werden, ob die nachstehenden Konstruktionsparameter zu realisieren sind: Zwischen Unterkante Gaubendecke und Oberfläche Fußboden (unter dem Scheitelpunkt des Stirnrahmens gemessen) muss eine freie Kopfhöhe von mindestens 2 m vorhanden sein.

Der Gaubenscheitel muss so weit dachaufwärts reichen, bis eine Scheitelneigung von mindestens 25° erreicht ist. Hat die Scheitellinie zu wenig Gefälle nach vorn, ist eine störungsfreie Entwässerung der Gaube zweifelhaft. Zu wenig Scheitelneigung kann auch durch eine Vordeckung der Gaube mit Bitu-

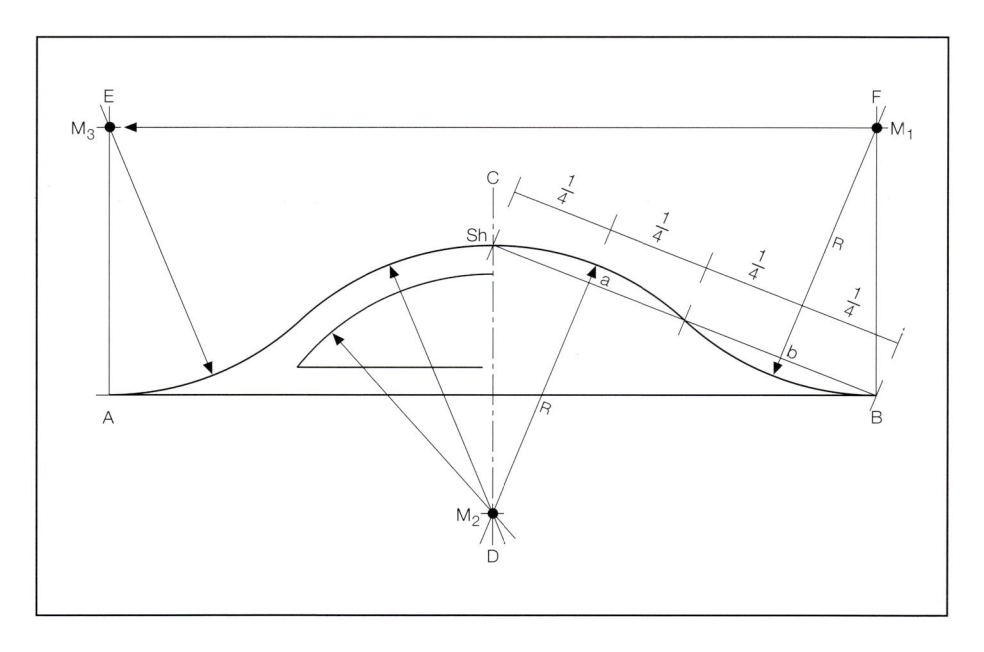

40.2 Viertelmethode zur Konstruktion der Traufbogenlinie des Stirnrahmens einer Fledermausgaube.

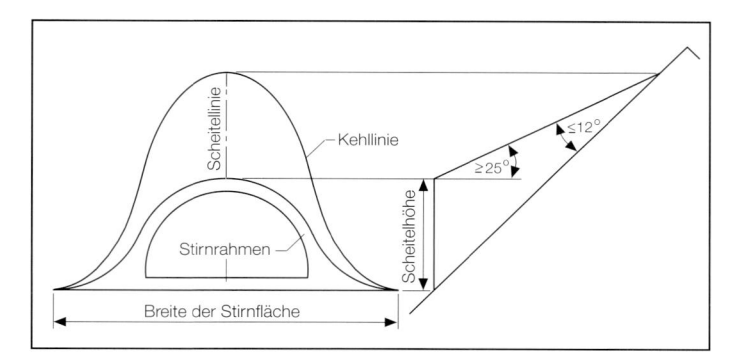

40.3 Rahmenbedingungen für die Planung einer Fledermausgaube [1]. Wichtigster Aspekt ist eine Neigung der Scheitellinie von mindestens 25°.

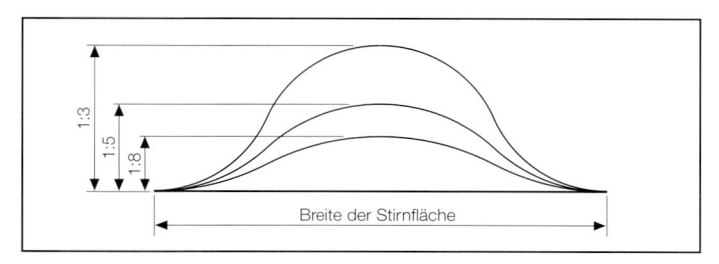

40.4 Die Eindeckungsart einer Fledermausgaube richtet sich nach dem Verhältnis der Scheitelhöhe zur Breite der Stirnfläche.

menschweißbahnen nicht kompensiert werden!
Die Neigungsdifferenz zwischen Scheitellinie und Hauptdachsparren soll möglichst nicht größer als 12° sein.
Der seitliche Abstand des Stirnrahmens von angrenzenden Wandflächen, Giebelortgängen, Graten, Kehlen, Gauben oder Schornsteinköpfen sollte mindestens 0,80 m betragen.
Können die vorgenannten Bedingungen nicht erfüllt werden, muss eine andere Gaubenform gewählt werden.

40.1.1 Stirnbogenlinie

Die Stirnbogenlinie kann nach der so genannten Viertelmethode konstruiert werden. Grundlage ist das gewünschte Verhältnis der Scheitelhöhe zur Breite der Stirnfläche. Nachstehend die Reihenfolge der abzutragenden Strecken und Radien:
1. Grundlinie der Gaubenstirnfläche A–B
2. Senkrechte Symmetrieachse C–D durch den Mittelpunkt der Strecke A–B
3. Abtragen der Scheitelhöhe Sh
4. Senkrechte E und F auf A und B
5. Linie Sh-B und Teilung dieser Strecke in vier Teilabschnitte
6. Senkrechte auf die Teilabschnitte a und b ergeben die Kreismittelpunkte M 1 und M 2 für den unteren und oberen Segmentbogen.

Soll der Stirnrahmen nicht bekleidet werden, muss das davor erforderliche Anschlussblech vor dem Einbau des Stirnrahmens in ausreichender Breite angebracht und später an der Hinterseite des Stirnrahmens aufgekantet werden. Wird dies versäumt, kann die Aufkantung des Anschlussbleches oft nur nachteilig an der Vorderseite des Stirnrahmens befestigt werden.
Größere, über mehrere Sparren reichende Gauben werden meistens auf einem Brüstungsriegel aufgesetzt. Dessen Vorderkante muss so hoch über Oberkante Dachschalung liegen, dass der Dachdecker genügend Anschlusshöhe für einen schlagregensicheren Metallanschluss vorfindet.

Beim Aufnageln der kleinen Schiefer können erhebliche Schwierigkeiten auftreten, wenn die Gaubenwölbung unstet verläuft, einzelne Brettkanten auch nur geringfügig hochstehen oder einzelne Bretter beim Nageln federn. Darum sollten die Zwischenbögen nur 50 cm Abstand haben und die Bretter nicht breiter als 8 cm sein. Da hervorstehende Brettkanten absolut flächenbündig abgehobelt werden müssen, sind 30 mm dicke Dachschalungsbretter zweckmäßig. Bretter mit größeren Ästen oder Astansammlungen sind auf der Gaubenwölbung wegen der dort ohnehin schwierigen Schieferdeckungsarbeit ungeeignet.
Damit die Schiefer längs der Scheitellinie ein gutes Auflager finden, kann diese vom Dachdecker im Zuge der Gaubeneindeckung etwas angehoben werden. Dies zum Beispiel durch möglichst breite, längs der Scheitellinie mit ihrer Kantenfläche nebeneinander angeordnete Dreikantleisten.
Die Kehlschalung richtet sich auch bei der Fledermausgaube nach der Größe des Kehlwinkels, also nach der Wölbung des Gaubendaches und nach dem Schwung der Kehllinie. Bei stärker geschwungener Kehllinie wird die Kehlschalung aus kurzen Längen mit angepassten Schmiegen hergestellt. Verwendet wird meistens ein vollkantiges, 12 bis 15 cm breites, durch Dreikantleisten ergänztes Brett. Bei nicht zu starker Wölbung der Gaube kann stattdessen ein beiderseits abgeflachtes, im trapezförmigen Querschnitt auf Null auslaufendes Kehlbrett zweckmäßiger sein.

40.2 Deckung

Die Eindeckungsart der Gaube ist von der Wölbung des Gaubendaches abhängig.
Bei starker Wölbung der Gaube, etwa

bei einer Scheitelhöhe von mehr als einem Fünftel der Stirnflächenbreite, ist eingehende Deckung üblich. Flacher geschweifte Gauben können ausgehend gedeckt werden.

40.2.1 Eingehende Deckung

In dieser Deckungsart können auch stark gewölbte Fledermausgauben mit Schiefer eingedeckt werden; vorausgesetzt, die Neigung der Scheitellinie beträgt mindestens 25°.

Eine Gebindeeinteilung ist nicht erforderlich. Es wird lediglich die Position des ersten Kehlsteinrückens der Kehlgebinde entsprechend dem Verlauf der Kehllinie abgetragen. Der jeweils erste Kehlstein muss mit der Brust auf der Dreikantleiste aufliegen. Die Kehlgebinde werden einerseits der Gaube auf einem Einfäller, andererseits auf einem Wasserstein angesetzt und von da aus über die Kehlschalung hinweg bis nahe Scheitellinie durchgedeckt.

Beim Verlassen der Kehlschalung werden die Kehlsteine von einem Stein zum nächsten axial etwas gedreht und allmählich parallel zur Scheitellinie ausgerichtet. Damit dies nicht zu unschönen Zwängungen führt, müssen die Kehlsteine relativ breit sein.

Die Scheitellinie kann als Firstdeckung ausgebildet werden. Dabei enden die Kehlgebinde jeweils unter einem Firstgebinde. Diese beginnen am Stirnrahmen und enden auf der Dachfläche als Kragengebinde unter einem darüber durchlaufenden Deckgebinde.

Die Fußspitze der vom Firstgebinde überdeckten Kehlsteine muss mit Hieb von oben gut abgerundet werden!

Die Firststeine müssen so hoch sein, dass die Ausspitzer ausreichend überdeckt werden können und noch genug Platz zum Nageln der Firststeine verbleibt. Damit diese nicht waagerecht liegen, werden längs dem Gaubenscheitel zwei breite Dreikantleisten mit ihrer Kantenfläche gegeneinander verlegt. Die Firststeine sollten mit Hieb von oben gelocht und mit genügend langen Schieferstiften befestigt werden.

Sind Firstgebinde unerwünscht, kann jeweils ein rechtes und ein linkes Kehlsteingebinde auf der Scheitellinie zusammengeführt und mit einem schmalen Schlussstein überdeckt werden. Diese Ausführung hat den Vorteil, dass auf dem Gaubenscheitel eine geschlossene, schlagregensichere Deckung erreicht wird.

40.2.2 Ausgehende Deckung

Dabei darf das Verhältnis der Scheitelhöhe zur Breite der Stirnfläche höchstens 1:5 ausmachen beziehungsweise muss die Gaubenbreite mindestens das Fünffache der Scheitelhöhe betragen. Die ausgehenden Kehlgebinde werden auf der Gaubenfläche auf einem Einfäller angesetzt und auf der Dachfläche wie bei einer rechten beziehungsweise linken Kehle an die Deckgebinde angeschlossen.

Zu Beginn der Eindeckung wird auf der Gaubenfläche die Linie des Kehlgebindeanfangs und auf der Dachfläche die der äußeren Kehlsteinbrust der Kehlgebinde entsprechend dem Verlauf der Kehllinie abgetragen. Die jeweils erste Kehlsteinbrust muss auf der gaubenseitigen Dreikantleiste aufliegen. Die Kehlgebinde werden mit einer entspre-

40.5 Fledermausgaube mit eingehenden Wangenkehlen und unregelmäßigem Kehlgebindeanschluss.

chenden Anzahl Kehlsteine so weit ausgedeckt, dass der jeweils letzte Kehlstein plan auf der Dachfläche liegt.

Wird die linke Gaubenkehle mit Schwärmern unregelmäßig eingebunden, ist eine Einteilung des Kehlverbandes nicht erforderlich. Es ist aber darauf zu achten, dass die Schwärmer etwa gleichen Abstand zur geschweiften Kehllinie haben und stellenweise nicht zu weit auf die Dachfläche abwandern.

Soll die rechte Gaubenkehle regelmäßig eingebunden werden, ist eine vorherige Einteilung des Kehlverbandes mit Markierung der Kehlanschlusspunkte sinnvoll. An diesen enden die auf den gaubenseitigen Deckgebinden anzusetzenden Kehlgebinde. Da die konvex gekrümmte Gaubenfläche nur sehr niedrige Gebinde zulässt, können die Kehlgebinde möglicherweise nicht regelmäßig an ein Deckgebinde der Dachfläche angeschlossen, sondern nur verstochen eingebunden werden. Die Deckgebinde der Gaubendeckung beginnen am Stirnrahmen und längs der Scheitellinie mit einem abgerundeten Anfangortgebinde. Entlang der Scheitellinie werden die Ortgebinde der Wetterseite mit Überstand gedeckt. Zwei entlang der Scheitellinie mit ihrer Kantenfläche gegeneinander verlegte breite Dreikantleisten können zum besseren Liegen der Ortdeckung beitragen. Die unter dem Scheitelüberstand liegenden Steinkanten müssen gut abgerundet und sowohl mit Hieb von oben behauen wie auch von oben gelocht werden.

Es kann nicht erwartet werden, dass ebenflächige Schiefer auf einer konvexen Fläche ringsherum schlüssig aufeinander liegen. Rücken und/oder Fuß werden je nach Flächenkrümmung mehr oder weniger abheben. Das darf aber nicht dazu verleiten, einen sich sperrig verhaltenden Stein durch rigoroses Wegnehmen hinderlicher Steinpartien in das gewünschte Lager zu bringen. Das könnte zu Undichtigkeiten führen und auch das Lager des folgenden Schiefers umso mehr behindern. Alle Steine eines Gebindes müssen ohne kritische Verformung so verlegt werden, dass sie gleichmäßig und deshalb nicht besonders auffallend abheben. Sicherheitshalber sollten die auf der Gaube deckenden Schiefer von oben gelocht werden.

40.6   Detail einer flach ausschweifenden Fledermausgaube.

40.7 Schieferdach mit eingehend angekehlter Fledermausgaube. Deckung des Gaubenscheitels durch Firstgebinde mit darauf angesetztem Kragen.

41 Schornsteinkopf

Der Schornsteinkopf ist die aus der Dachfläche mit einem Abströmrohr endende Mündung des Schornsteins.
Die Außenflächen des Schornsteinkopfes müssen gegen Eindringen von Niederschlagswasser, zum Beispiel durch Ummantelung, geschützt werden [36]. Beim Schieferdach besteht die Ummantelung meistens aus einer Holzschalung mit Schieferbekleidung. Dazu werden Schalungsträger aus Holzlatten oder Kanthölzern mit zugelassenen Dübelsystemen am Schornsteinkopf befestigt. Empfohlen werden vorgefertigte justierbare Trägersysteme aus nicht rostenden Profilen.
An der Schornsteinmündung müssen Mauerwerk und Ummantelung durch eine auf der Schornsteinkrone aufliegende Abdeckung aus witterungs- und abgasbeständigen Baustoffen wie zum Beispiel Beton gegen Niederschlagswasser geschützt werden. Die Abdeckung muss leichtes Gefälle nach außen haben, über die Schieferbekleidung vorkragen und an der Unterseite der Vorkragung eine ringsumlaufende Wassernut oder Tropfkante aufweisen.
Beim Schieferdach sollte der Schornsteinkopf seitlich angekehlt und mit kleinen Schiefern bekleidet werden. Ein so ummantelter Schornsteinkopf widersteht langfristig allen Witterungseinflüssen und ist Schmuck und Zier für jedes Schieferdach.
Die seitliche Ankehlung erfolgt meistens durch eingehende Wangenkehlen, die unter einem Firstgebinde enden. Bei größeren Schornsteinwangen werden die eingehenden Kehlgebinde an waagerechte Decksteingebinde angeschlossen. Diese beginnen an der vorderen Schornsteinkante mit einem überstehenden Anfangort und werden durch Schwärmer mit den Kehlgebinden verbunden. Bei Dachneigung ≥ 50° sind auch ausgehende Wangenkehlen möglich.

Bei einem unterhalb des Firstes aus der Dachfläche heraustretenden Schornsteinkopf wird der hintere Anschluss durch eine Anschlusskehle aus Metall hergestellt. Die Anschlusskehle muss an der hinteren Schornsteinfläche mindestens 180 mm, auf der Dachfläche mindestens 280 mm hoch reichen [1].

41.1 Mit Schiefer angekehlter und bekleideter Schornsteinkopf.

Die Dachdeckung überdeckt die Anschlusskehle ≥ 100 mm. Zwischen Dachdeckung und Anschlussaufkantung sollte an der engsten Stelle ein Abstand von mindestens 100 mm eingehalten werden. An jeder Seite der Anschlusskehle wird der Auslauf zu einer Tropfnase umgebördelt. Bei Anschlusskehlen ab 1 m Länge wird Gefälle zum Auslauf oder Ausbildung mit Sattel oder Keil empfohlen [30].
Das Aussehen eines mit Schiefer bekleideten Schornsteinkopfes wird weitgehend durch das Deckungsbild der Stirnflächenbekleidung bestimmt. Ansprechend ist eine Bekleidung aus etwa 12 cm hohen Deckgebinden mit gut abgerundeten Anfang- und Endortgebinden.
Der Anschluss der Stirnflächenbekleidung an die Dachdeckung wird am besten durch Schrägstellung des ersten Stirnflächengebindes auf die Ausspitzgebinde gemäß Teil I, Kapitel 34.3 hergestellt. Möglich ist aber auch eine Ankehlung aus waagerechten Kehlsteingebinden.

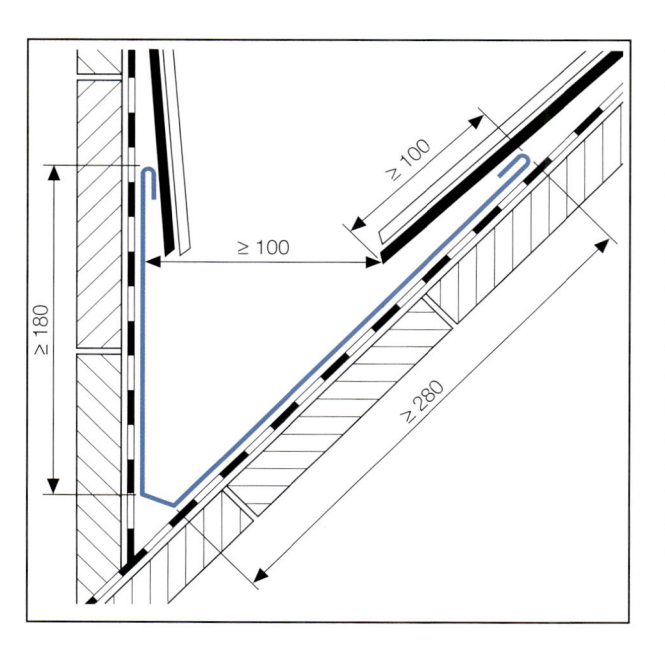

41.2 Erforderliche Abmessungen der Anschlusskehle hinter Schornsteinköpfen. Bei Kehllängen ab 1 m wird Gefälle oder Ausbildung mit Sattel oder Keil empfohlen [30]. Fachtechnische und bauaufsichtliche Anforderungen an die Ausbildung von Schornsteinköpfen sind in »Fachregeln für Metallarbeiten im Dachdeckerhandwerk« und in DIN 18160-1 »Hausschornsteine; Anforderungen, Planung und Ausführung« geregelt.

42
Wohnraumdachfenster

Wohnraumdachfenster sind vielfältig variierbare Bauelemente mit Wärmeschutzverglasung, Eindeckrahmen und Bedienungsmechanik. Als preisgünstige Alternative zu Gauben ermöglichen sie eine wohngerechte Belichtung und Belüftung von Aufenthaltsräumen im ausgebauten Dachgeschoss.

Südwärts orientierte größere Fenster mit Wärmeschutzverglasung reduzieren den Jahres-Heizwärmebedarf. Die produktspezifischen Rechenwerte für die Ermittlung des solaren Wärmegewinns nennen die Fensterhersteller.

Sofern mit dem Fenstereinbau keine Nutzungsänderung des Raumes verbunden ist, bedarf der Einbau eines Wohnraumdachfensters, im Gegensatz zur Errichtung einer Gaube, keiner Baugenehmigung.

Die Mindestanforderungen an „notwendige Fenster" sind in den Landesbauordnungen festgelegt. Danach beträgt die Mindestgröße der Fensterlichtfläche 1/10 bis 1/8 der jeweiligen anrechenbaren Raumgrundfläche. Diese Mindestlichtfläche genügt meistens nicht mehr heutigen Ansprüchen; empfohlen werden größere Fenster.

Die Breite des Fensters beziehungsweise die Summe der Breiten aller in einem Raum vorhandenen Fenster soll mindestens 55 % der Wohnraumbreite betragen [37].

Zur Sicherung gegen Brandübertragung muss das Wohnraumdachfenster mindestens 1,25 m von Gebäudeabschlusswänden und von Gebäudetrennwänden entfernt sein, wenn diese nicht mindestens 0,30 m über Dach geführt sind (BauO NRW).

Zur Vermeidung von Unfällen, insbesondere mit Rücksicht auf Kinder, darf die in den Bundesländern unterschiedlich geregelte Mindest-Brüstungshöhe von beispielsweise 0,80 m (BauO NRW) nicht unterschritten werden.

Die für freien Durchblick günstige Fensterlänge ist von der Dachneigung abhängig. Flach geneigte Dächer erfordern längere Fenster als Steildächer. Die Fensterunterkante sollte etwa 0,90 m, die Oberkante etwa 2,00 m über Oberkante Fußboden liegen. Wird für den Ausblick im Sitzen eine geringere Brüstungshöhe gewünscht, kann dies durch Einbau spezieller Fenster oder eines festverglasten Zusatzelementes erreicht werden.

Bei Dachneigungen unter 35° werden die vorgenannten Einbauhöhen nicht mehr durch Einzelfenster erreicht. Bei Berücksichtigung einer unfallsicheren Brüstungshöhe kommen als Problemlösung der Übereinandereinbau mehrerer Fenster, die Kombination eines Wohnraumdachfensters mit einem festverglasten Zusatzelement oder der Fenstereinbau mit Aufkeilrahmen in Betracht. Der Aufkeilrahmen erhöht die Neigung des Fensters um 10°.

42.1 Eindeckung

Wohnraumdachfenster müssen vom Dachdecker nach der Einbauanleitung des Fensterherstellers in das mehrschichtige Dachsystem eingebaut und fachgerecht an die Schieferdeckung angeschlossen werden.

Wichtig ist der allseitig luft- und wasserdampfdichte Anschluss der Dampfsperrbahnen an den Eindeckrahmen. Durch Löcher in den Bahnen und offene Fugen kann Wärme und Wasserdampf der Raumluft in das Dachsystem entweichen und in Fensterbereichen mit Taupunkttemperatur Feuchteschäden verursachen. Für den Anschluss diffusionsoffener Bahnen an den Eindeckrahmen sind vorgefertigte Ecken oder Kragen zweckmäßig.

Die Wärmedämmung muss stramm an das Innenfutter anschließen. Wärmebrücken rund um das Fenster beziehungsweise Wärmeverluste am Übergang zwischen Fenster und Dach können durch Verwendung wärmedämmender Fertigteile reduziert werden.

Bei belüfteten Dächern dürfen die Lüftungswege zwischen Wärmedämmung und Dachschalung nicht durch Wechselhölzer abgeschottet, sondern müssen durch konstruktive Maßnahmen um das Fenster herumgelenkt werden.

Der Eindeckrahmen wird mit Anfang- und Endortgebinden eingedeckt. Die auf den Eindeckrahmen übergreifenden Steinkanten müssen gut abgerundet werden, damit das Wasser von der Anschlussfuge abgezogen wird. Bei den Steinen der Ortgebinde muss die auf dem Eindeckrahmen liegende Kopfspitze schräg gestutzt werden, damit die Kopfkanten kein Wasser einwärts leiten können.

Damit der Eindeckrahmen rückstausicher entwässern kann, darf sich zwischen diesem und der Ortdeckung kein Hauschutt festsetzen. Gegebenenfalls ist dieser nach dem Abrüsten der Dachfläche restlos zu entfernen.

Dachfenster, die nur zur Belichtung nicht ausgebauter Dachräume oder als Ausstieg für Schornsteinfeger dienen, können auch mit Schichtstücken (Nocken) aus Bleiblech an die Schieferdeckung angeschlossen werden. Dabei wird jeder einzelne Stich- und Ortstein mit einem in den Wasserfalz des Fensterrahmens eingehängten Schichtstück unterlegt.

Die Vordeckbahnen dürfen nicht auf dem Fensterrahmen aufliegen, da sie andernfalls Wasser unter die Schieferdeckung leiten können.

43 Dachhaken

Schieferdächer werden von Stuhlgerüsten aus gedeckt und meistens von Auflegeleitern (Dachleitern) aus repariert.
Damit Gerüststühle und Auflegeleitern gefahrlos aufgehängt werden können und später jede Stelle des Daches erreichbar ist, müssen auf jeder Dachfläche Dachhaken in genügender Anzahl und zweckmäßig verteilt eingebaut werden.
Als Dachhaken dürfen nur zugelassene Sicherheitsdachhaken mit geschlossener Öse zum Einhängen des Karabinerhakens der Absturzsicherung (Anseilschutz) verwendet werden. Sicherheitsdachhaken werden wie folgt unterschieden:
- Typ A: Sicherheitsdachhaken zur Aufnahme von Zugkräften, die in Richtung der Falllinie der Dachfläche einwirken.
- Typ B: Sicherheitsdachhaken zur Aufnahme von Zugkräften, die sowohl in Richtung der Falllinie als auch zum Beispiel am Ortgang senkrecht dazu einwirken.

Jeder Sicherheitsdachhaken muss mit der Nummer der Norm DIN EN 517 [39] sowie mit dem Buchstaben des Typs A oder B und dem Herstellerzeichen gekennzeichnet sein. Diese Daten müssen auch nach dem Einbau des Dachhakens sichtbar sein.

43.1 Einbau und Eindeckung

Auf jeder mehr als 20° geneigten Dachfläche müssen Sicherheitsdachhaken wie folgt angeordnet werden [39]:
- Unterste Reihe höchstens 1,50 m oberhalb der Traufe.
- Zweite und folgende Reihen im Abstand von höchstens 5 m zur vorherigen. Anmerkung: Aus arbeitstechnischen Gründen sollte der Reihenabstand nicht größer als die normale Länge einer handelsüblichen, an der vorletzten Sprosse aufzuhängenden Auflegeleiter von 3 m Länge sein.
- Oberste Reihe höchstens 1 m unterhalb der Firstlinie.
- Waagerechter Abstand der Sicherheitsdachhaken einer Reihe höchstens 2,00 m. Anmerkung: Die Dachhaken werden meistens im seitlichen Abstand von zwei Sparrenfeldern angeordnet.

43.1 Auf Unterlagsblech eingebauter Sicherheitsdachhaken.

Damit Dachflächen gefahrlos mit Arbeitsgerät betreten werden können, muss auch unmittelbar vor oder neben den dafür vorgesehenen Ausstiegsöffnungen, zum Beispiel Dachfenster oder Luken, ein Dachhaken eingebaut werden, ebenso vor Schornsteinköpfen und in bequemer Reichweite von Antennenmasten.
Der sicherheitstechnische Einbau der unterschiedlichen Hakentypen ist seitens der Bauberufsgenossenschaft unter anderem wie folgt geregelt:
- Sicherheitsdachhaken dürfen nur an Bauteilen befestigt werden, die eine auf den Sicherheitsdachhaken einwirkende Last von 5 kN aufnehmen und weiterleiten können.
- Bei Befestigung auf Holzsparren müssen diese aus Vollholz von mindestens 60 mm Breite und 80 mm Höhe bestehen. Die Sicherheitsdachhaken müssen im Abstand von mindestens 25 mm vom Sparrenrand mit drei feuerverzinkten Drahtstiften 60/80 befestigt werden. Andere Befestigungsmittel dürfen nur verwendet werden, wenn diese mit den zugehörigen Sicherheitsdachhaken aus Verpackungseinheiten entnommen werden.
- Am Ortgang müssen Sicherheitsdachhaken, die nicht dem Typ B entsprechen, zusätzlich zur Nagelbefestigung gegen Verdrehen unter rechtwinklig einwirkender Last vorschriftsmäßig gesichert werden.

Die Spitze des Dachhakens ist nur eine Montagehilfe, keinesfalls ein zusätzliches Befestigungsmittel!
Sicherheitsdachhaken, nachstehend kurz Dachhaken genannt, können auf einem Unterlagsblech, zum Beispiel aus Kupfer oder Blei, oder auf einem Rastnagel eingebaut werden.

43.1.1 Einbau auf Unterlagsblech

Der Einbau auf einem Unterlagsblech hat den Vorteil, dass bei stärkerer Belastung des Dachhakens kein Schiefer beschädigt wird. Ein Nachteil sind die

43.2 und 43.2 a   Eindeckung eines Dachhakens auf Unterlagsblech und auf Rastnagel.

auf der Schieferdachfläche auffälligen Bleche.

Das Unterlagsblech hat an jeder Langseite einen Wasserfalz. Die untere Kante des Unterlagsbleches wird entsprechend der Deckgebindelinie zugeschnitten; an der oberen Kante wird das Blech zweimal genagelt.

Der Dachhaken muss so hoch auf der Metallunterlage angebracht werden, dass er bei Belastung keinen Druck auf den darunter befindlichen Decksteinkopf ausüben kann.

Die Schieferdeckung wird beiderseits bis an den Dachhaken herangeführt. Einerseits kann ein Schlussstein oder ein kurzes Doppelortgebinde gedeckt werden, auf der anderen Seite des Dachhakens wird meistens eingespitzt. Die Dicke der auf dem Unterlagsblech an den Dachhaken anschließenden Schiefer muss so gewählt werden, dass im folgenden Gebinde im Umfeld des Dachhakens keine Schiefer sperren oder verspannt werden und dadurch beim Begehen der Auflegeleiter brechen können.

In der Überdeckung des Unterlagsbleches darf sich weder Hauschutt festsetzen noch dürfen die Wasserfalze niedergedrückt werden.

43.1.2 Einbau auf Rastnagel

Beim Einbau des Dachhakens auf einem Rastnagel bleibt der Decksteinverband rings um den Dachhaken geschlossen. Eine Zuhilfenahme von Blech ist nicht erforderlich. Als Nachteil wird mitunter die wegen der Deckgebindesteigung nicht geradlinige Ausrichtung der in einer Reihe nebeneinander deckenden Dachhaken empfunden.

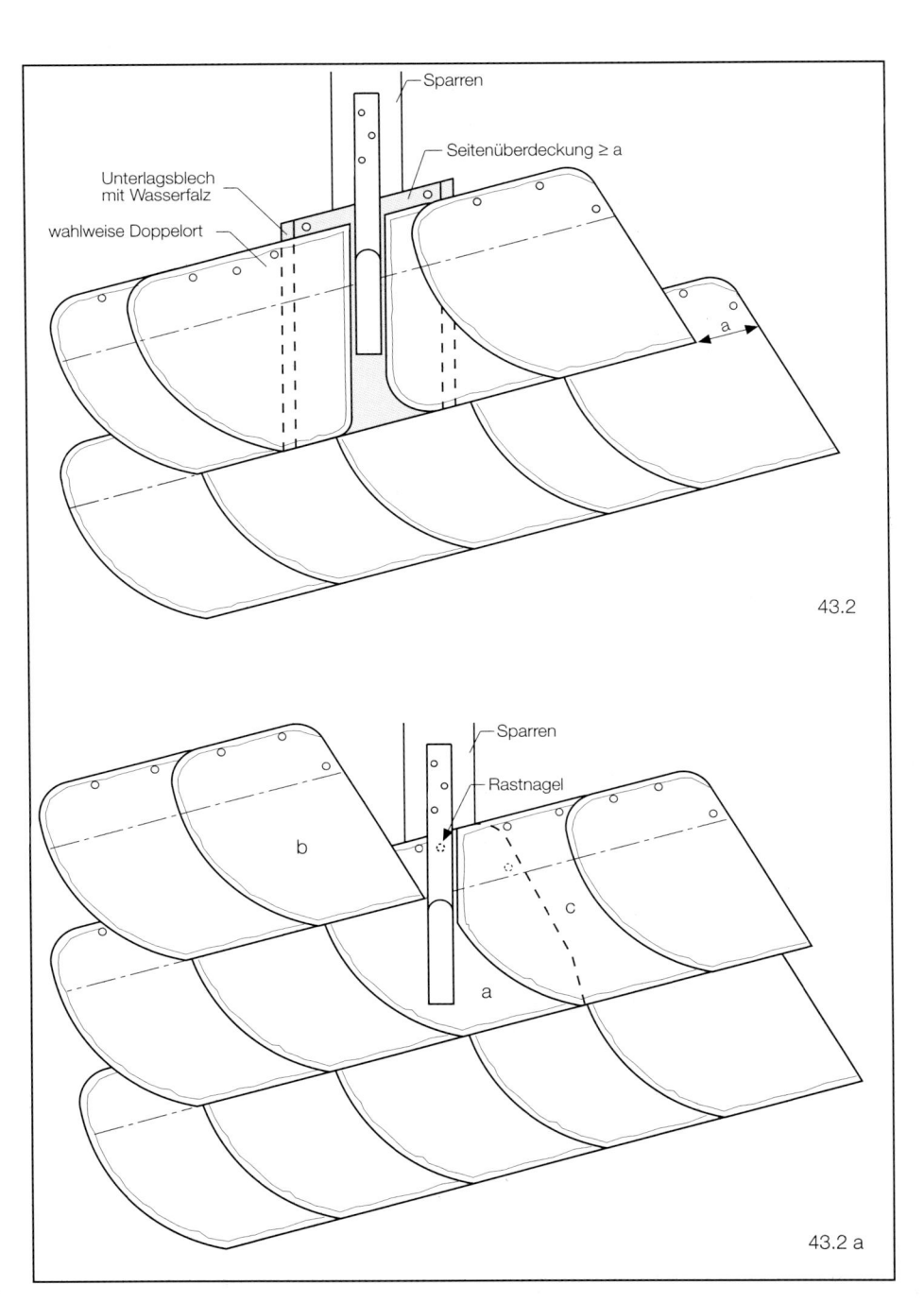

Der Dachhaken muss eine für den Einbau auf Rastnagel geeignete Form haben.

Ein Rastnagel ist das Auflager für das freie Ende des Dachhakens. Der Rastnagel nimmt die aus der Belastung des Dachhakens resultierenden Kräfte auf und verhindert den Bruch des darunter befindlichen Schiefers.

Als Rastnagel eignet sich zum Beispiel ein Drahtstift 100 mm mit Senkkopf. Der Drahtstift wird im oberen Teil der Höhenüberdeckung des Schiefers dergestalt eingeschlagen, dass der Nagelkopf

43.3 Eindeckung von Dachhaken und Schneefangstützen auf Unterlagsblech.

auf der Steinoberfläche minimal aufträgt. Das Nagelloch für den Rastnagel wird mit Hieb von oben eingeschlagen.
Zwingt die Position des Sparrens zu einer Anordnung des Dachhakens innerhalb der Seitenüberdeckung eines Decksteins, muss dieser breiter als erforderlich gewählt und dessen Seitenüberdeckung durch Brechen der Spitze verbreitert werden. So kann der Rücken des Nachbarschiefers ohne Beeinträchtigung der Seitenüberdeckung an den Dachhaken angeschmiegt werden (Bild 43.2 a).
Die an den Dachhaken seitlich anschließenden Decksteine b und c müssen ebenso dick sein wie der auf dem Rastnagel auftragende Dachhaken. Werden diese Steine zu dünn gewählt, reitet der auf dem Dachhaken aufliegende Deckstein und kann beim Begehen der Auflegeleiter brechen.

43.1.3 Einbau von Schneefangstützen

Bei Dächern über Verkehrsflächen, Gehwegen und Eingängen können Vorrichtungen zum Schutz von Personen oder Fahrzeugen gegen das Herabfallen von Schnee und Eis verlangt werden.
Eine Gefährdung von Personen oder Fahrzeugen tritt dadurch ein, dass sich Teile der auf der glatten Schieferdachfläche aufliegenden Schneedecke infolge Sonneneinstrahlung oder unterseitig einwirkender Hauswärme lösen und als Dachlawinen oder Schneebretter abgleiten. Oft schieben sich diese im gefrorenen Zustand über die Dachrinne und stürzen gemeinsam mit lanzenförmigen Eiszapfen ab.
Zur winterfesten Ausstattung von Dächern zählen Schneefangvorrichtungen. Die Stützen der Schneefanggitter werden längs der Traufe auf jedem Sparren auf einem Unterlagsblech platziert und mit drei korrosionsgeschützten Drahtstiften 60/80 befestigt. Einbau und Eindeckung der Schneefangstützen entsprechen denen von Dachhaken auf Unterlagsblechen. Sofern eine Blitzschutzanlage vorhanden ist, wird die Schneefangvorrichtung daran angeschlossen.

In schneereichen Gegenden können zusätzliche Schneefanggitter auch oberhalb der Dachrinne zweckdienlich sein, um beispielsweise eine Schneedecke daran zu hindern, großflächig in eine Schieferkehle oder deren Mündung abzugleiten und den Wasserweg zu blockieren.

43.4 Auf Unterlagsblech eingebaute Schneefangstützen.

44
Pfostenbekleidung

Die Pfosten- und Stirnflächen einer Gaube werden meistens mit Schiefer bekleidet.

Alternativ können Pfosten und Gaubenfensterbank durch fachgerechte Bauklempnerarbeit, zum Beispiel mit Kupferblech, bekleidet werden. Möglich ist auch eine Bekleidung der Gaubenpfosten und Laibungen mit einem lasierten oder lackierten Brett oder Brettschichtholz.

Durch die Pfosten- oder Stirnflächenbekleidung wird gleichzeitig die sich an den Eckpfosten des Stirnrahmens aus der Schrägstellung des Kehlbrettes ergebende dreieckige Öffnung unter dem Kehlanfang der Wangenkehle geschlossen.

Bei sägerau belassenen Gaubenpfosten kann besagte Öffnung auch durch einen einzelnen, passgenau zugerichteten Schiefer geschlossen werden.

Pfosten bis zu einer Breite von etwa 15 cm, werden mit niedrigen, rund zugerichteten Steinen in der Art eines Strackortes bekleidet. Für breitere Pfosten bieten sich interessante Verlegemuster aus Ortsteinen oder Ortgebinden an.

Stirnflächen einer Gaube werden am besten mit kleinen Decksteinen und eingebundenen Anfang- und Endorten bekleidet. Die Deckgebinde sollten nur etwa 12 cm hoch sein und die gleiche Deckrichtung wie die Deckgebinde der Hauptdachfläche haben. Die Stirnfläche muss von oben nach unten in gleichmäßige Deckgebindehöhen eingeteilt werden.

Die Pfosten- oder Stirnflächenbekleidung muss passgenau an die Verzahnung des Kehlüberstandes angearbeitet werden.

44.1 Beispiele für Pfostenbekleidung mit Schiefer.

45
Altdeutsche Doppeldeckung

45.1 *Altdeutsche Doppeldeckung.*

Die Altdeutsche Doppeldeckung ist hinsichtlich Deckungsbild und Arbeitstechnik mit der herkömmlichen Altdeutschen Deckung identisch. Der grundsätzliche Unterschied liegt in der vergleichsweise überproportionierten Höhenüberdeckung der Decksteine für Doppeldeckung.

Die Abbildung 45.2 macht deutlich, dass bei einem defekten Deckstein kein durchgängiges Leck entsteht. Es läuft nicht sofort Wasser nach innen und das Dach bleibt an dieser Stelle zunächst weitgehend dicht.

Da die Decksteine im Bereich der Höhenüberdeckung dreifach, im übrigen Teil der Steinfläche doppelt aufeinander liegen, wird mit der Altdeutschen Doppeldeckung ein besonders stabiles und funktionsbeständiges Schieferdach erzielt. Bei den von Regen, Schnee und Temperaturextremen strapazierten Dächern des Sauerlandes war einst Altdeutsche Doppeldeckung in Rechts- und Linksdeckung die selbstverständliche Regelausführung.

Bei der Altdeutschen Doppeldeckung werden relativ große, rechte oder linke Decksteine von etwa 50 bis 32 cm Höhe verwendet. Form und Seitenüberdeckung der auf dem Dach freiliegenden Sichtfläche entsprechen dem normalen Hieb der Altdeutschen Deckung (Einfachdeckung).

Die Decksteine müssen speziell für Doppeldeckung mit einem dafür geeigneten Rückenhieb zugerichtet werden. Decksteine für Einfachdeckung sind für Doppeldeckung unzweckmäßig, deren insgesamt runder Rücken vereitelt meistens im nächsten Gebinde ein schlüssiges Anliegen der Decksteinspitze. Das Brustnagelloch muss etwa 50 mm über der Gebindelinie platziert sein [1].

45.1 Anforderungen

Bei der Altdeutschen Doppeldeckung wird jedes Deckgebinde vom übernächsten mindestens 2 cm überdeckt [1]. Die Deckgebindehöhe (Schnürabstand) ist

$$\frac{\text{Decksteinhöhe} - 2\ \text{cm}}{2}$$

Um praktikable Deckgebindehöhen zu erreichen, sind bei Doppeldeckung hohe Decksteine erforderlich. Zum Beispiel erfordert eine Deckgebindehöhe

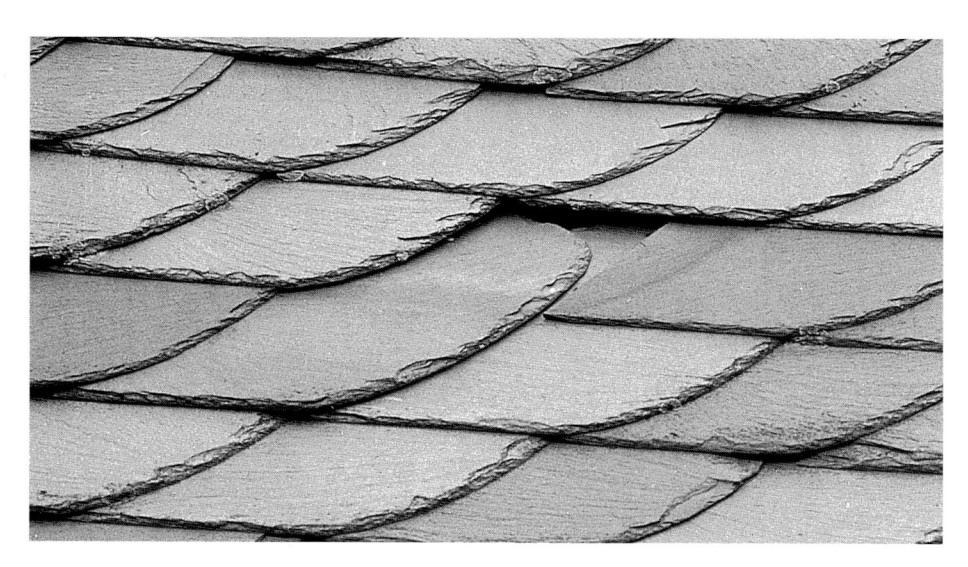

45.2 Ein bemerkenswerter Vorteil der Doppeldeckung: Trotz eines defekten Schiefers entsteht kein durchgängiges Leck; das Dach bleibt zunächst dicht.

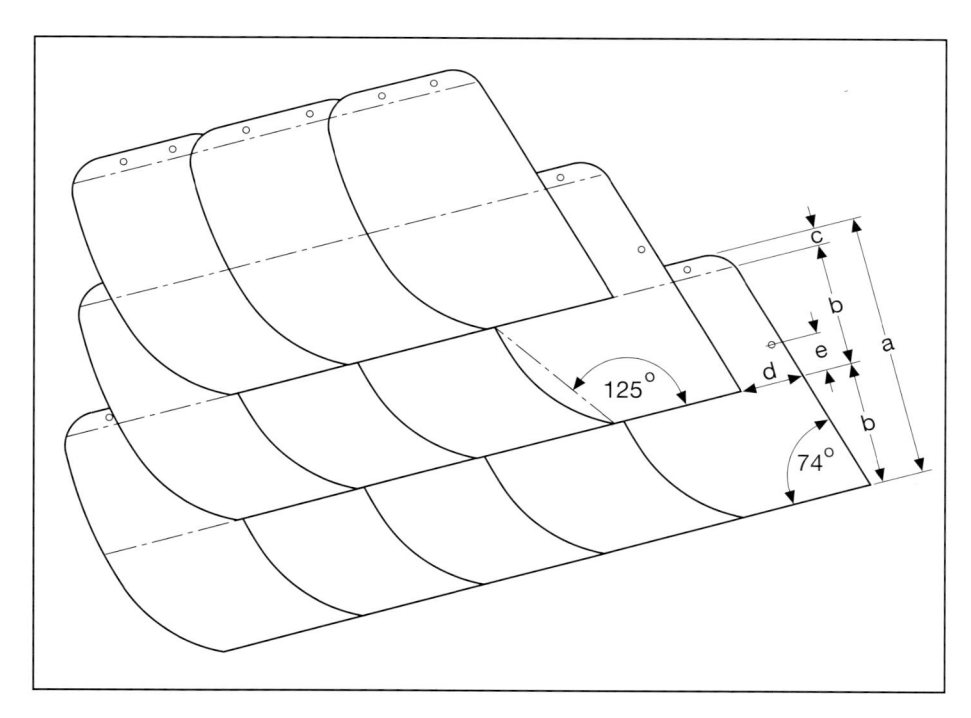

45.3 Maßbestimmung beim Deckstein für Altdeutsche Doppeldeckung.
a Decksteinhöhe
b Deckgebindehöhe
c Höhenüberdeckung durch das übernächste Gebinde mindestens 2 cm
d Seitenüberdeckung
e Nagelabstand von Gebindelinie etwa 5 cm.

von nur 15 cm bereits 32 cm hohe Decksteine im Vergleich zu etwa 21 cm hohen bei Altdeutscher Deckung im normalen Hieb.

Die Seitenüberdeckung der Decksteine wird in der Deckgebindelinie (Fußlinie) des folgenden Deckgebindes gemessen.

Fuß, Ort, Grat und First werden mit einfacher Höhenüberdeckung gedeckt. Die Höhenüberdeckung der Fuß- und Gebindesteine muss mindestens die Hälfte der Sichthöhe des darüber liegenden Decksteingebindes plus 2 cm betragen. Das Firstgebinde muss die Ausspitzgebinde ≥ 100 mm überdecken [1].

Bei Altdeutscher Doppeldeckung muss eine normal beanspruchte Dachfläche mindestens 22° Neigung haben [1]. Auf den ersten Blick scheint es sonderbar, dass der Doppeldeckung eine nur um 3° geringere Mindestdachneigung als der Einfachdeckung zugestanden wird. Dank der überdoppelten Höhenüberdeckung der Decksteine bietet eine Doppeldeckung zwar einen besonders leistungsfähigen Decksteinverband, die Dachdeckung insgesamt hat aber Schwachstellen, die auch eine Doppeldeckung bei zu wenig Dachneigung ins Risiko setzen.

Das sind zum Beispiel die zuvor genannten, nicht überdoppelt gedeckten Dachbereiche, besonders die wintertags gelegentlich arg strapazierte Traufenzone. Auch sind Dachdurchdringungen und Einbaustellen der Dachhaken sowie die vom Wasser erreichbaren Blechanschlüsse nicht sicherer als bei einer Einfachdeckung. Schließlich ist zu bedenken, dass auch eine Doppeldeckung überfordert ist, wenn die Seitenüberdeckung der Decksteine infolge unzureichender Dachneigung durch seitwärts stauendes Wasser überflutet wird. Hauptkehlen sollten bei der Altdeutschen Doppeldeckung konsequenterweise ebenfalls mit überdoppelter Höhenüberdeckung gedeckt werden.

45 Altdeutsche Doppeldeckung

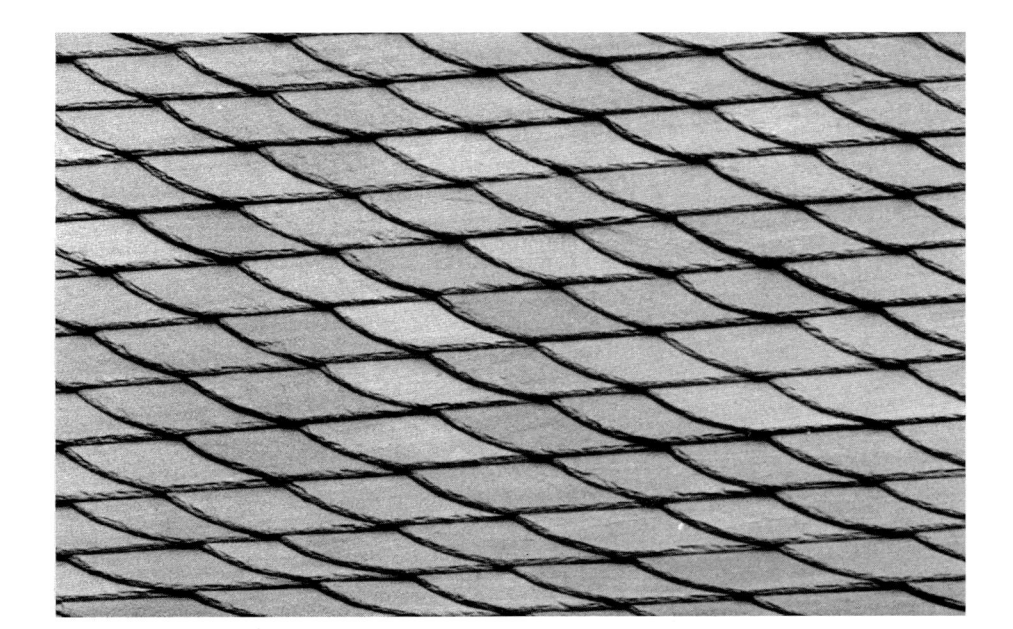

45.4 Das Deckungsbild der Altdeutschen Doppeldeckung hat ähnliche Konturen wie eine normale Altdeutsche Deckung.

Deckstein-höhe [cm]	Deckgebinde-höhe [cm]	Mindest-seitenüber-deckung [cm]
25	11,5	5,0
26	12,0	5,0
27	12,5	5,1
28	13,0	5,3
29	13,5	5,5
30	14,0	5,7
31	14,5	5,9
32	15,0	6,1
33	15,5	6,3
34	16,0	6,5
35	16,5	6,7
36	17,0	6,9
37	17,5	7,2
38	18,0	7,4
39	18,5	7,6
40	19,0	7,8
41	19,5	8,0
42	20,0	8,2

45.5 Deckgebindehöhe und Mindestseitenüberdeckung bei Altdeutscher Doppeldeckung.

45.6 (Mitte) Beispiel: Bei Altdeutscher Doppeldeckung muss die Seitenüberdeckung der Decksteine, der einer Altdeutschen Deckung (Normaldeckung, Einfachdeckung) im normalen Hieb von gleicher Deckgebindehöhe entsprechen.

45.7 (Unten) Fußdeckung und Mindesthöhenüberdeckung bei Altdeutscher Doppeldeckung.

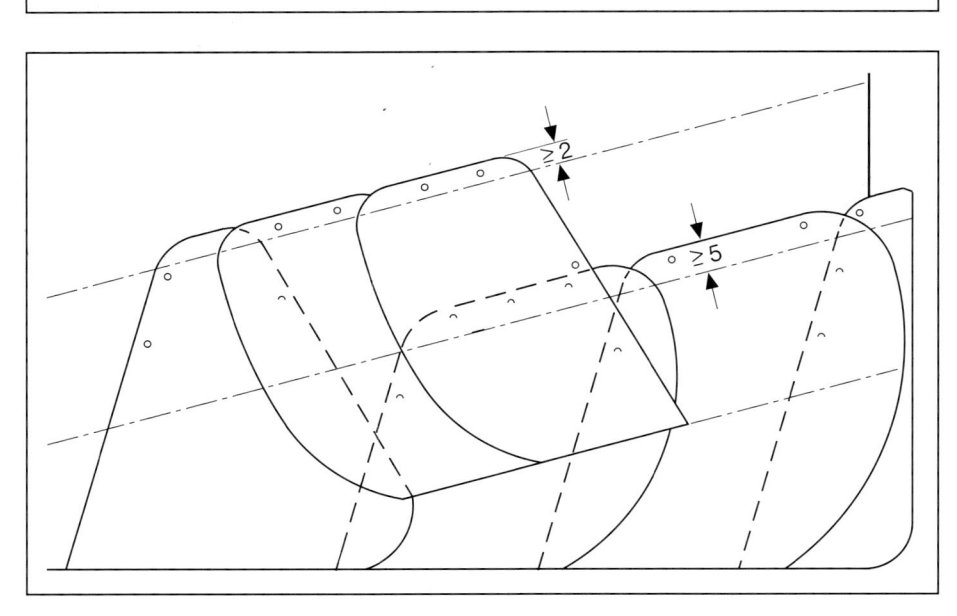

46 Bogenschnittdeckung

46.1 Bogenschnittdeckung mit eingebundenen Anfang- und Endorten.

Die Bogenschnittdeckung, bisher Deutsche Deckung mit Bogenschnitt genannt, ist eine wirtschaftliche Alternative zur Altdeutschen Deckung. Sie hat bei Architekten und Dachdeckern einen hohen Bekanntheitsgrad.

Kennzeichnend für die Bogenschnittdeckung sind die nach Form und Abmessungen kongruent zugerichteten, decksteinähnlichen Schieferschablonen. Innerhalb einer Dachfläche gleicht ein Stein dem anderen, alle Deckgebinde einer Dachfläche haben gleiche Höhe und innerhalb der Deckgebinde alle Schiefer die gleiche Breite.

Die Standardgröße der Bogenschnittschablonen für die Dachdeckung ist 30 × 30 cm. Für Dachneigung ≥ 40°

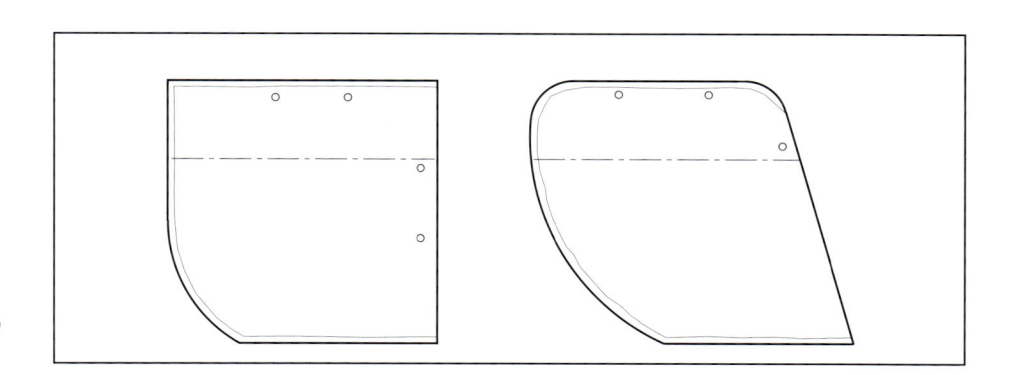

46.2 Vergleich: Links Bogenschnittschablone, rechts Deckstein im normalen Hieb.

wird zusätzlich das Format 25 × 25 cm angeboten.
Für die Deckung der Dachkanten, Gauben und Kehlen werden nach Verwendungszweck sortierte Zubehörformate aus Rohschiefer bereitgehalten (siehe Teil I, Kapitel 7.2). Diese machen es möglich, die Bogenschnittdeckung wie die Altdeutsche Deckung zu detaillieren. Die unterschiedliche Konturierung dieser Deckarten erkennt meistens nur der Fachmann.

46.1 Anwendungstechnik

Das Verlegeraster der Bogenschnittdeckung ist konstant; es kann wegen der gleich bleibenden Steinbreite, im Gegensatz zur Altdeutschen Deckung, nicht variiert werden.
Werden Bogenschnittschablonen an der Traufe, an Endorten, Hauptkehlen und innerhalb der Deckgebinde exakt und maßgenau angesetzt, ist die Verlegetechnik problemlos und die Arbeitsabläufe gehen zügig vonstatten.
Es wäre aber falsch, die Verarbeitung von Bogenschnittschablonen einer Montage gleichzusetzen. Schließlich besteht eine Schieferdeckung nicht nur aus Deckgebinden, sondern auch aus vielen Details, für die Zubehörformate aus Rohschiefer passend und formal ansprechend zugerichtet werden müssen. Das erfordert zumindest die gleiche Qualitätsarbeit und Handfertigkeit wie vergleichbare Details der Altdeutschen Deckung.

46.3 Mindestüberdeckungen bei Bogenschnittdeckung.

46.1.1 Dachneigung

Das Dachdeckerhandwerk fordert für Bogenschnittschablonen 30 × 30 cm mindestens 25°, für Bogenschnittschablonen 25 × 25 cm mindestens 40° Dachneigung [1].
Vorgenannte Mindestdachneigungen gelten für den Normalfall. Die bei Abweichungen vom Normalfall relevanten und zu beachtenden Kriterien sind im Teil I, Kapitel 3 aufgeführt.

46.1.2 Deckrichtung

Die Bogenschnittdeckung kann mit rechten Bogenschnittschablonen (Bogenschnitt links) in Rechtsdeckung und mit linken Bogenschnittschablonen (Bogenschnitt rechts) in Linksdeckung hergestellt werden.
Bogenschnittschablonen sollten nach Möglichkeit gegen die Hauptwindrichtung Süd bis West gedeckt werden. Das ist die überwiegende Richtung des Schlagregens. Durch Rechts- und/oder Linksdeckung wird die durch tief sitzende Nagellöcher geschwächte Seitenüberdeckung sicherer.
Deckung gegen die Hauptwindrichtung ist nicht immer möglich und darum auch nicht zwingende Regel. Die Frage der Rechts- oder Linksdeckung stellt sich zum Beispiel nicht auf quer zur Hauptwindrichtung orientierten Dachflächen. Hier kann dem Schlagregen durch mehr Gebindesteigung und Hö-

Dach- neigung [Grad]	Höhenüberdeckung [cm]	
	30/30 cm	25/25 cm
≥ 25	11 cm	–
≥ 30	10 cm	–
≥ 35	9 cm	–
≥ 40	9 cm	9 cm
≥ 45	8 cm	8 cm
≥ 55	7 cm	7 cm
Seitenüberdeckung: Format 30/30 cm generell 9 cm Format 25/25 cm generell 8 cm		

henüberdeckung als normalerweise erforderlich entsprochen werden.

46.1.3 Seitenüberdeckung

Bogenschnittschablonen 30/30 müssen seitlich mindestens 9 cm, Bogenschnittschablonen 25/25 seitlich mindestens 8 cm überdeckt werden [1].
Wird die vorgeschriebene Seitenüberdeckung nicht durch die Form des Bogenschnittes erreicht, muss die Minustoleranz durch angemessenen Fersenversatz der Bogenschnittschablonen ausgeglichen werden.
Die Bogenschnittschablonen sind mit hängender Ferse (Fersendurchhang) zu decken und mit mindestens drei Schiefernägeln oder -stiften zu befestigen [1]. Anders als bei altdeutsch behauenen Decksteinen befinden sich bei der Bogenschnittschablone zwei Brustnagellöcher unterhalb der Höhenüberdeckungslinie. Die im kritischen Bereich der Seitenüberdeckung platzierten Nagellöcher sind bei kritischer Dachneigung oder wenn die Seitenüberdeckung der Bogenschnittschablonen vom Schlagregen gefordert wird, eine Schwachstelle der Regensicherheit. Auch dem muss durch angemessen starke Gebindesteigung sowie Rechts- und/oder Linksdeckung entsprochen werden.

46.1.4 Höhenüberdeckung

Bezugsgröße für die Bemessung der Mindesthöhenüberdeckung ist bei Bogenschnittdeckung die Neigung der jeweiligen Dachfläche (Tabelle 46.3).

46.1.5 Fußgebinde

Die Mindestgebindesteigung wird wie bei der Altdeutschen Deckung bestimmt; die Höchstgebindesteigung bei Bogenschnittdeckung beträgt 100 cm auf 100 cm waagerechter Traufe.

Die Fußgebinde sollten bei Bogenschnittdeckung mit Fuß- und Gebindesteinen als eingebundener Fuß gedeckt werden (siehe Teil I, Kapitel 15.3).

Bei einem eingespitzten Fuß werden die Deckgebinde auf ein waagerechtes Traufengebinde aus Bogenschnittschablonen eingespitzt. Wegen der tief sitzenden Brustnagellöcher sollten die im Traufengebinde deckenden Bogenschnittschablonen seitlich mehr als normal überdeckt werden.

Die Höhenüberdeckung des eingebundenen und eingespitzten Fußes muss mindestens der Höhenüberdeckung der darüber befindlichen Deckgebinde entsprechen [1].

Eingebundener und eingespitzter Fuß unterscheiden sich nur in formaler Hinsicht; funktionell sind beide Ausführungen gleichwertig, da sie bei fachgerechter Deckung gleichermaßen funktionssicher sind.

46.1.6 Giebelortgang

Der Giebelortgang wird bei Bogenschnittdeckung als eingebundenes Anfang- und Endort ausgebildet.

Bedingt durch die kongruent zugerichteten Bogenschnittschablonen kann die angestrebte Länge der einzelnen Ortgebinde nicht durch praktikable Steinbreiten reguliert werden.

Damit Ortgebinde von ansehnlicher Länge gedeckt werden können, muss das Endort in bestimmten Intervallen gestaffelt werden; am Anfangort sind Übersetzungen erforderlich.

Ortgebinde von gleich bleibender Länge (Gleichorte) bedürfen einer dementsprechenden Gebindesteigung. Diese muss so angelegt werden, dass am Endort die Fußspitze der jeweils letzten Bogenschnittschablone bzw. am Anfangort die Ferse der jeweils ersten Bogenschnittschablone gleichen Abstand von der Ortkante haben, also senkrecht übereinander liegen.

46.1.7 Kehlen

Auch bei der Bogenschnittdeckung können Haupt- und Wangenkehlen mit Kehlsteinen eingedeckt werden.

Bei Hauptkehlen bedingt die Dachgeometrie oft Zugeständnisse an die Konstruktion des Kehlverbandes. So kommt zum Beispiel bei Rechtsdeckung mit Bogenschnittschablonen eine rechte Hauptkehle mit regelmäßigem Kehlgebindeanschluss auf der steilen Dachfläche kaum in Betracht. Bleiben als Ausweg eine untergelegte rechte Kehle oder Linksdeckung der Dachfläche rechts und Kehlgebindeanschluss mit Schwärmern.

Bei Rechtsdeckung beider Dachflächen und linker Hauptkehle können Bogenschnittschablonen den Kehlgebindeanschluss mit Schwärmern erschweren. Dieses Problem kann durch Zurichtung breiterer Bogenschnittschablonen aus Rohschiefer gelöst werden.

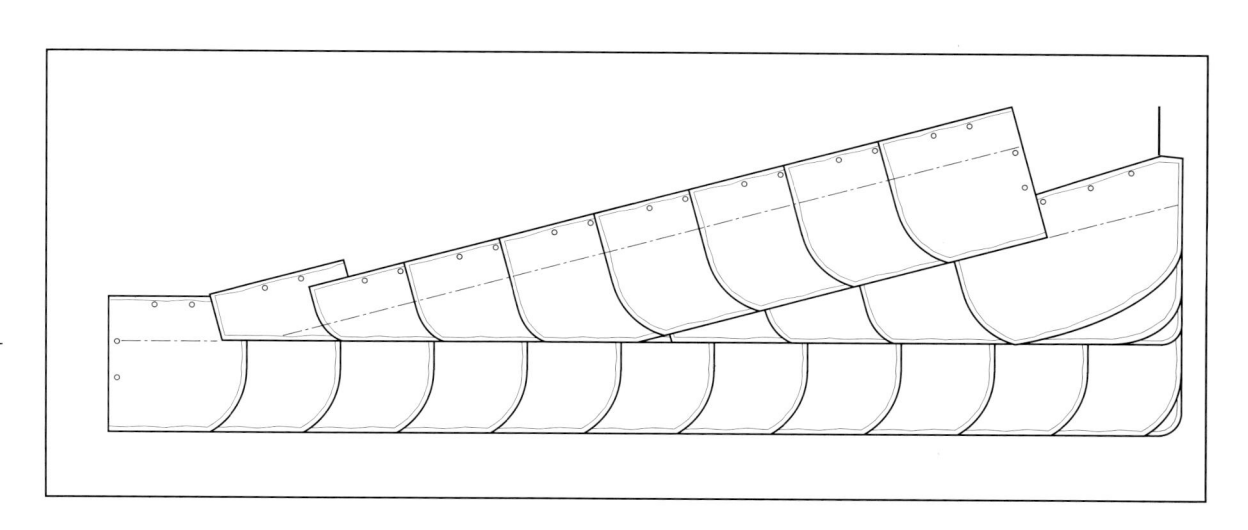

46.4 Eingespitzter Fuß auf gegenläufigem Traufengebinde bei Bogenschnittdeckung.

47 Schuppendeckung

Die Schuppendeckung ist eine aus der Altdeutschen Deckung hervorgegangene und dieser formal und ausführungstechnisch ähnliche Schieferdeckungsart.

Die Schuppendeckung besteht aus form- und größengleichen Schiefern, den so genannten Schuppen.

Die Schuppe hat die gleichen Konstruktionsparameter wie ein Deckstein im normalen Hieb für Altdeutsche Deckung. Folglich haben Schuppe und Deckstein das gleiche Format und bei gleicher Höhe dieselbe Abmessung der Seitenüberdeckung.

Schuppen sind den »hohen Weg« zugerichtet, vergleichbar mit einem auf der schmalen Seite stehenden Rechteck. Wie beim Deckstein, aber im Gegensatz zur Bogenschnittschablone, ist bei der Schuppe der das Deckungsbild bestimmende Steinrücken insgesamt bogenförmig.

Alle auf einer Dachfläche deckenden Schuppen haben dieselbe Größe, alle Deckgebinde die gleiche Höhe. Diese Kontinuität zwingt zu einer exakten Anwendungstechnik, unter Berücksichtigung der auch bei Schuppen zurichtungsbedingten Maßtoleranzen und des in [1] geforderten Fersenversatzes. Das formatbedingte Verlegeraster kann im Bereich von Ausfallflächen oder Dachverschneidungen nicht umständehalber variiert werden. Im Umfeld von Dachdurchdringungen, verschachtelten Dachbereichen und Ausfallflächen ist vorausschauende Einteilung der Deckgebindehöhen und Deckbreiten sowie exakte Schnürung der Deckgebindelinien unverzichtbar. Auf den Fußgebinden, am Endort und Kehlgebindeanfang müssen die Schuppen maßgenau angesetzt werden. In die Deckung eingeschleuste Unregelmäßigkeiten sind im weiteren Verlauf der Deckung schwer auszugleichen. Schließlich ist während der Verlegung zu beachten, dass die gewünschte Kontinuität einer Schuppendeckung auch durch sorgfältige Handhabung der Steindicken angestrebt werden muss.

Von besagten Zwängen des Verlegerasters abgesehen, unterscheiden sich Planung und Ausführung einer Schuppendeckung kaum von denen einer Altdeutschen Deckung. Die Schuppendeckung wird auf mindestens 25° geneigten Flächen mit Gebindesteigung und einer Höhenüberdeckung von mindestens 29 % der Steinhöhe ausgeführt. Schuppen ≥ 24 cm Höhe müssen mit drei Schiefernägeln oder Schieferstiften befestigt werden. Ortgänge und Grate werden als eingebundene Anfang- und Endorte ausgebildet. Schieferkehlen sind auch bei der Schuppendeckung in der bei Altdeutscher Deckung üblichen Ausführungstechnik möglich. Allerdings müssen zum Beispiel im Umfeld des Kehlgebindeanschlusses mit Schwärmern formale Zwänge toleriert werden.

47.1 Schuppendeckung mit ausgehender Ankehlung der Gaubenwangen.

47.2 Konstruktionsparameter bei Schuppen und Decksteinen.

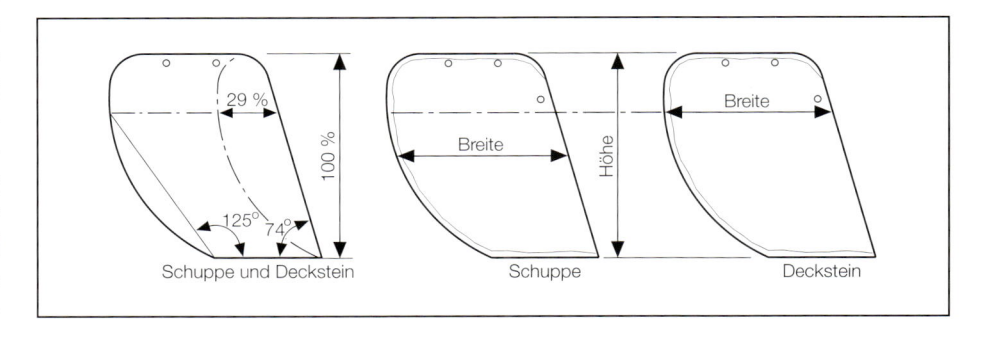

Dachneigung	Schuppengröße Höhe/Breite [cm]
25° – 30°	42/32
	40/32
	40/30
	38/30
25° – 35°	36/28
	34/28
30° – 40°	32/28
	32/25
	30/25
35° – 50°	28/23
	26/21
40° – 60°	24/19
	24/21
	22/19
	22/17
≥ 50°	20/15

47.3 Zuordnung der Schuppengröße zur Dachneigung gemäß »Fachregel für Dachdeckungen mit Schiefer«.

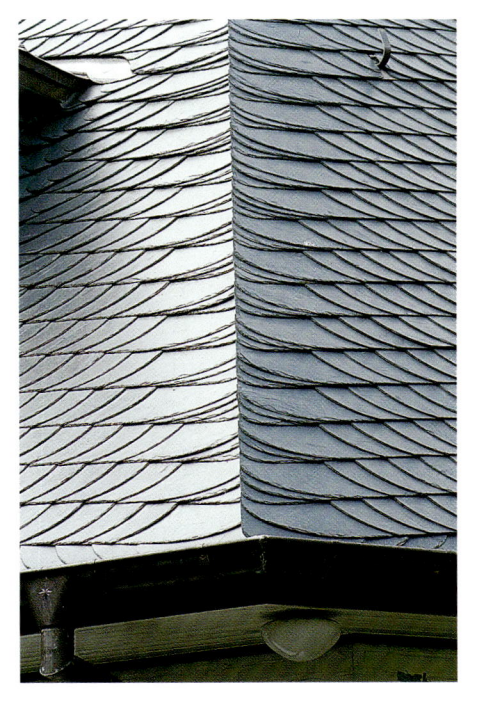

47.4 Gratdeckung mit Anfangortgebinden beiderseits bei Rechts- und Linksdeckung der Dachflächen.

47.5 Architekturbeispiel für Schuppendeckung.

47.6 Rohschiefergrößen für Ort, Fuß und Kehlen bei Schuppendeckung [28].

Schuppen- größe cm	Anfangort (Stichort) cm	Endort (Doppelort) cm	Kehlsteine cm	Fuß/Traufe Rohschiefer- sortierung
36/28	OIa	OII	KI	1/2 – 1/4
34/28	OIa	OII	KI	1/4 – 1/8
32/28	OIa	OII	KI / KII	1/4 – 1/8
30/25	OI	OII	KII	1/8 – 1/12
28/23	OI	OII	KII	1/8 – 1/12
26/21	OII	OIII	KIII	1/12 – 1/16
24/19	OII	OIII	KIII	1/12 – 1/16
22/17	OII	KIII	KIII / KIV	1/16 – 1/32
20/15	OIII	KIV	KIV	1/16 – 1/32

Eingehend angekehltes, mit Gebindesteigung gedecktes Kegeldach.

Teil II
Rechteckdoppeldeckung

0.1 Rechteckdoppeldeckung auf Dachschalung. Befestigt mit Einschlaghaken. Regelmäßig eingebundene Gratdeckung.

1 Konturen

1.1 Architekturbeispiel einer Rechteckdoppeldeckung auf Schalung.

Die Rechteckdoppeldeckung, gelegentlich auch Englische Deckung genannt, ist ein Wasser ableitendes (nicht wasserdichtes) Gefüge aus rechteckigen oder ähnlichen, nach Schablone zugerichteten Schiefern. Die Rechteckschablonen werden in waagerechten Deckreihen im Halbverband verlegt und vertikal mehr als die halbe Steinhöhe überdeckt.

Diese Verlegeart ist in allen für Schieferdeckung relevanten Ländern seit Jahrhunderten verbreitet, vorzugsweise jedoch in England und Frankreich sowie in den Landschaften der Maas und Ardennen.

Bei der Rechteckdoppeldeckung bilden die Steine einen regelmäßigen Verband. Dieser kommt durch seitlichen Versatz der etwa 3 bis 6 mm breiten Stoßfuge um eine halbe Steinbreite zustande.

Infolge der reichlichen Höhenüberdeckung bietet die Rechteckdoppeldeckung trotz der relativ großen Steine ein kleinmaßstäbliches Deckungsbild. Da die dünnplattig gespaltenen Steine seitlich nicht überlappen, ist das Relief der Rechteckdoppeldeckung flach; die Konturierung der Deckung wird durch das systematische Fugenraster und durch den Zuschnitt der Fußkanten hervorgerufen.

Bevorzugt werden Rechteckschiefer mit vollkantigen Ecken. Die Steine können aber auch gestutzte Ecken haben oder halbkreisförmig zugeschnitten sein.

Für die Planung und Ausführung der Rechteckdoppeldeckung gelten die Fachregeln des Dachdeckerhandwerks [1]. Weiterführende Literatur über eine anspruchsvolle Detaillierung der Rechteckdoppeldeckung ist im Literaturverzeichnis nachgewiesen.

2
Dachneigung und Unterdach

Bei Rechteckdoppeldeckung ist im Normalfall eine Dachneigung von mindestens 22° erforderlich.
Kleinere Dachneigungswinkel sind vertretbar, wenn eine Dachfläche mit kleinem Grundmaß weniger als normal beansprucht wird oder wenn bei Dachneigung von mindestens 12° die Rechteckdoppeldeckung auf einem wasserdichten Unterdach ausgeführt wird.

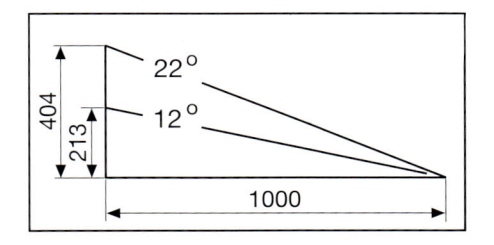

2.1 Mindestdachneigung bei Rechteckdoppeldeckung im Normalfall 22° und beim Einbau eines wasserdichten Unterdaches 12°.

2.1 Unterdachsysteme

Ein Unterdach ist eine Wasser ableitende regensichere oder wasserdichte Entwässerungsebene unter der Dachdeckung.
Das Unterdach soll Regen- oder Schmelzwasser, welches infolge ungünstiger Umstände durch die Überdeckungsfugen einer zeitweilig oder stellenweise überforderten Dachdeckung nach innen abläuft, auffangen und in die Dachrinne ableiten.
Entscheidungskriterien für ein Unterdach sind zum Beispiel:
- riskante Dachneigung,
- zu wenig geneigtes Gaubenschleppdach,
- zu flach vorgezogener Dachvorsprung,
- flach geneigte Dächer über Wohnräumen mit sichtbarer Dachunterseite.

Ein Unterdach ist nur bei Rechteckdoppeldeckung auf Latten sinnvoll. Bei Schieferdeckung auf Schalung verhindert ein Unterdach zwar das Ablaufen des Wassers nach innen, die Durchfeuchtung der über dem Unterdach befindlichen Schalung oder Lattung kann indes nicht verhindert werden.
Eine Unterspannung der Rechteckdoppeldeckung gilt bei geringer Dachneigung nicht als Unterdach, da die Überlappungen der Unterspannbahnen und die Anschlussverbindungen nicht wasserdicht sind.
Regensichere oder wasserdichte Unterdächer werden auf Holzschalung ausgeführt. Geeignet sind Bretter mit Nenndicke ≥ 24 mm der Sortierklasse S 10 oder MS 10 nach DIN 4074-1 (siehe Teil I, Kapitel 5). Die Schalung muss bei Beginn der Schieferdeckungsarbeiten trocken sein.

Die Abdichtung des Unterdaches kann zum Beispiel mit Bitumenschweißbahnen 1-lagig hergestellt werden. Die Bitumenschweißbahnen werden auf einer unverklebten Trennlage aus Bitumendachbahnen V 13 lose verlegt und verdeckt genagelt. Alle Überlappungen der Bitumenschweißbahnen müssen wasserdicht verklebt oder verschweißt werden. Anschlüsse an Wandbaustoffe oder dachdurchdringende Teile müssen ebenfalls wasserdicht hergestellt werden.
Ebenso kann eine 1-lagige Abdichtung des Unterdaches auch aus lose verlegten Kunststoffdachbahnen mit werkstoffspezifisch gefügten Überlappungen bestehen.
Unterdächer erfordern eine Konterlattung, damit das auf die Abdichtung gelangende Wasser zur Traufe ablaufen kann. Damit Dachbahnen und Dachlatten nach einer Befeuchtung durch

2.2 Dachaufbau bei Rechteckdoppeldeckung auf Latten mit regensicherem Unterdach (links) und wasserdichtem Unterdach (rechts).
1 Rechteckschiefer
2 Dachlatte
3 Abdichtungslagen, 1-lagig, lose verlegt: Bitumenschweißbahnen (links) oder Kunststoffdachbahnen (rechts)
4 Konterlatte
5 Nagellochabdichtung
6 Schalung
7 Sparren.

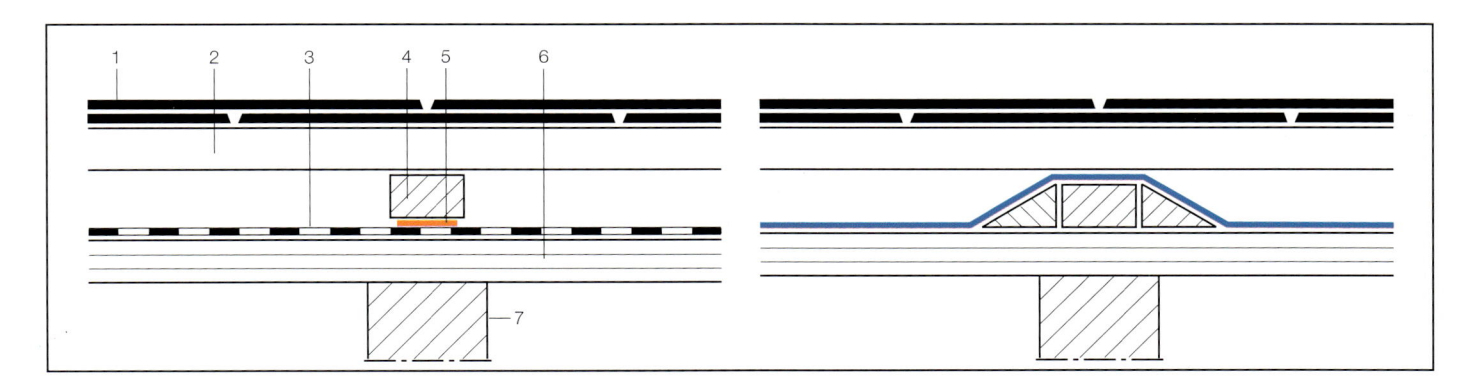

Niederschlags- oder Tauwasser trocknen können, muss die Luftschicht zwischen Unterdach und Dachdeckung be- und entlüftet werden.

Bei normaler Beanspruchung des Unterdaches müssen Konterlatten mit Nenndicke ≥ 24 mm verwendet werden. Beim wasserdichten Unterdach sollten dickere Konterlatten verwendet werden.

Die Konterlatten müssen über den Sparren verlegt und sollen mit drei Drahtstiften je Meter befestigt werden. Die zur Befestigung der Konterlatten verwendeten Nägel müssen so lang sein, dass sie mit einer Einschlagtiefe des 12fachen Nageldurchmessers in die Sparren greifen.

Beim Dachlattenstoß auf den Konterlatten muss der Abstand des Nagels vom Lattenende und vom Rand des Sparrens das 5fache des Nageldurchmessers betragen. Gegebenenfalls müssen breitere Konterlatten verwendet oder zwei Konterlatten nebeneinander angeordnet werden.

Das Dachdeckerhandwerk unterscheidet zwischen einem wasserdichten und einem regensicheren Unterdach. [11]

Das wasserdichte Unterdach ist auf der gesamten Dachfläche sowie im Bereich von Wandanschlüssen und Dachdurchdringungen auch bei wenig Dachneigung wasserundurchlässig.

Das wasserdichte Unterdach darf keine Lüftungsöffnungen enthalten. Nur die Luftschicht zwischen Unterdach und Schieferdeckung wird durch eine Spaltlüftung hinter der Dachrinne und eine Firstentlüftung an die Außenluft angeschlossen. Das Unterdach durchdringende Teile müssen wasserdicht an die Abdichtung des Unterdaches angeschlossen werden.

Beim *wasserdichten* Unterdach werden die über den Sparren anzuordnenden Konterlatten direkt auf die Schalung verlegt und mit den Dachbahnen oder mit Streifen aus Dachbahnen überdeckt. Die Dachbahnstreifen müssen mit der Flächenabdichtung wasserdicht verklebt oder verschweißt werden. Durch die wannenförmige Ausbildung des Unterdaches befinden sich die Nagellöcher der Konterlattenbefestigung außerhalb der Wasser ableitenden Abdichtungsebene, so dass sie von dem darauf ablaufenden oder vagabundierenden Wasser nicht erreicht werden. Vollkantige Konterlatten können beiderseits zu einem trapezförmigen Querschnitt abgeschrägt oder an jeder Kantenfläche durch eine Dreikantleiste ergänzt werden.

Beim *regensicheren* Unterdach liegen die über den Sparren anzuordnenden Konterlatten auf der Dachabdichtung und werden durch diese hindurch genagelt. Um das auf der Abdichtung ablaufende Wasser von den Nagellöchern der Konterlattenbefestigung möglichst fernzuhalten, sollten die Konterlatten mit Dichtbändern unterlegt werden.

Das belüftete Unterdach endet etwa 3 cm unterhalb des Firstscheitels und wird ober- und unterseitig belüftet. Die Lüftungsebene zwischen Abdichtung und Schieferdeckung dient der Trocknung der Abdichtungsebene und Dachlattung nach Inanspruchnahme des Unterdaches durch von außen eingedrungenes Wasser. Die unterseitige Lüftung des Unterdaches erfolgt durch die übliche Lüftung des Dachraumes oder der Lüftungsebene über der Wärme-

2.3 *Mögliche Traufenausbildung bei Rechteckdoppeldeckung auf Latten und regensicherem Unterdach.*

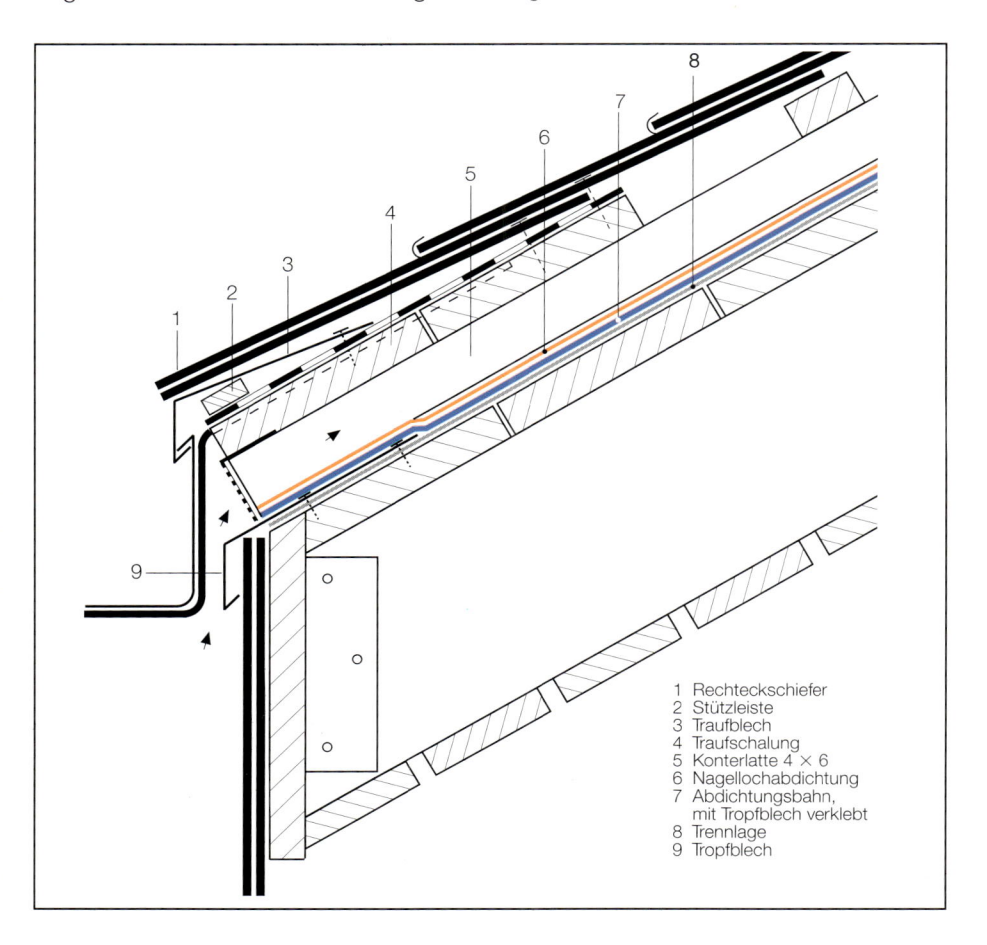

1 Rechteckschiefer
2 Stützleiste
3 Traufblech
4 Traufschalung
5 Konterlatte 4 × 6
6 Nagellochabdichtung
7 Abdichtungsbahn, mit Tropfblech verklebt
8 Trennlage
9 Tropfblech

2.4 bis 2.6   Beispiele für die Ausbildung des Giebelortgangs und Lüfterfirstes bei Rechteckdoppeldeckung auf Latten und Unterdach.

 1 Rechteckschiefer
 2 Profilbohle
 3 Ortgangschalung
 4 Abdichtungsbahn auf Trennlage
 5 Schalung
 6 Nagellochabdichtung
 7 Konterlatte
 8 Dachlatte
 9 Mineralfaserdämmung
10 Deckenbekleidung
11 Lattung und Installationsebene
12 Anpressleiste
13 Dampfsperre
14 Firstgebinde
15 Brett
16 Kantholz
17 Bitumendachbahn V 13

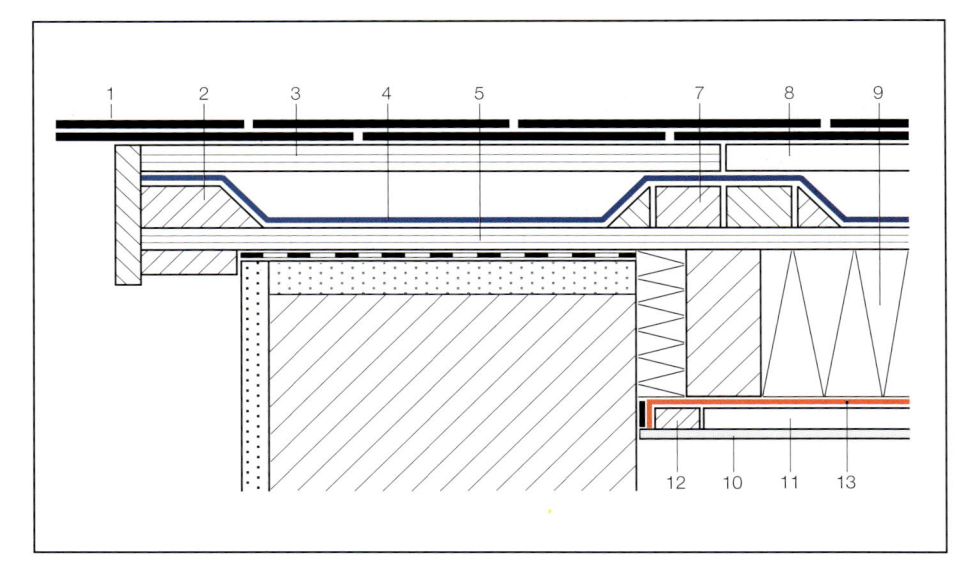

2.4

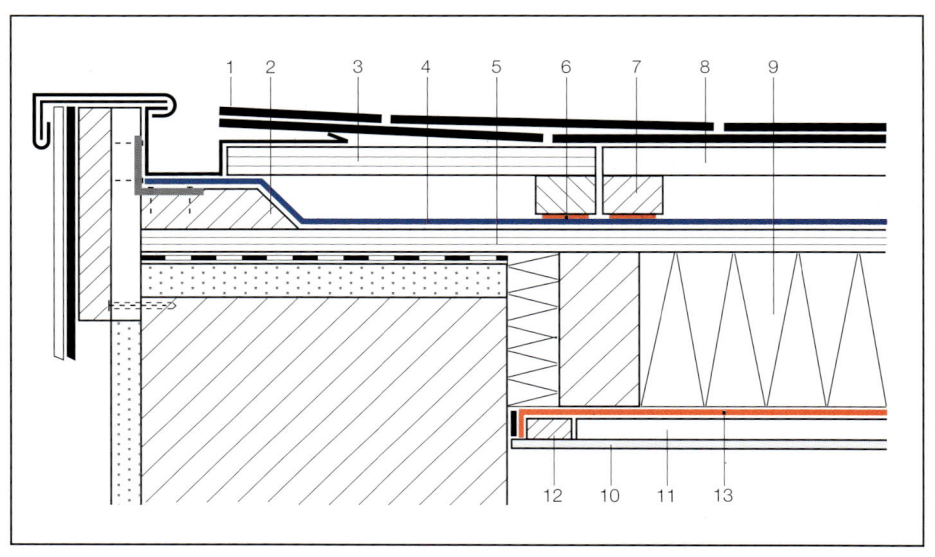

2.5

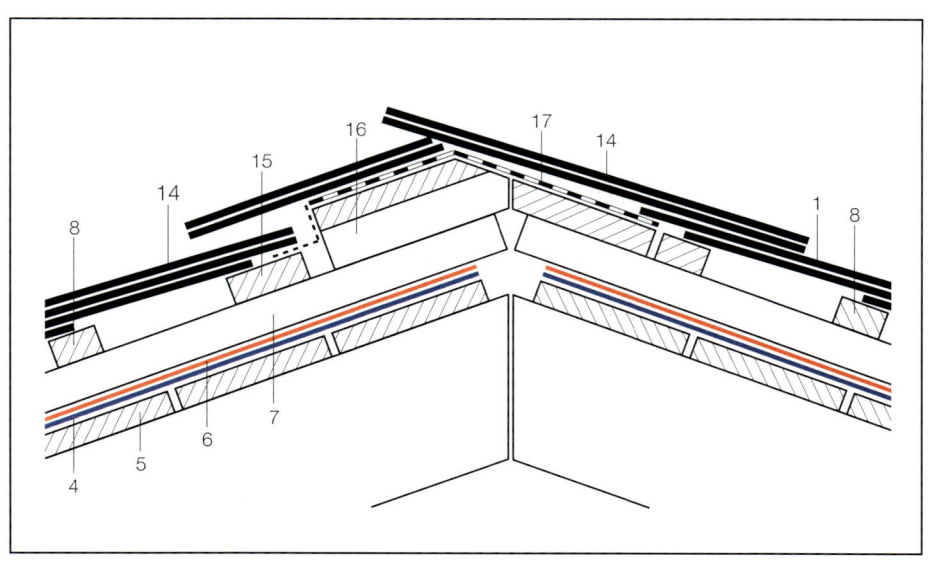

2.6

2.7 Flach geneigtes Dach mit Rechteckdoppeldeckung auf Unterdach.

dämmung. Sie schützt unter anderem die Schalung des Unterdaches gegen schadensursächliche Tauwasserbefeuchtung.

2.1.1 Traufe

Das Unterdach muss unabhängig von der Schieferdeckung entwässern können.
In Abbildung 2.3 entwässert die Schieferdeckung in eine vorgehängte Dachrinne. Das auf dem Unterdach gelegentlich abfließende Wasser wird über ein mit den Dachbahnen wasserdicht verklebtes Tropfblech außer Haus geleitet. Die Konstruktionshöhe des Unterdaches wird durch die Dachrinne verdeckt.

2.1.2 Ortgang

Der Ortgang muss so ausgebildet werden, dass auf dem Unterdach vagabundierendes Wasser nicht über die Ortkante nach außen ablaufen kann.
In den Abbildungen 2.4 und 2.5 ist die Abdichtung des Unterdaches auf eine längs der Ortkante befestigte Profilbohle angehoben. Dies kann ebenso durch eine Dachlatte mit seitlich anschließender Dreikantleiste geschehen.
In Abbildung 2.5 decken die Rechteckschiefer auf eine durch Hafter gehaltene Ortgangrinne, zum Beispiel aus Kupferblech. Der Abstand zwischen der Tropfkante der seitlichen Ortgangbekleidung (hier Schiefer) und Außenwand muss mindestens 20 mm, bei Kupferblech mindestens 50 mm betragen.

2.1.3 Wandanschluss

Unterdach und Schieferdeckung müssen voneinander unabhängig an den Wandbaustoff angeschlossen werden. Beim wasserdichten Unterdach werden die Abdichtungsbahnen über eine vor der Wand auf der Schalung befestigte Profilbohle bis an die Wand herangeführt. Ein aufgeschweißter oder aufgeklebter Anschlussstreifen wird an der Wand bis über die Schieferdeckung hochgekantet und an den Wandbaustoff angeschlossen.

Beim regensicheren Unterdach können die Abdichtungsbahnen direkt oder mittels aufgeschweißten Dachbahnenstreifen an der Wand bis über die Schieferdeckung hochgeführt und angeschlossen werden. Die längs der Wand anzuordnende Konterlatte wird auf der Abdichtung angeordnet.
Der hinterlaufsichere Anschluss der Schieferdeckung an den Wandbaustoff erfolgt bei jeder Ausführung separat in der üblichen Anschlusstechnik.

2.1.4 First

Das wasserdichte Unterdach hat am First keine Lüftungsöffnungen.
Beim belüfteten Unterdach (Abb 2.6) endet dies an jeder Seite etwa 3 cm unterhalb des Firstscheitels. Die Lüftungsebene über dem Unterdach sowie der Dachraum oder die Lüftungsebene über der Wärmedämmung werden an die Außenluft angeschlossen. Das kann durch den Einbau von Einzellüftern unterhalb der Firstdeckung oder durch einen auf der Leeseite des Daches offenen Lüfterfirst geschehen.

3 Unterlage

Die Rechteckdoppeldeckung kann auf Schalung oder Lattung hergestellt werden.

Schalung ist zweckmäßig, wenn bei aufwendiger Dachdetaillierung die Schieferdeckung oft an Grate, Kehlen, Gauben oder Wohnraumdachfenster angearbeitet werden muss. Schalung wird außerdem bei Schieferbefestigung mit Schiefernägeln oder Schieferstiften bevorzugt.

Die für Bretter und Schalung relevanten Anforderungen sind im Teil 1, Kapitel 5 beschrieben.

3.1 Lattung

Lattung empfiehlt sich bei größeren, durch Anschlussdetails nur wenig gegliederten Dachflächen sowie bei Schieferbefestigung mit Klammerhaken.

Bei Schieferbefestigung mit Klammerhaken soll der Nennquerschnitt der Latten bei einem lichten Abstand der Sparren oder Konterlatten bis 60 cm mindestens 24 × 48 mm betragen. Größere Auflagerabstände erfordern Latten ≥ 30/50 mm, die mancherorts ohnehin obligatorisch sind.

Bei Schieferbefestigung mit Schiefernägeln oder Schieferstiften auf Latten sind solche mit Nennquerschnitt 40 × 60 mm erforderlich. Wegen dieser Abmessungen und der bei Rechteckdoppeldeckung geringen Lattweite kommt Nagelbefestigung auf Latten unter wirtschaftlichem Aspekt kaum in Betracht. Konterlatten für normal beanspruchte regensichere Unterdächer, Unterspannbahnen, Unterdeckungen müssen eine Nenndicke von mindestens 24 mm haben [11]. Beim wasserdichten Unterdach sowie bei geringer Dachneigung sollten dickere Konterlatten verwendet werden.

- Für die Lattung der Rechteckdoppeldeckung müssen Latten der Sortierklassen S 10 oder MS 10 gemäß DIN 4074-1 verwendet werden. Die Latten müssen bei Beginn der Schieferdeckungsarbeiten trocken sein.

Die Breite k der Baumkante wird an der Schräge gemessen und als Bruchteil K der größeren Querschnittsseite angegeben. Der Quotient K bestimmt die Zuordnung der Latte zu einer Sortierklasse. Bei Latten der Sortierklasse S 10 oder MS 10 sind Baumkanten mit K ≤ 1/3 der größeren Querschnittsseite zulässig. In jedem Lattenquerschnitt muss mindestens ein Drittel jeder Querschnittsseite von Baumkante frei sein.

Die Baumkanten müssen restlos entrindet und entbastet sein, damit keine Trockenholzschädlinge in das Gebäude eingebaut werden und einem Befall vorgebeugt wird.

Bei Latten der Sortierklasse S 10 sind Abweichungen von den vorgesehenen Nennquerschnitten nach unten bis 3 % bei 10 % der Lattenmenge, bei Latten der Sortierklasse MS 10 bei 1,5 % der Lattenmenge zulässig. Die Nennquerschnitte beziehen sich auf eine mittlere Holzfeuchte von 30 %.

Eine Längskrümmung (Verdrehung) der Latten bis zu 8 mm auf 2 m Länge ist zulässig, außerdem bei Latten der Sortierklasse S 10 auch eine Querkrümmung bis 1/30.

Die Latten müssen mit zwei baumkantenfreien Längskanten auf den Sparren oder Konterlatten aufliegen und im unteren Drittel ihrer Querschnittsbreite befestigt werden. Die Einschlagtiefe der Nägel muss bei tragenden Latten ohne rechnerischen Nachweis mindestens das 12fache des Nageldurchmessers betragen.

Bei Lattenstößen, insbesondere auf Konterlatten, muss der Abstand des Nagels vom Stoß und vom Rand des Sparrens das 5fache des Nageldurchmessers betragen [5]. Gegebenenfalls müssen breitere Konterlatten verwendet oder zwei Konterlatten nebeneinander angeordnet werden.

Beiderseits der Firste, Grate und Kehlen, vor Gauben und Dachwohnraumfenstern sowie an Giebelortgängen und im Bereich von Wandanschlüssen ist bei Rechteckdoppeldeckung auf Latten eine der Schiefergröße angemessen breite Holzschalung mit Vordeckung erforderlich.

3.1 Ansicht einer mit Einschlaghaken befestigten Rechteckdoppeldeckung.

4
Überdeckung und Verband

Standardformat für die Rechteckdoppeldeckung ist das vollkantige, auf Dächern als Hochformat verlegte Rechteck. Die Rechteckschiefer können aber auch gestutzte Ecken haben oder unten abgerundet sein. Lieferbar sind auch quadratische Schiefer (Quadrate).
Die Rechteckschablonen werden gemäß Tabelle 9 nach der Maßordnung Höhe × Breite [cm] bezeichnet [1].

4.1 Überdeckung

Bei der Rechteckdoppeldeckung wird jeder Stein von der nächsten und übernächsten Deckreihe überdeckt.
Die Überdeckung eines Schiefers durch die übernächste Deckreihe ist der Nennwert der Höhenüberdeckung, fachsprachlich kurz Höhenüberdeckung genannt (Bild 4.1). Der Begriff »Höhenüberdeckung« bezeichnet also nicht die Gesamtüberdeckung eines Rechteckschiefers, sondern nur denjenigen Bereich, in dem jeweils drei Steine um den Nennwert der Höhenüberdeckung aufeinander liegen.
Die im Normalfall erforderliche Mindest-Höhenüberdeckung ist in den Fachregeln des Dachdeckerhandwerks gemäß Tabelle 4.4 geregelt.

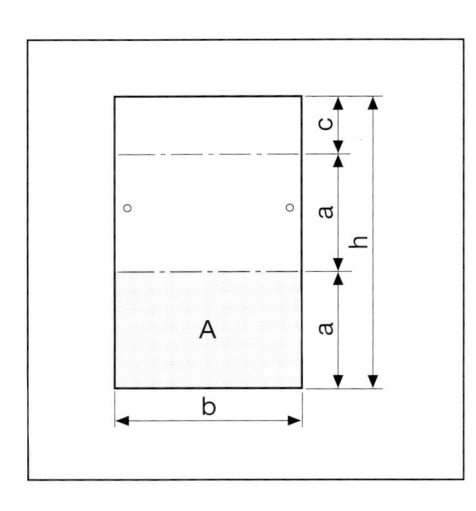

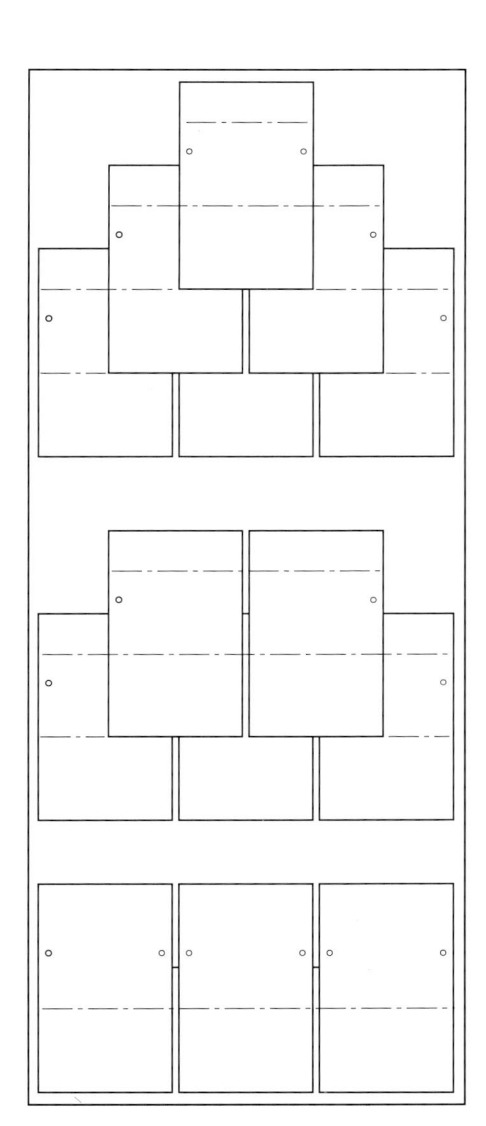

4.1 und 4.2 Überdeckung und Verband bei Rechteckdoppeldeckung.

a Reihenabstand, Lattweite
b Steinbreite
c Nennwert der Höhenüberdeckung
h Steinhöhe
A Sichtfläche

4.2 Halbverband

In der Abbildung 4.2 ist dargestellt, wie bei der Rechteckdoppeldeckung die Steine schichten und überdecken. Es ist zu erkennen, dass die Schiefer im Bereich des Nennwertes der Höhenüberdeckung dreifach, im übrigen Bereich doppelt aufeinander liegen.
Die auf dem Dach sichtbare, in Abbildung 4.1 mit A bezeichnete Fläche des Rechteckschiefers ist die Sicht- oder Deckfläche. Deren Höhe ist gleich dem Gebindeabstand (Gebindehöhe), der Lattweite oder dem Abstand der horizontalen Schnürung. Diese Abmessungen errechnen sich aus

$$\frac{\text{Steinhöhe} - \text{Höhenüberdeckung}}{2}$$

Die oberhalb der Sichtfläche gelegene Gesamtüberdeckungsfläche wird durch zwei nebeneinander deckende Schiefer der nächsten Deckreihe seitlich je zur Hälfte überdeckt. Die Vertikalfuge ist bei der Dachdeckung 3 bis 6 mm breit.
In die freiliegenden Vertikalfugen kann Wasser ungehindert eindringen und sich von da aus, begünstigt durch Windpressung und Kapillareffekt, in der Seitenüberdeckung ausbreiten. Dies umso intensiver, je weniger die Dachfläche geneigt ist.
Damit die Überdeckung funktionssicher ist, müssen die Steine umso größer gewählt und umso mehr überdeckt werden, je weniger die Dachfläche geneigt ist (Tabelle 4.4).
Bezugsbasis für die Wahl der Steingrößen ist die Neigung der Dachfläche. Vom Normalfall abweichende Bedingungen, beispielsweise großes Sparrengrundmaß oder ungünstige Klima- oder Schlagregenbeanspruchung des jeweiligen Daches, erfordern mehr Überdeckung als in Tabelle 4.4 für den Normalfall angegeben.

4.3 Anschluss an eine Gaubenwange durch unterliegende Nocken.

4.3 Arbeitsvorbereitung

Die Rechteckschiefer werden ungelocht und in unterschiedlicher Steindicke angeliefert.

Für die Verlegung auf Dachschalung werden die Rechteckschiefer etwa 2 bis 3 cm von den Längskanten entfernt gelocht. Die Nagellöcher dürfen nicht an die Splitterkanten der Schiefer heranreichen. Die Nagellöcher müssen so platziert werden, dass später die Nägel nicht auf den darunter verlegten Schiefer treffen.

Eine weitgehend ebenflächige Deckung ist möglich, wenn die Steine im Zuge des Lochens nach drei bis vier Steindicken klassiert und so neben der Haubank abgelegt werden. Die Klassierung erfolgt gefühlsmäßig und verursacht keinen Mehraufwand. Während der Dachdeckungsarbeiten wird an der Traufe mit den dicksten Steinen begonnen und zum First hin die jeweils dünnere Klassierung verarbeitet.

Eine wichtige Vorarbeit ist das Schnüren des Fugenrasters. Bei Verlegung auf Dachschalung wird horizontal und vertikal geschnürt.

Zu Beginn der Horizontalschnürung wird zunächst die Dachfläche von oben nach unten in gleichmäßige Gebindehöhen eingeteilt, damit später im Firstbereich kein drastischer Differenzausgleich notwendig ist. Bei Verlegung auf Dachschalung werden meistens die Kopflinien der Gebinde geschnürt. Möglich ist aber auch die Schnürung der Fußlinien.

Bei der Vertikalschnürung wird von Mitte Dachfläche aus nach rechts und links geschnürt, damit symmetrische Ortdeckungen erreicht werden. Geschnürt wird im Abstand von eins bis drei Steinbreiten, wobei die jeweilige Fugenbreite zu berücksichtigen ist.

Im Ortgangbereich richtet sich die Vertikalschnürung nach der vorher ausgemittelten Breite der Ortsteine und Passstücke.

	Höhenüberdeckung [cm]			
Dachneigung [Grad]	60/30 50/25 40/20	40/40 40/25 35/20	35/35 35/25	30/30 30/20
≥ 22	12	–	–	–
≥ 30	10	10	–	–
≥ 40	8	8	8	–
≥ 50	–	6	6	6

4.4 Mindesthöhenüberdeckung durch das übernächste Gebinde [1]. Nennwert der Höhenüberdeckung.

5 Steinbefestigung

Auf Dachschalung können die Rechteckschiefer sowohl mit Schiefernägeln oder Schieferstiften wie auch mit Einschlaghaken befestigt werden. Auf Dachlatten 24/48 mm oder 30/50 mm kommt nur Befestigung mit Klammerhaken (auf den Sparren mit Einschlaghaken) in Betracht, da diese Latten beim Nageln schadensursächlich federn.

Eine Hakenbefestigung hat den Vorteil, dass die Deckung in sich beweglich ist. Geklammerte Schiefer widerstehen den bei Bewegungen der Konstruktion und Deckunterlage auftretenden Biegespannungen besser als genagelte, kraftschlüssig mit der Unterkonstruktion verbundene Schiefer.

Eine mit Haken befestigte Rechteckdoppeldeckung ist sturmsicher, da Kopf und Fuß der Schiefer von je einem Haken niedergehalten werden. Es ist kaum möglich, dass durch Klammerhaken an der Dachlattung befestigte Rechteckschiefer durch Windkräfte abgehoben werden können. Auch Einschlaghaken ergeben trotz ihrer glatten Spitze eine sturmsichere Deckung, da Windsoglasten nicht axial auf den spitzwinklig abgekanteten Einschlagschaft einwirken.

Klammer- und Einschlaghaken müssen aus Kupfer oder aus nicht rostendem Stahl der Werkstoff-Nr. 1.4571 (Stahlgruppe A4) bestehen. Haken aus Stahl werden auch mit schwarzer Oberfläche angeboten.

Die erforderliche Länge der Haken ist gleich dem Nennwert der Höhenüberdeckung plus 10 mm.

Um eine optimale Befestigung mit Klammerhaken zu erreichen, muss zwischen Schieferkopf und Oberkante Dachlatte ein Abstand von etwa 10 mm eingehalten werden.

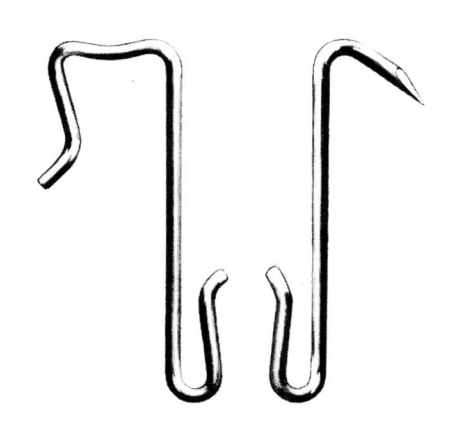

5.2 Deckungsbild bei Hakenbefestigung. Jeder Stein wird am Kopf und Fuß von je einem Haken niedergehalten.

5.1 Klammer- und Einschlaghaken.

Bei Nagelbefestigung werden die Rechteckschiefer an jeder Längskante mit mindestens einem Schiefernagel oder Schieferstift befestigt. Am First und Giebelortgang muss jeder Stein, auch bei Klammerbefestigung, dreimal genagelt werden.

Die Nagellöcher werden etwa 20 bis 30 mm neben den Seitenkanten der Rechteckschiefer eingeschlagen. Angesichts der bei Rechteckdoppeldeckung großen Steinformate ist ein geringer Kantenabstand der Nagellöcher nachteilig.

Bei Nagelbefestigung auf Dachlatten 40/60 mm greift der Schieferkopf etwa 15 mm auf die Dachlatte, damit in der nächsten Deckreihe genügend Lattenbreite für die Nagelung zur Verfügung steht.

Die Position der Nagellöcher wird durch den Lattenabstand bestimmt. Da für die Nagelung nur ein Teilbereich der Lattenbreite zur Verfügung steht, müssen die Latten exakt geradlinig verlegt und die Nagellöcher maßgenau eingeschlagen werden. Gelocht wird am besten unter Zuhilfenahme einer am Haubock befestigten Lehre.

Die an der Traufe erforderlichen Ansetzsteine werden auch dann mit mindestens zwei Schiefernägeln oder Schieferstiften auf einer Traufschalung genagelt, wenn die Rechteckdoppeldeckung geklammert wird.

6 Giebelortgang

Der Giebelortgang kann mit oder ohne Überstand sowie mit beweglich befestigten Blechen, zum Beispiel als vertiefte Ortgangrinne, ausgebildet werden.

Eine einfache Ausführung des Giebelortgangs besteht zum Beispiel aus etwa 8 bis 15 cm über die Giebelwand vorkragender, nach Schnurschlag abgeschnittener Dachschalung, unterseitigem Hängebrett und seitlicher Stirnleiste. Das gehobelte Hängebrett wird bei Nagelbefestigung von der Unterseite aus genagelt. Die Drahtstifte müssen so lang sein, dass deren Spitze an der Oberseite der Dachschalungsbretter herauskommen und umgeschlagen werden können. Die über die Unterseite des Hängebrettes etwa 1 cm überstehende gehobelte Stirnleiste wird in der Kantenfläche des Hängebrettes genagelt.

Bei Rechteckdoppeldeckung auf Lattung wird der Ortgangbereich bis auf den vorletzten Sparren geschalt. Gegen die Dachschalung stoßen bündig die Dachlatten. Die Ortgangschalung ermöglicht eine solide Befestigung der seitlich überstehenden Ort- und Halbsteine mit drei Schiefernägeln oder -stiften.

Die Ortgangsteine werden mit seitlichem Überstand von etwa 5 cm gedeckt. Eine gerade Überstandskante wird mittels straff gespannter Schnur oder gerade abgerichteter Ortlatte erreicht.

Auch bei Dachflächen ohne holzkonstruktiven Ortüberstand überragt die Schieferdeckung die Außenwand um etwa 5 cm. Wird die Außenwand geputzt, müssen Dachschalung oder Dachlatten einige Zentimeter vor der äußeren Wandfläche enden, damit im Außenputz keine Spannungsrisse entstehen. Im Bereich der Außenwand dürfen die Enden der Dachschalungsbretter nicht federn.

Am Giebelortgang, am Dachfenster und auf Wandanschlussblechen werden die Ortgebinde abwechselnd mit einem breiten und einem schmalen Ortstein (Halbstein) begonnen oder beendet. Dadurch kommt auch bei der Ortdeckung ein regelmäßiger Verband zustande (Bild 6.1).

Die Ortsteine werden meistens aus dem auf der Dachfläche verwendeten Rechteckformat, gegebenenfalls auch aus Zubehörformaten passend zugerichtet. Die untere Außenecke der Ortsteine wird entweder unter 45° gestutzt oder abgerundet. Auch die obere Außenecke der Ortsteine und Halbsteine muss gestutzt oder abgerundet werden, damit deren Kopfkante kein Wasser einwärts leiten kann.

Zu Beginn der Dachdeckungsarbeiten wird am First und an der Traufe die Konstruktionslänge der Dachfläche gemessen und das Ergebnis durch die Breite der für die Dachfläche bereitstehenden Rechteckschiefer, einschließlich Fugenanteil, dividiert. Bei Sattel- und Pultdächern wird eine symmetrische Deckung beider Ortgangbereiche durch Einteilung und Schnürung von Mitte Dachfläche nach rechts und links erreicht. Zur exakten Schnürung des Fugenrasters ist eine möglichst dünne Schnur erforderlich.

Sofern bei der Einteilung der Dachfläche in Steinbreiten eine Differenz verbleibt, kann diese oft schon durch Variieren der seitlichen Dachüberstände ausgeglichen werden. Sollte dies nicht ausreichen oder ein konstruktiver Dachüberstand nicht vorhanden sein, kann

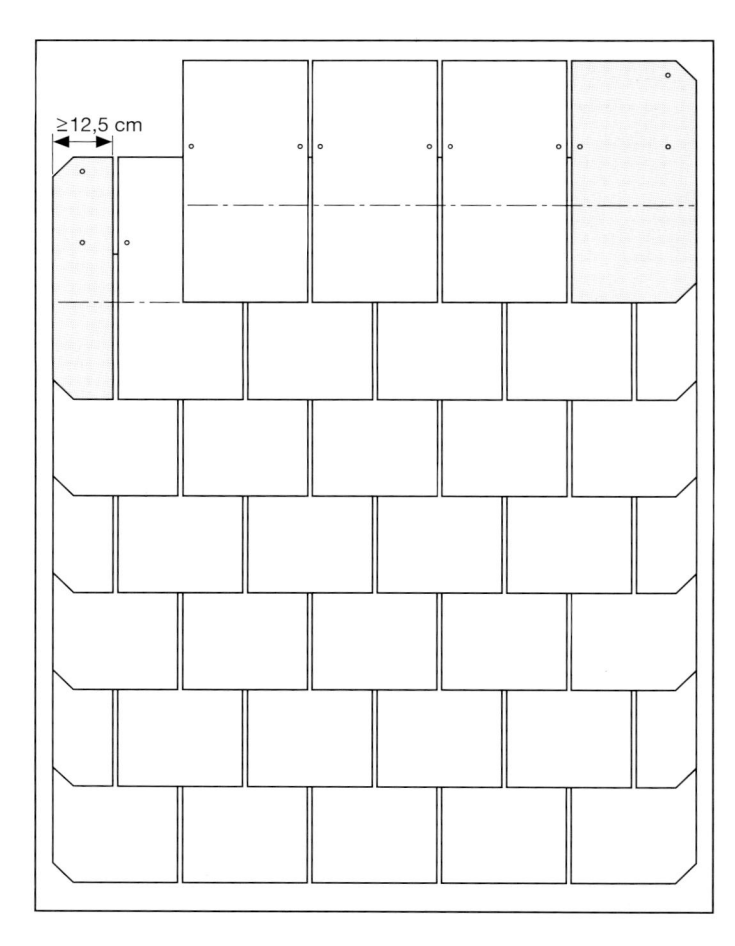

6.1 Deckung des Giebelortganges in Normalausführung.

6 Giebelortgang

6.2 und 6.3 Nichtmaßstäbliche Beispiele für einen konstruktionsbedingten Breitenausgleich im Bereich des Giebelortgangs, durch Einfügen eines aus Zubehörformaten zugerichteten Passstückes oder durch Variieren der Ortsteinbreite.
Generell gilt: Die Breite der schmalen Ortsteine muss mindestens 12,5 cm, die Seitenüberdeckung im Bereich der Ortdeckung mindestens ein Drittel der auf der Dachfläche relevanten Steinbreite betragen [1].

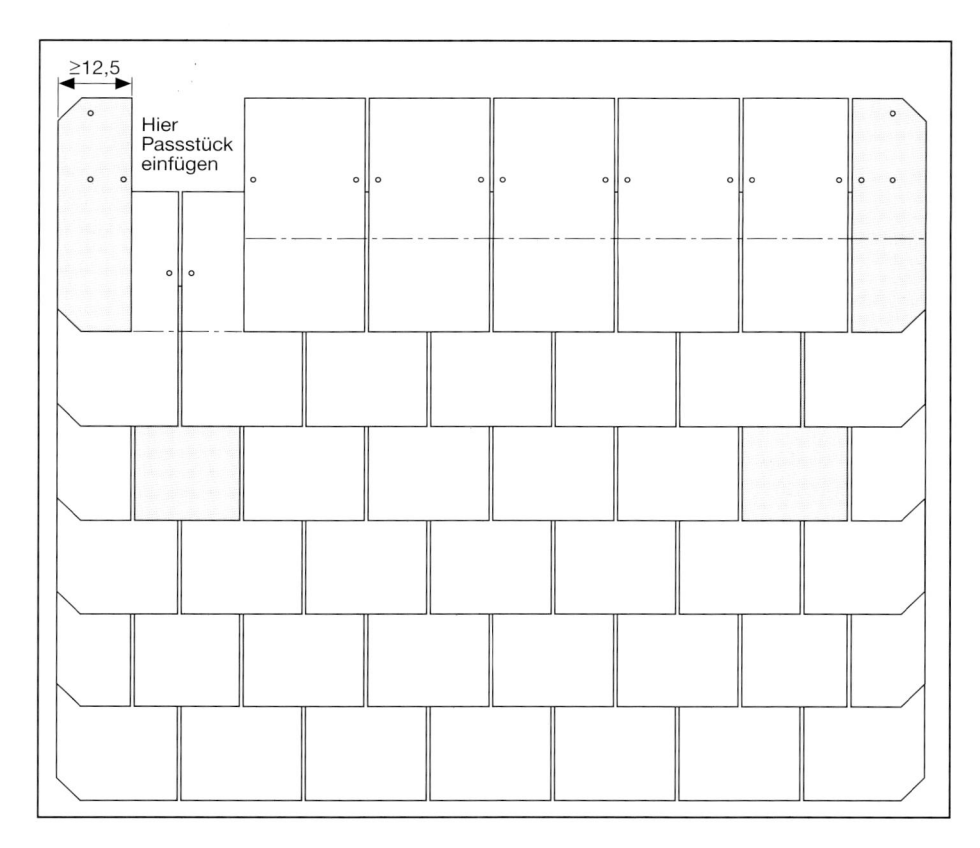

die Differenz durch Ausmitteln der Steinbreite neben dem Ortgang (Passstücke) und/oder durch passend gewählte Ortsteinbreiten ausgeglichen werden (Abbildungen 6.2 und 6.3). Für den Breitenausgleich im Bereich der Ortdeckung können sortierte Zubehörformate aus dem gleichen Gewinnungsbetrieb verwendet werden.

- Zum Ausgleich von Maßdifferenzen dürfen die Ortsteine (Halbsteine) nicht schmaler als 12,5 cm zugerichtet werden [1]. Schmalere Ortsteine haben bei überstehendem Ort sowie auf Anschlussblechen oder Eindeckrahmen zu wenig Auflager und zu wenig Platz für eine solide Befestigung.
- Beim Ausmitteln der Ortsteine und/ oder Passstücke ist davon auszugehen, dass die Seitenüberdeckung der vom Breitenausgleich betroffenen Steine mindestens ein Drittel der auf der Dachfläche verwendeten Steinbreite betragen muss [1].

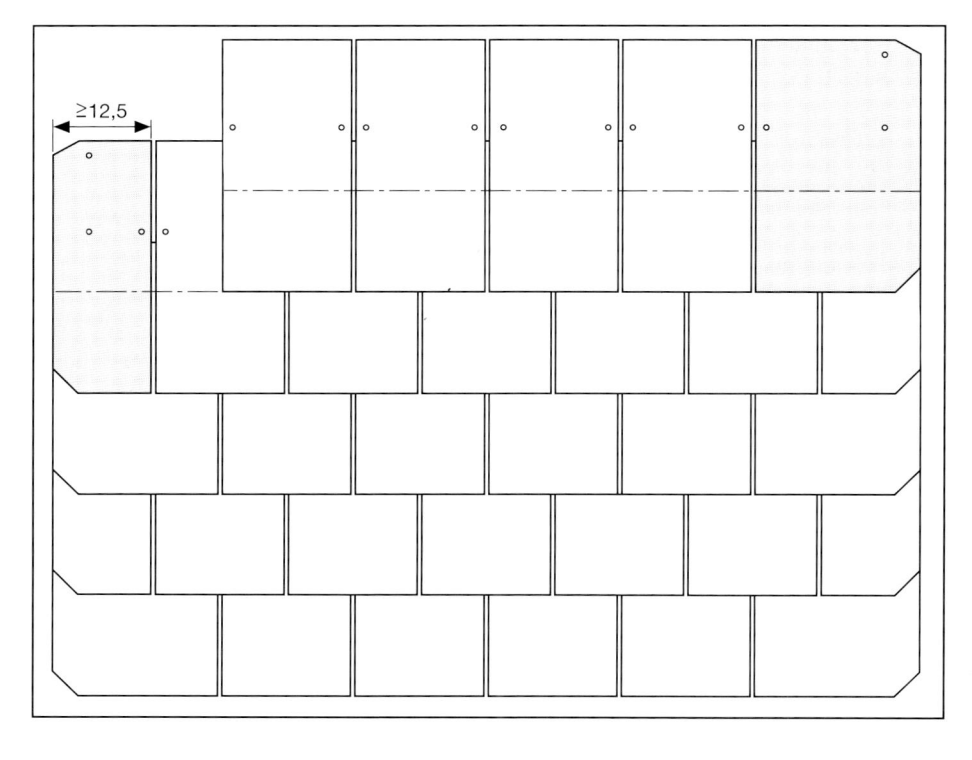

7 Grat

Bei der Rechteckdoppeldeckung können Grate auf unterschiedliche Art eingedeckt werden. Bevorzugt wird das aus Strackortsteinen bestehende aufgelegte Ort. Eine ansprechendere Ausführung ist die im Verband hergestellte eingebundene Gratdeckung.

7.1 Aufgelegte Gratdeckung

Die Gratdeckung mit so genannten Strackortsteinen ist bei jeder für Rechteckdoppeldeckung geeigneten Dachform und Gratneigung möglich.

Bei der Rechteckdoppeldeckung auf Dachlatten werden die am Gratsparren angrenzenden Dachflächen etwa 30 cm breit mit den Dachlatten bündig geschalt. Sind die Dachlatten dicker als die Gratschalung, muss diese durch Futterhölzer unterlegt werden. Die Dachlatten werden an die Kantenfläche der Gratschalung angeschmiegt und dort mit einem Drahtstift befestigt. Anschließend wird die Gratschalung mit einer Vordeckbahn eingedeckt.

Die Deckgebinde müssen von den Ortsteinen etwa 10 cm überdeckt und dementsprechend auf der Gratschalung nach Schnurschlag ausgespitzt werden. Die unter dem Ortstein liegende Kante der Gratausspitzer muss mit Hieb von oben behauen und unten gut abgerundet werden. Dadurch wird bis an die Ausspitzerkante vordringendes Wasser auf den darunter befindlichen Schiefer abgeleitet.

Für die Zurichtung der Strackortsteine eignen sich zum Beispiel Rechteckschiefer 40 × 20 cm oder Rohschiefer (Zubehörformate) für Ort- oder Kehlsteine. Die auf dem Dach freiliegenden Ecken der Strackortsteine können unter 45° gestutzt oder abgerundet werden. Auch die obere Außenecke der Strackortsteine muss etwas gestutzt werden, damit diese kein Wasser einleiten kann.

Strackortsteine werden je nach Dachneigung mit einer Überdeckung von 8 bis 12 cm verlegt und mit drei bis vier genügend langen Schiefernägeln oder Schieferstiften versetzt genagelt. Zusätzliche Blanknagelung ist nachteilig. Es ist zu empfehlen, beiderseits der Gratlinie an der Außenkante jeder Dachfläche eine Leiste anzuheften, damit die Ortsteine, ohne nach außen zu kippen, gut liegen.

Nach Möglichkeit wird zuerst das überstehende Ort gedeckt, damit die Ortsteine der Gegenseite dicht schließend gegen den Überstand angearbeitet werden können.

7.2 Gratdeckung mit stehenden Ortsteinen

Bei dieser, besonders in den Landschaften der Maas und Ardennen praktizierten Ausführung wird im Bereich der Gratdeckung ein Verband mit unregelmäßigem Fugenversatz erzielt (Abbildungen 7.2 bis 7.4).

Das Ort wird als Gleichort gedeckt; alle Ortsteine einer Gratdeckung haben das gleiche Format und die gleiche Breite. Bei Hakenbefestigung der Rechteckschiefer müssen die Ortsteine zusätzlich genagelt werden.

Vor Beginn der Gratdeckung wird aus einem der für die Dachfläche bereitstehenden Rechteckschiefer eine Schab-

7.1 Am Grat ist das aufgelegte Ort eine problemlose, wirtschaftliche und deshalb bevorzugte Deckungsvariante.

lone für die Zurichtung der Ortsteine angefertigt. Dafür maßgebend ist die Neigung des Grates zur Waagerechten beziehungsweise Gebindelinie, also nicht die Neigung des Grates zur Gratgrundlinie! Beim Abtragen der Gratschmiege auf den Maßstein muss diese je nach Steinbreite und Gratneigung eventuell etwas nach außen verlagert werden, damit die Gratschmiege nicht in einer Spitze ausläuft. Es müssen an der oberen Innenecke des Maßsteins mindestens 5 cm stehen bleiben.

Beim Gleichort wird am Anfang und Ende jeder Deckreihe zuerst der Ortstein gedeckt. Die einzelne Deckreihe beginnt oder endet im seitlichen Abstand von einem bis drei Rechteckschiefern neben dem zuvor gedeckten Ortstein. Anschließend muss die zwischen dem Ortstein und dem letzten beziehungsweise ersten Rechteckschiefer verbliebene Lücke in passende Deckbreiten aufgeteilt und durch ein bis zwei Passstücke geschlossen werden. Beim Ausmitteln der Passstücke muss immer der sich im nächsten und übernächsten Gebinde ergebende Fugenschnitt beachtet werden. Ein seitlicher Fugenversatz von mindestens 50 mm zu den Längsfugen der vorherigen und folgenden Deckreihe darf nicht unterschritten werden. In [1] wird auch am Grat Drittelverband gefordert.

Es ist sehr zu empfehlen, für das Anarbeiten der Gebinde an die Ortsteine zusätzlich einige etwas breitere Rechtecker beziehungsweise Zubehörformate bereitzuhalten, damit gegebenenfalls keine zu schmalen Passstücke notwendig werden.

Mitunter wird die Gratdeckung auch dergestalt praktiziert, dass die Grate auf der ganzen Länge zunächst mit je einem Ortstein und einem ganzen Rechteckstein pro Gebinde vorgedeckt werden. Anschließend wird die Dachfläche gedeckt und die Rechtecker an die Gratdeckung angearbeitet.

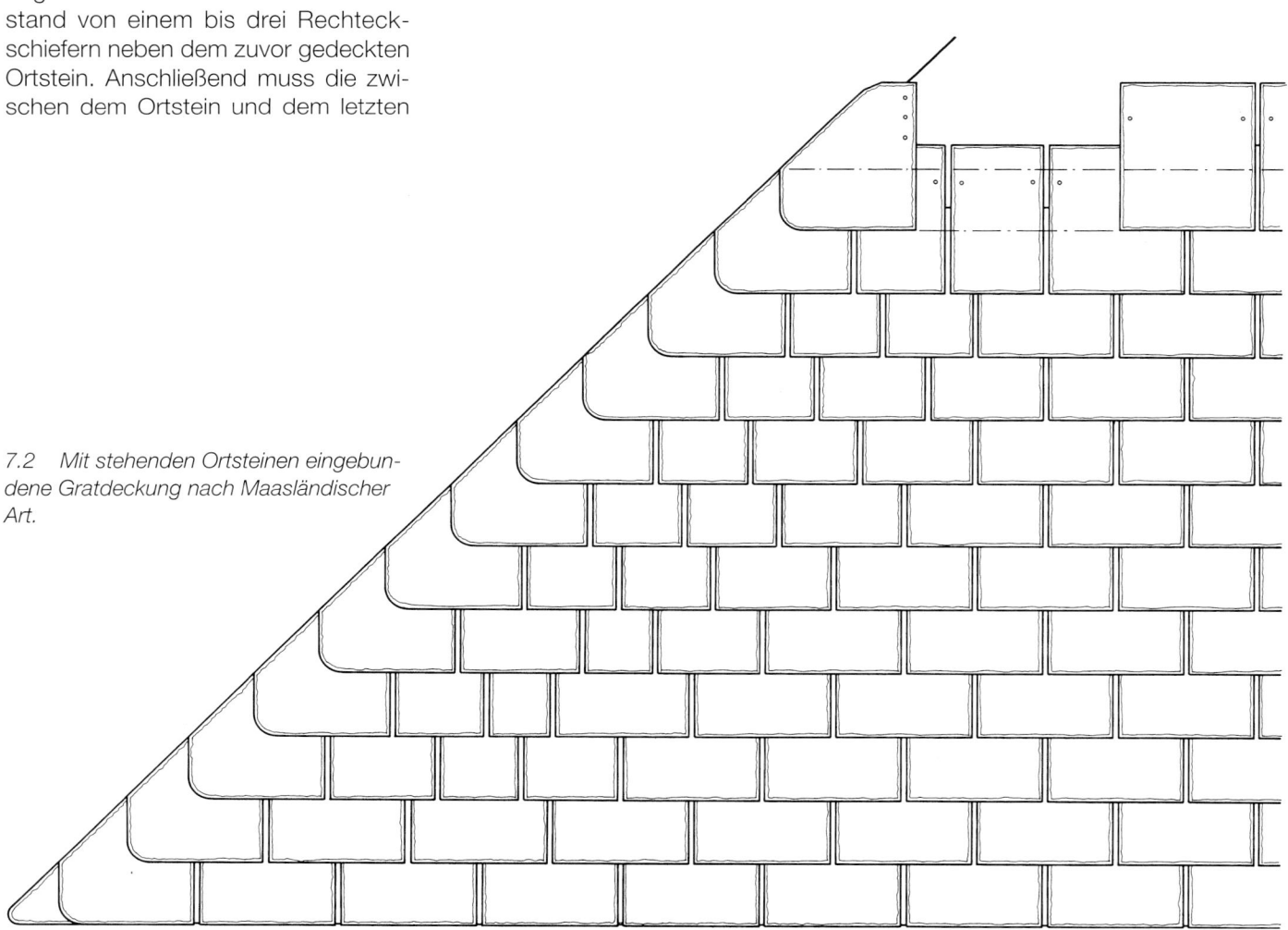

7.2 Mit stehenden Ortsteinen eingebundene Gratdeckung nach Maasländischer Art.

7.3 Eingebundener Nockengrat. Breitenausgleich vor den gleichmäßig breiten Ortsteinen durch schmale oder breite Passstücke.

7.3 Gratdeckung mit Nocken

Wenn ein Überstand der Gratdeckung nicht erwünscht ist, muss die Stoßfuge über der Gratlinie mit Nocken (Winkelbleche) gedichtet werden.

Voraussetzung ist gleiche Dachneigung beziehungsweise gleiche Gebindehöhe beiderseits des Grates. Die Fußlinien der sich am Grat jeweils gegenüberliegenden Gebinde müssen an der Gratkante punktgenau zusammengeführt werden.

Die Gratsteine werden Mitte Grat stumpf gestoßen, wobei auf schnurgeraden Verlauf der Stoßfugen zu achten ist. Die Deckung des eingebundenen Grates einschließlich Ausmitteln der Passstücke ist in Teil II, Kapitel 7.2 beschrieben.

Im Bereich der Gesamtüberdeckung der Gratsteine wird die Stoßfuge mit einer etwa 20 cm breiten, mittig gekanteten Nocke, zum Beispiel aus Bleiblech 2 mm oder aus Kupferblech, überdeckt. In der fertigen Gratdeckung sind die Winkelstücke nicht sichtbar.

Im Vergleich zur Gratdeckung mit Überstand sind Nockengrate sehr material- und arbeitszeitaufwendig. Deswegen werden an dieser Stelle keine weiteren Ausführungsvarianten der Nockengrate vorgestellt.

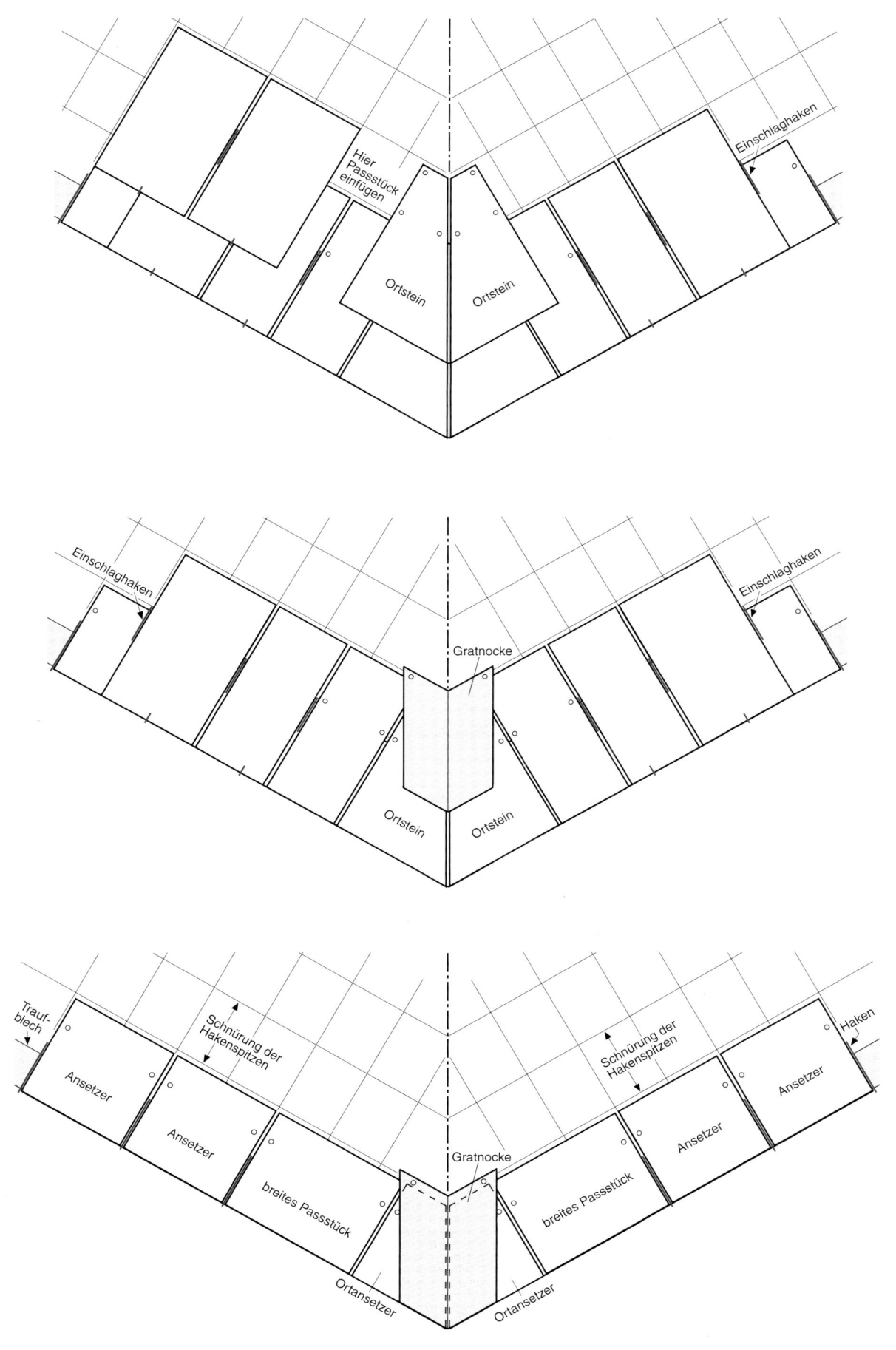

7.4 Praxisbeispiel einer Gratdeckung mit Nocken.

7.5 und 7.6   Eingebundene Gratdeckungen in Luxemburg.

7.7 Gratdeckung mit wechselseitig angeordneter Überstandsfuge.

8 Kehle

Bei der Rechteckdoppeldeckung werden die Kehlen meistens als untergelegte (durchgehende) Blechkehlen oder als Nockenkehle mit Schichtstücken gedeckt. Möglich sind aber auch eingebundene oder untergelegte Schieferkehlen. Da diese selten vorkommen, werden sie hier nicht vorgestellt.

Bei der Ausführung von Kehlen aus Blechen müssen die »Regeln für Metallarbeiten im Dachdeckerhandwerk« [30] und die »Fachregeln für Dachdeckungen mit Schiefer« [1] beachtet werden.

8.1 Untergelegte (durchgehende) Blechkehle

Darunter versteht man die Auskleidung des Kehlwinkels mit mehrmals gekanteten, von der Dachdeckung beiderseits überdeckten Blechen.

Angesichts der viele Jahrzehnte dauernden Haltbarkeit einer fachgerecht ausgeführten Rechteckdoppeldeckung sollte für Kehlbleche nur das langfristig korrosionsbeständige Kupferblech verwendet werden. Die vorzeitige Auswechselung emissionsgeschädigter Kehlbleche aus einer sonst noch intakten Schieferdeckung ist mit großem Aufwand und hohen Kosten verbunden.

Bei Verwendung von Kupferblech muss die Gefahr einer Kontaktkorrosion beachtet werden: Alle in Fließrichtung des

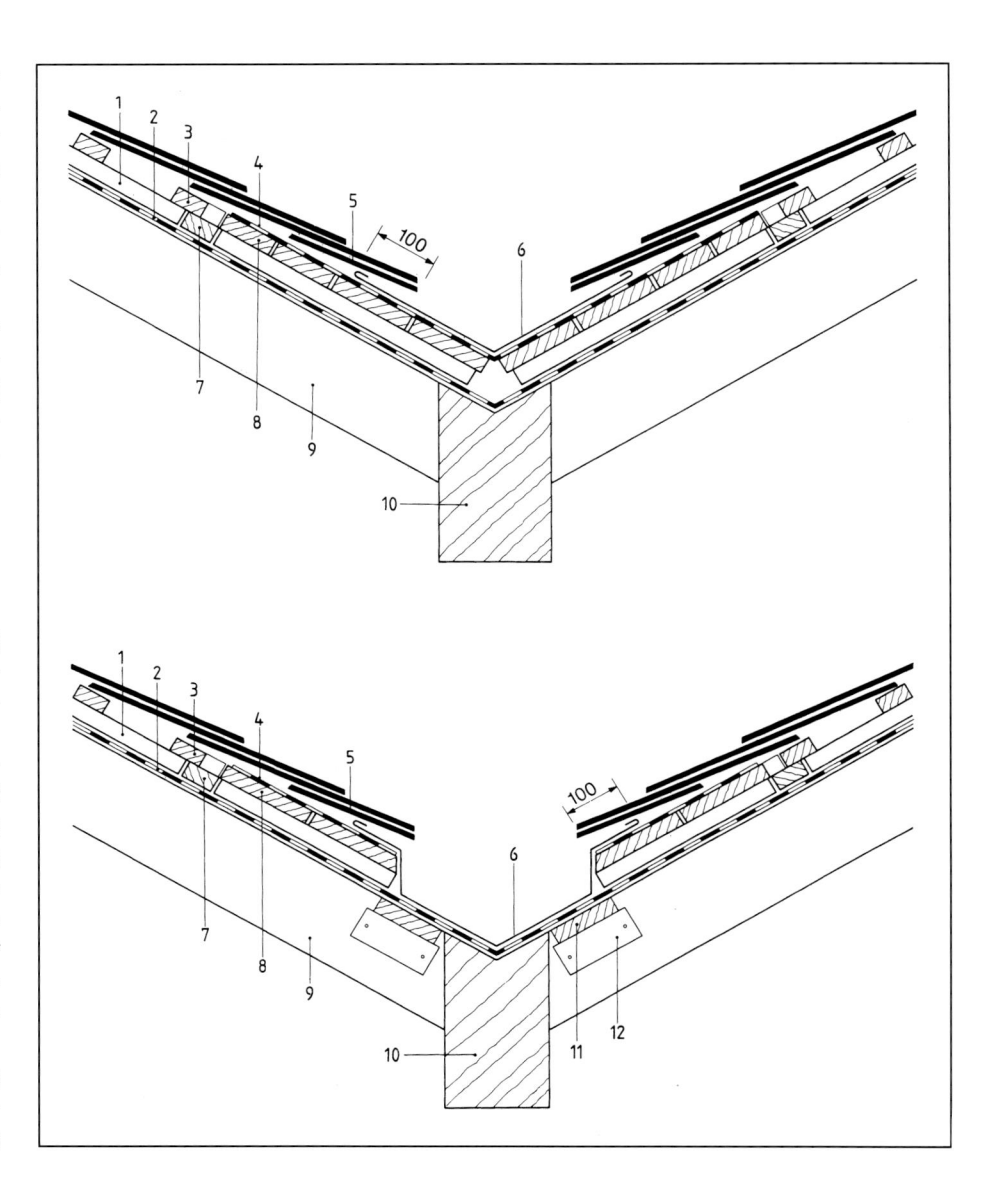

8.1 Untergelegte (durchgehende) Blechkehle mit normal gekanteten Kehlblechen.

8.2 Untergelegte (durchgehende) Blechkehle mit vertieftem Wasserlauf.

1 Konterlatte
2 Unterspannbahn
3 Dachlatte
4 Bitumendachbahn
5 Kehleinspitzer
6 Kehlblech. Am Kopf mit Breitkopfstiften, seitlich mit Hafte befestigt
7 Dachlatte, parallel zur Kehle, als Auflager für die nicht auf einem Schiftersparren endenden Dachlatten
8 Schalung, zwecks Befestigung der Kehleinspitzer breiter als Kehlbleche
9 Kehlschifter
10 Kehlsparren
11 Brett, zwischen Schiftersparren oberflächenbündig eingelassen. Das Brett ist Auflager für die Kehlbleche
12 Lattenstück als Auflager für 11.

8.3 Rechteckdoppeldeckung mit Nockenkehle und eingebundener Gratdeckung.

Regenwassers unterhalb der Kupferbleche angeordneten Metallbauteile, zum Beispiel Dachrinnen und Regenfallrohre, müssen ebenfalls aus Kupfer hergestellt werden. Anschlussverwahrungen aus Bleiblech werden durch Kontaktkorrosion nicht angegriffen.
Bei Rechteckdoppeldeckung auf Dachlatten muss die Kehlschalung auf jeder Dachseite breiter als die Blechkehle sein, damit die Kehleinspitzer der Schieferdeckung solide befestigt werden können.
Möglich ist aber auch die in Frankreich übliche Schalung der am Grat endenden Bereiche der Schifterfelder parallel zum First. Diese Kehlschalung muss an der jeweils schmalsten Stelle mindestens so breit wie die verwendeten Rechteckschiefer sein.
Das Eindecken der Kehlbleche kann durch eine im Vergleich zur Dachlattung etwas dünnere Kehlschalung erleichtert werden. Keinesfalls darf die Kehlschalung mehr auftragen als die Dachlattung.
Die Kehlschalung wird mit einer Trennschicht, zum Beispiel aus Bitumendachbahnen, vorgedeckt.
Für normale Beanspruchung werden die Kehlbleche 400 oder 500 mm breit zugeschnitten. Sie werden nur an ihrer oberen Kante mit Breitkopfstiften be-

8.4 Mit Nocken eingebundene Grat- und Kehldeckung.

festigt. Zusätzlich werden Hafter im Abstand von höchstens 500 mm in die mindestens 15 mm breiten Wasserfalze der Kehlbleche eingehängt und mit Breitkopfstiften genagelt.

Das erste Kehlblech reicht bis an die Vorderkante der Traufbleche, es wird am Traufwinkel mit dem Traufblech verlötet.

Ist auf Steildächern großer Wasseranfall zu erwarten, muss im Bereich der Traufenecke die Wulst der Dachrinne durch ein Schwallblech erhöht werden, damit bei Starkregen das in die Dachrinne einfließende Wasser nicht nach vorn überläuft.

Lose verlegte Kehlbleche müssen bei Kehlneigung ≥ 22° untereinander mindestens 100 mm überdecken. Die obere und untere Kante der Kehlbleche sollte mit der Deckzange leicht angereift werden. Dadurch wird verhindert, dass die Kehlbleche schlüssig aufeinander liegen und sich Wasser in der Überdeckung hochzieht. Am Kehlanfallspunkt werden Kehlbleche aus Kupfer durch eine doppelte, auf die Dachfläche umgelegte Falzverbindung miteinander verbunden.

Bei flach geneigten Dächern ist eine vertiefte Kehle zweckmäßig. Die Vertiefung muss ≥ 20 mm tief und etwa 80 mm breit sein [30]. Bei der vertieften Kehle wird das Wasser daran gehindert, seitwärts unter die Schiefer abzulaufen. Bei größerem Neigungsunterschied der Dachflächen können Kehlbleche mit Steg ein Unterlaufen der flach geneigten Kehlblecheindeckung verhindern.

Die Schieferdeckung muss bei Dachneigung ≥ 22° die Längskanten der Kehlbleche mindestens 100 mm überdecken.

Beim Eindecken der Kehle ist darauf zu achten, dass auch bei den Einspitzern ein funktionssicherer Fugenversatz eingehalten wird. Besonders bei kleineren Rechteckformaten kann es vorkommen, dass Kehleinspitzer kein gutes Lager einnehmen und nicht normal befestigt werden können. Dem muss durch eine der jeweiligen Situation entsprechende Arbeitstechnik, keinesfalls durch Niedertreiben des hinderlichen Falzumschlages entsprochen werden.

Die auf das Kehlblech deckende obere Ecke der Kehlspitzen muss schräg gestutzt werden, da sie anderenfalls Wasser dacheinwärts unter die Deckung leiten kann.

8.2 Nockenkehle

Die Nockenkehle kann bei gleicher Dachneigung mit Schichtstücken (Nocken) zum Beispiel aus Kupferblech oder Bleiblech gedeckt werden.

Erforderlich ist eine Kehlneigung von ≥ 25° und gleiche Gebindehöhe beiderseits der Kehle. Die Schnürung der Gebindelinien muss in Kehlenmitte auf gleicher Höhe punktgenau zusammengeführt werden.

Jedes in Kehlenmitte zusammentreffende Gebindepaar wird mit einer Nocke eingedeckt. Die Nocken müssen mindestens 350 mm breit zugeschnitten und an jeder Seite mindestens 150 mm von der Dachdeckung überdeckt werden. In Kehlenmitte verbleibt eine Abstandfuge für ungehinderten Wasserablauf. Die Nocken erhalten seitlich keinen Wasserfalz.

Die Überdeckung der Schichtstücke untereinander muss bei Dachneigung ≥ 45° mindestens 140 mm, bei Dachneigung < 45° mindestens 160 mm betragen [30].

Die Nocken werden nur am Kopf mit zwei nicht rostenden Breitkopfstiften befestigt.

Anhang 1
Dachreparatur

Schieferdächer stehen im Ruf außerordentlicher Wetterbeständigkeit. Bei fachgerechter Ausführung sind zweckmäßig konstruierte Schieferdächer über Jahrzehnte funktionstüchtig. Ihr stofflicher und ästhetischer Wert ist unbestritten.

Diese Bewertung schließt nicht aus, dass eine Schieferdeckung, auch wenn diese mit Qualitätsschiefer und handwerklicher Sorgfalt hergestellt wurde, gelegentlich einer Reparatur bedarf. Tektonisch bedingte oder mechanisch verursachte Gefügeschäden bei einzelnen Schiefern können die Ursache sein. Dazu im Einzelnen:

1. Ursachen

Dachschiefer ist ein Sedimentgestein geologischen Ursprungs. Seine auf mineralogischem Aufbau und tektonischem Gebirgsdruck beruhenden Eigenschaften sind naturgegeben und können nicht verändert werden.

Unabänderlich sind Störungen im Gefüge einzelner Schiefer, die im Ablauf des geologischen Geschehens verursacht wurden und beispielsweise als Naht den Stein durchsetzen. Viele dieser als Feinstklüftungen zu verstehenden Nähte wurden durch mineralische Füllungen sozusagen verkittet. Ist die Naht derart mineralisiert, dass ihre Wasseraufnahme nur wenig oder gar nicht von der des Schiefers abweicht, so schadet sie kaum. Nicht selten übersteht ein derart nähtiger Schiefer jede mechanische Belastung und alle Witterungseinflüsse.

Anders die offenporige oder nur grobporig mineralisierte Naht, die den Stein nur teilweise durchsetzt. Solche Nähte sind mikroskopisch undicht, sie nehmen Wasser auf; Temperaturextreme oder Biegespannung können den nähtigen Stein sprengen.

Die meisten Schiefer mit offenporiger Naht gelangen nicht in die Deckung. Beim Behauen oder Lochen der Steine, beim Sortieren und schließlich in der Hand des Dachdeckers verraten sie durch scheppernde Geräusche ihren Gefügeschaden und werden aussortiert. Trotzdem ist nicht auszuschließen, dass hin und wieder ein Schiefer mit einer verborgenen Naht aufgenagelt wird, dieser irgendwann zu Bruch geht und eine Reparaturstelle verursacht.

Das Risiko vorzeitiger Reparaturen kann dadurch erheblich reduziert werden, dass jeder Schiefer unmittelbar vor dem Annageln mit dem Schieferhammer abgeläutet wird. Besonders beim Decken von Turmdachflächen oder später schwer zugänglichen Dachverschneidungen sollte auf diese Klangprobe nicht verzichtet werden.

Nicht selten ist raue Arbeitsweise auf den Transportwegen und auf dem Stuhlgerüst ursächlich für Materialbruch. Durch pflegliche Behandlung des Dachschiefers muss verhindert werden, dass zu viele Steine brechen oder mit einer verborgenen Bruchnaht in die Deckung gelangen, wo sie früher oder später, beispielsweise bei Bewegungen der Dachschalung oder durch Frostsprengung, zu Bruch gehen. Folgende Umstände können, besonders bei zu dünn gespaltenen Steinen, einen Gefügeschaden verursachen:

- beim Zurichten oder Sortieren zu hoch aufgetürmte Steine,
- in mehreren Reihen ohne ausreichende Zwischenlage übereinander gestapelte und (oder) nicht senkrecht abgesetzte Steine,
- rau beladene Aufzugbehälter,
- raubeiniges Begehen der Dachleiter, übermäßiges Beladen des Stuhlgerüstes, abgenutzte Stuhlbürsten,
- zu stramm angezogene Schiefernägel, zu kantennahe Lochung,
- in den Deckgebinden, besonders im Bereich von Übersetzungen, Kehlübergängen und Dachhaken, nicht schlüssig aufliegende, beim Nageln verspannte Steine,
- zu dünn gespaltene Steine.

Schadensursächlich sind auch zu feuchte, unter der Schieferdeckung nachtrocknende und sich dabei verformende Dachschalungsbretter. Damit ist zu rechnen, wenn auf frischer Dachschalung sogleich geschiefert wird und die Bretter unter der von der Sonne aufgeheizten Schieferdeckung spontan nachtrocknen. Oder wenn trockene Dachschalung über einem unzureichend durchlüfteten Dachraum und intensiver Neubaubeheizung viel Baufeuchtigkeit durch Wasserdampfdiffusion aufnimmt, dabei quillt und nachfolgend zu schnell trocknet. Die sich bei diesen Vorgängen verformenden Dachschalungsbretter bewirken in der Schieferdeckung Biegespannungen, die bei empfindlich reagierenden Schiefern Materialbruch verursachen können. Gegebenenfalls muss der Beginn der Schieferdeckungsarbeiten so lange aufgeschoben werden, bis die Dachschalungsbretter unter dem Regenschutz der Vordeckbahnen und bei ständiger Durchlüftung des Dachraumes einen ausreichend trockenen Zustand erreicht haben.

2. Ausführung

Steine mit einem bei der Verlegung nicht erkannten Gefügeschaden gehen meistens schon in den ersten zwei bis drei Jahren unter Einwirkung von Frost und Hitze sowie der sich anfangs noch bewegenden Dachkonstruktion und Dachschalung zu Bruch. Danach liegt eine fachgerecht ausgeführte Schieferdeckung meistens über Jahrzehnte störungsfrei.

Deshalb ist zu empfehlen, ein neues Schieferdach nach etwa zwei Jahren inspizieren und fachgerecht ausbessern zu lassen.

Aber auch später ist eine regelmäßige Inspektion des Daches ratsam. Nicht immer meldet sich ein zerbrochener Schiefer durch eine nasse Stelle an der Dachunterseite. Die oft messerscharfen Kanten einer aufgesprungenen Längsnaht leiten das Wasser wie eine von oben behauene Kehlsteinbrust auf den darunter deckenden Stein, so dass es nicht sogleich nach innen abtropft. Besonders auf wenig geneigten Dächern werden in den Nähten aufgesprungene oder im Nageldreieck abgebrochene Steine oft längere Zeit nicht bemerkt, da sie nicht aus den Gebinden herausrutschen.

Bei einem Schieferdach mit wenig geneigten Dachflächen, hoch gelegenen Traufen oder unübersichtlichen Dachverschneidungen empfiehlt sich ein Wartungsvertrag mit einem Dachdeckungsbetrieb. Die vertragliche Vereinbarung periodischer Inspektionen hat auch den Vorteil, dass Anschlussfugen, von Malern nicht erreichbare Holzgesimse sowie bituminöse Gaubendächer unter Kontrolle bleiben. Gleichzeitig können Kehlen und Dachrinnen von Schlamm oder Vegetationsunrat gereinigt werden.

Durch fachgerecht ausgewechselte Steine wird weder das Aussehen der Schieferdeckung noch dessen Regensicherheit beeinträchtigt. Allerdings ist schon manches Schieferdach durch mangelhaft ausgeführte Reparaturen verdorben worden.

Der an einer Reparaturstelle einzubauende Stein muss die gleiche Breite, Höhe und Dicke, insbesondere den gleichen Rückenhieb wie der auszuwechselnde Schiefer haben. Wegen seiner frischen Farbe ist ein gewaltsam ins Gebinde hineingezwängter, plump zugerichteter neuer Reparaturstein besonders auffällig.

Dass eine freiliegende, so genannte Blanknagelung nicht akzeptiert werden kann, bedarf keiner Begründung (siehe Teil I, Kapitel 14). Auch das Befestigen der Reparatursteine mit spachtelförmigen Klebern ist insofern riskant, als dieser die Entwässerung der Seitenüberdeckung behindert oder gar Wasser nach innen ableitet.

Geeignete Befestigungsmittel sind beispielsweise Reparaturhaken für Decksteine und s-förmig gebogener Kupferdraht für Kehlsteine. Die auf die Steinoberfläche umgebogenen Hakenenden werden auf möglichst kurze Länge abgeschnitten und durch Einkerbung der Steinkante mit der Hammerschneide unverschiebbar fixiert.

Anhang 2
Leistungsbeschreibung

Die Vergabe von Bauleistungen geschieht meistens aufgrund eines Angebotes, dem ein Leistungsverzeichnis mit Beschreibung der gewünschten Bauleistungen zugrunde liegt.

Da die Leistungsbeschreibung die einzelnen Teilleistungen hinsichtlich Menge und Ausführungsart definiert, ist sie eine wichtige Unterlage für die Preisberechnung und bei der technischen Abwicklung des Auftrages.

Im Falle der Auftragserteilung wird das Leistungsverzeichnis Bestandteil des Werkvertrages.

Jedes Leistungsverzeichnis muss einleitend eine allgemeine Beschreibung der Bauaufgabe mit Informationen über die Situation der Baustelle und über die zeitliche Abwicklung des Bauauftrages enthalten. *Beispiele:*
- voraussichtlicher Beginn der Dachschalungsarbeiten,
- Dachform, Traufenhöhe, Hauptdachneigung,
- Lage der Baustelle und Zufahrtmöglichkeiten für Lkw sowie Hinweis auf bereits bewohnte oder gewerblich genutzte Räume,
- Auflagen zum Schutz von gärtnerischen Anlagen, öffentlichen Verkehrswegen oder der Nachbarbebauung,
- Möglichkeiten der Mitbenutzung fremder Gerüste, Aufzüge, Aufenthalts- und verschließbarer Lagerräume; gegebenenfalls Hinweis auf Lage und Größe von Flächen für das Lagern und Sortieren des Dachschiefers,
- Auflagen der Denkmalschutzbehörde zur Detaillierung der Schieferdeckung.

Eine allgemeine Baubeschreibung ist besonders dann erforderlich, wenn es dem Bieter wegen frühzeitiger Ausschreibung nicht möglich ist, den Baustellenbereich vor Angebotsabgabe zu besichtigen.

Das Leistungsverzeichnis muss in technisch gleichartige Teilleistungen gegliedert und jede Teilleistung unter einer Ordnungsziffer (Position) aufgeführt und beschrieben werden.

Eine Teilleistung ist eine selbständige, technische und wirtschaftliche Einheit. Als solche ist sie zu beschreiben, zu kalkulieren und abzurechnen.

Das Zusammenfassen von mehreren, sich während der Dachdeckungsarbeiten überschneidenden Leistungen zu so genannten Sammelpositionen, beispielsweise »Dachfläche einschließlich Anfang- und Endorte«, muss vermieden werden. Sammelpositionen vereiteln eine den Aufmaß- und Abrechnungsvorschriften entsprechende Preisberechnung.

Die Reihenfolge der Teilleistungen im Leistungsverzeichnis sollte dem Arbeitsablauf der Dachdeckungsarbeiten vor Ort entsprechen.

Die VOB fordert, die Leistung »eindeutig und so erschöpfend zu beschreiben, dass alle Bewerber die Beschreibung im gleichen Sinne verstehen müssen und ihre Preise sicher und ohne umfangreiche Vorarbeiten berechnen können« [40].

Das Texten einer differenzierten, objektspezifischen Leistungsbeschreibung verlangt vom Ausschreibenden Verständnis für die Arbeitstakte der Dachdeckungsarbeit und angemessene Fachkenntnisse. Eine laienhafte, missverständliche oder nicht objektspezifisch detaillierte Leistungsbeschreibung ist ursächlich für unvorhergesehene Leistungen und Nachforderungen.

Im Falle differenzierter Schieferdeckungsarbeiten, zum Beispiel bei Bauaufgaben der Denkmalpflege, ist eine frühzeitige Beratung des Ausschreibenden oder eine objektspezifische Bearbeitung der Leistungsbeschreibung durch einen in Schieferdeckungsarbeiten versierten, unabhängigen Sachverständigen zu empfehlen.

Mustertexte für Leistungsbeschreibungen, gleich welcher Herkunft, können nur die Standardausführung von Teilleistungen formulieren; die spezifischen Bedingungen und preisbeeinflussenden Umstände der einzelnen Baustelle bleiben verständlicherweise unberücksichtigt.

Wird zum Beispiel eine von der Normalausführung abweichende, jedoch regional übliche Detaillierung gewünscht, so muss dies bereits in der Leistungsbeschreibung unmissverständlich konkretisiert werden.

Bei der Auftragsvergabe nach VOB umfassen alle im Leistungsverzeichnis oder Bauvertrag aufgeführten Leistungen und Einheitspreise »auch die Lieferung der dazugehörigen Stoffe und Bauteile, einschließlich Abladen und Lagern auf der Baustelle« (VOB Teil C DIN 18299, Abschnitt 2.1.1).

Anhang 3
Fachwortverzeichnis

Bei der Planung und Ausführung von Schieferdächern bedienen sich Dachdecker und Schieferindustrie zahlreicher Fachwörter und Fachbegriffe. Von denen sind viele in DIN-Normen und Technischen Regeln eindeutig definiert und gegen ähnliche Begriffe abgegrenzt. Beim Gebrauch dieser offiziellen Vokabel sind Missverständnisse ausgeschlossen.

Anstelle der offiziellen Fachwörter sind bei der Gewinnung und Verarbeitung des Dachschiefers aber auch noch andere, umgangssprachliche Fachwörter gebräuchlich. Da diese oft nur in einzelnen Regionen vorkommen oder niederdeutscher Herkunft sind, wird der Sinn solcher Vokabeln nicht überall gleich verstanden, sondern unterschiedlich ausgelegt. Das kann bei der Abwicklung von Bauaufträgen zu Missverständnissen führen. Fachsprachliches Kulturgut bedarf zwar der Pflege, ist aber im Berufsalltag nur dann relevant, wenn in Einzelfällen ein offizielles Fachwort nicht zur Verfügung steht.

Im nachstehenden Fachwörterverzeichnis sind die bei der Planung und Ausführung von Schieferdächern oft vorkommenden Vokabeln und Begriffe aufgelistet und definiert. Die Ziffern verweisen auf weiterführende Informationen im Buch.

Abstecken
Sicherheitsmaßnahme. Verhindert während der Schieferdeckungsarbeiten das Ablaufen des Regenwassers von den Vordeckbahnen unter das zuletzt gedeckte Decksteingebinde. Zum Abstecken wird die Vordeckung entlang der Decksteinköpfe aufgeschnitten und ein bis auf das Deckgebinde reichender Dachbahnstreifen untergeschoben.

Altdeutsche Deckung
Handwerkliche Dachdeckung aus kleinformatig zugerichteten, 4 bis 6 mm dicken Schieferplatten. Kennzeichen: Unterschiedlich breite Decksteine, dachaufwärts abnehmende Gebindehöhe, Anfang- und Endorte, Schieferkehlen.

Altdeutsche Doppeldeckung
Deckungsbild und Verlegetechnik wie Altdeutsche Deckung. Überdeckung der Decksteine durch das übernächste Gebinde mindestens 2 cm. Ort, Grat, First nur in Einfachdeckung möglich.

Anerkannte Regeln der Technik
In DIN-Normen oder Fachregeln des Handwerks festgelegte Erfahrungen über definierte Arbeitsmethoden und Sachverhalte. Müssen dem jeweiligen Fortschritt angepasst werden. Bedürfen nicht der Schriftform.

Anfangort
Beginn der Deckgebinde. Anfangortgebinde besteht aus Stichstein, Anfangortstein und gegebenenfalls Zwischenstein. Am Grat auch stehendes Anfangort möglich.

Anfangortstein
In einem Anfangortgebinde der längere, decksteinähnliche Schiefer mit rundem oder geschwungenem Rücken. Zurichtung aus Zubehörformaten.

Angehende Kehle
Waagerechte Anschlusskehle vor Wandflächen, zum Beispiel Stirnfläche von Gauben oder Schornsteinköpfen. Etwa vier bis fünf Kehlsteine breit.

Anpassstein
Bei Rechteckdoppeldeckung passgenau zugerichtetes Formstück, zum Beispiel Kehleinspitzer.

Anschlagpunkt
Festpunkt auf der Dachfläche, zum Beispiel Sicherheitsdachhaken mit Öse, zur Befestigung der Absturzsicherung.

Anschlussbleche
Gekantete Winkelstreifen, zum Beispiel aus Bleiblech 1,5 mm, für den Anschluss der Schieferdeckung an angrenzende Wandflächen. Zuschnitt und Überdeckung der Anschlussbleche siehe [1].

Aufkeilrahmen
Zusatzelement für wohngerechten Einbau eines Dachwohnraumfensters. Ermöglicht bei zu wenig Dachneigung wohngerechte Kopf- und Durchblickhöhen.

Ausgleichslatte
Leiste, mit der ein Abkippen der Fußgebinde, Firstgebinde oder eines Strackortes verhindert und eine gleichmäßige Steinschichtung in den genannten Bereichen erreicht wird.

Ausspitzgebinde
Unter einem Firstgebinde auslaufende Deckgebinde.

Äste
Im Schnittholz (Brett, Latte) verbliebener Teil eines Zweiges. Sortiermerkmale siehe DIN 4074, Teil 1. Einzeläste behindern Schieferdeckungsarbeiten kaum, Astansammlungen dagegen sehr. Lang durchgeschnittene, quer zur Holzfaser sitzende Flügeläste sind bei Dachlatten ein Unfallrisiko.

Bauaufsichtsbehörde
Zuständige (Bau)-Behörde für die Genehmigung, Überwachung und Abnahme baulicher Anlagen, insbesondere für die Einhaltung der in der Landesbauordnung gestellten Anforderungen.

Baumkante
Am Schnittholz (Bretter, Latten) verbliebener Teil der Stammoberfläche. Die Breite einer Baumkante wird schräg gemessen und als Bruchteil der größeren Querschnittseite angegeben (DIN 4074-1).

Bauordnung
In den Bundesländern gesetzlich geregelte Anforderungen an Baumaßnahmen. Soll vorbeugen, damit die öffentliche Sicherheit, die Ordnung, das Leben und die Gesundheit anderer nicht gefährdet werden. Regelt auch das Baugenehmigungsverfahren.

Befestigung
Befestigungsmittel: Schiefernägel oder Schieferstifte feuerverzinkt, Schieferstifte aus nicht rostendem Stahl oder Kupfer mit aufgerautem Schaft.
Anzahl der Befestigungen je Stein: Decksteine ≥ 24 cm Höhe sowie Bogenschnittschablonen, Kehlsteine und Zubehörformate drei Befestigungen. Firststeine mindestens vier Befestigungen, Decksteine < 24 cm Höhe mindestens zwei Befestigungen.
Bei Rechteckdoppeldeckung zwei Schiefernägel oder Schieferstifte je Stein oder ein Klammer- bzw. Einschlaghaken je Stein.

Behauen
Zurichten (Formgebung) des gespaltenen Rohschiefers mit dem Schieferhammer auf der Haubrücke.

Beisetzer
Bei Rechteckdoppeldeckung Ansetzer an der Traufe. Steinhöhe gleich Gebindehöhe plus Höhenüberdeckung.

Beiwerk
Zubehörformate. Im Schieferbergwerk nach Form und Größe sortierter Rohschiefer, z. B. für Fuß, Ort und Kehlen.

Blauer Stein
Haupterzeugnis der Thüringer Schieferindustrie. Hellblau oder dunkelblau. Kaum Schadstoffanteile. Im Vergleich zu kalkhaltigem Schiefer unerreicht farbbeständig und dauerhaft. Hauptgewinnungsort ist Lehesten (Thüringen).

Bogenschnitt
Kreisbogenförmige Abrundung des unteren Rückens von Bogenschnittschablonen für Bogenschnittdeckung.

Bohle
Schnittholz mit einer Dicke bzw. Höhe von d > 40 mm und einer Breite von > 3 d (DIN 4074-1).

Bordenstein
Gebänderter Thüringer Schiefer. Die Bänderung entstand durch Ablagerung von feinstkörnigem Sand auf das tonige Sediment.

Bosch
Ältere Bezeichnung für die Brust des Decksteins.

Breiter Weg
Decksteinformat. Steinhöhe kleiner als Steinbreite.

Brett
Schnittholz mit einer Dicke von höchstens 40 mm und einer Breite von mindestens 80 mm (DIN 4074-1).

Bruch
Bei Kehlsteinen die rund oder kantig behauene Ferse.

Brusthieb
Zurichtung der seitlich überdeckten Steinkante (Brust), zum Beispiel bei Decksteinen, Kehlsteinen, Kehlanschlusssteinen. Erforderlich: Hieb von oben (Kantensplitterung nach unten) oder Sägekante.

Brüstungshöhe
Bauaufsichtlich geforderte Absturzsicherung. Bei Dachwohnraumfenstern zum Beispiel 80 cm bis zum fünften Vollgeschoss.

Dachabdichtung
Wasserdichte Dachhaut aus feuchtigkeitsbeständigen Dachbahnen für Flachdächer. Wasserdichte Naht- und Anschlussverbindungen. Mit Bitumendachbahnen oder Bitumenschweißbahnen mehrlagig, mit Kunststoffbahnen auch einlagig.

Dachbruch
Dachneigungswechsel, zum Beispiel Dachknick beim Mansarddach oder Leistbruch beim Dach mit Aufschieblingen.

Dachfenster
Zwischen den Sparren, in die Dachdeckung eingebautes Fenster zur Belichtung nicht ausgebauter Dachräume oder zum Dachausstieg. Lichtöffnung etwa 40 × 60 cm.

Dachhaken
Siehe Sicherheitsdachhaken.

Dachinnenschale
Beim Zweischalendach die unterhalb des Lüftungsraumes angeordneten Baustoffschichten, zum Beispiel raumseitige Sparrenbekleidung, Dampfsperre, Wärmedämmschicht.

Dachlattung
Bevorzugte Deckunterlage bei Klammerbefestigung von Rechteckschiefern. Dachlattenquerschnitt 24/48 mm oder 30/50 mm, bei Nagelbefestigung mindestens 40/60 mm. Gütebedingungen gemäß DIN 4074-1.

Dachneigung
Gefälle einer Dachfläche. Dachneigungswinkel wird ausgedrückt in Grad [°] oder Prozent [%]. Eine dem jeweiligen Sparrengrundmaß angemessene Dachneigung ist Voraussetzung für eine auf Dauer funktionssichere Dachdeckung. Siehe Mindestdachneigung und Regeldachneigung.

Dachrinne
Bevorzugt wird außen liegende, vorgehängte Rinne mit halbrunder oder kastenförmiger Querschnittsform. Verlegung auf schalungsbündig eingelassene Rinnenhalter. Anschluss an die Dachfläche durch Traufbleche (Rinneneinhang).

Dachschalung
Deckunterlage aus ungehobelten, parallel besäumten Brettern aus Fichtenholz gemäß DIN 4074-1, Sortierklasse S 10 oder MS 10. Nenndicke mindestens 24 mm. Erforderliche Brettbreite für Schieferdeckung mindestens 12 cm [1]. Siehe Brett.

Dachtiefe
Unbestimmte Bezeichnung für Sparrengrundmaß. Auf der Dachgrundfläche gemessene Entfernung zwischen First und Traufe einer Dachfläche.

Dampfsperre
Sperrschicht aus Bitumen- oder Kunststoffbahnen. Verhindert Diffusion des Wasserdampfes in tauwassergefährdete Bereiche der Dachkonstruktion. Verlegung auf der Raumseite der Wärmedämmschicht.

Deckgebinde
In Reihe nebeneinander verlegte Decksteine.

Deckgebindelinie
Fußlinie eines Deckgebindes.

Deckhammer
Schieferhammer. Werkzeug des Dachdeckers zum Behauen, Lochen und Befestigen der Schiefersteine.

Deckrichtung
Verlegerichtung. Rechtsdeckung von links nach rechts mit rechten Decksteinen; Linksdeckung von rechts nach links mit linken Decksteinen. Im Normalfall Rechtsdeckung. Erhöhter Schlagregenschutz durch Rechts- und/oder Linksdeckung.

Deckstein
Deckelement für Altdeutsche Deckung. Wird in drei Formaten (stumpfer, normaler, scharfer Hieb) gehandelt. Zurichtung im Schieferbergwerk. Steindicke 4 bis 6 mm. Decksteine für Altdeutsche Doppeldeckung nur im normalen Hieb.

Decksteinsortierung
Klassierung der unterschiedlich großen Decksteine im Schieferbergwerk gemäß handelsüblicher Sortierungstabelle. Nennmaß der Decksteingröße ist die an der Decksteinferse rechtwinklig zum Fuß gemessene Höhe des Decksteins.

Diffusionsäquivalente Luftschichtdicke
Feuchteschutztechnischer Kennwert. Das Produkt aus der dimensionslosen Wasserdampf-Diffusionswiderstandszahl [µ] und Dicke der jeweiligen Stoffschicht [m]. Formelzeichen S_d, Einheit m.

DIN-Normen
Technische Regelwerke des Deutschen Instituts für Normung, Berlin. Beweisregeln für technisch ordnungsgemäßes Handeln.

Doppeldeckung
Steinverband mit Höhenüberdeckung der Steine von mehr als der Hälfte der Steinhöhe. Siehe Altdeutsche Doppeldeckung und Rechteckdoppeldeckung.

Doppelort
Abschluss eines Deckgebindes durch einen kleinen und großen Doppelortstein. Zurichtung aus Zubehörformaten.

Drittelüberdeckung
Höhenüberdeckung ein Drittel der Höhe von Decksteinen und Bogenschnittschablonen. Bei Verwendung zweckmäßiger Decksteinhöhen uneingeschränkt funktionssicher.

Eckfußstein
An der Traufe der größte Fußstein des ersten und der letzte Fußstein des letzten Fußgebindes. Zurichtung aus Rohschiefer.

Einbaumaße
Für Dachwohnraumfenster ab Oberkante Fußboden senkrecht gemessen: Oberkante Fenster mindestens 200 cm, Unterkante Fensterbrüstung etwa 90 cm bei Obenbedienung beziehungsweise 120 cm bei Untenbedienung.

Einfäller
Anschlussstein am Kehlgebindeanfang bei gleicher Deckrichtung der Kehl- und Deckgebinde. Höhenüberdeckung an der Brust ein Drittel mehr als im jeweiligen Deckgebinde. Zurichtung aus Rohschiefer.

Einfällerkehle
Schieferkehle, deren Kehlgebinde vom Einfäller ausgehen. Beispiele: Rechte Kehle bei Rechtsdeckung der Dachfläche links beziehungsweise linke Kehle bei Linksdeckung der Dachfläche rechts.

Eingehende Wangenkehle
Mit Kehlsteinen gedeckter Anschluss der Deckgebinde an eine seitlich angrenzende, geschalte Wandfläche oder Gaubenwange. Die Kehlgebinde werden mit sieben bis acht Kehlsteinen von der Dachfläche zur Senkrechtfläche gedeckt. Bei jeder für Schieferdeckung geeigneten Dachneigung funktionssicher.

Eingehendes Kragengebinde
Mit Kehlsteinen gedeckter Abschluss einer eingehenden Wangenkehle. Deckrichtung von der Dachfläche zum Firstgebinde der Gaubenwange.

Eingespitzter Fuß
Auf einem waagerechten Traufengebinde aus Decksteinen, ohne Verwendung von Fuß- und Gebindesteinen angesetzte Deckgebinde. Oft bei Deutscher Deckung mit Bogenschnitt.

Einhüftige Kehle
Hauptkehle zwischen Dachflächen mit unterschiedlicher Neigung.

Einschlaghaken
Befestigungsmittel für Rechteckschiefer aus nicht rostendem Stahl, Werkstoff-Nr. 1.4571 oder Kupfer. Hakenlänge: Höhenüberdeckung plus 1 cm.

Endort
Mit Doppelort- oder Endstichortgebinden gedeckter Abschluss der Deckgebinde am Giebelortgang oder Grat.

Endstichort
Abschluss der Deckgebinde am Giebelortgang oder Grat mit je einem Stichstein und einem Endstichortstein mit rundem oder geschwungenem Rücken. Zurichtung der Endstichortsteine aus Rohschiefer (Zubehörformate) für Anfangortsteine.

Fallender First
Nach vorn geneigter First, zum Beispiel einer Spitzgaube.

Fassade
Äußeres Erscheinungsbild einer Außenwand.

Ferse
Beim behauenen Stein, zum Beispiel Deckstein, der Schnittpunkt von Rücken und Fuß.

Feuchteschutz
Maßnahmen zum Schutz der Bausubstanz gegen Schäden durch Niederschläge und Tauwasser. Bedingungen: Funktionssichere Dachdeckung, ausreichende Wärmedämmung, Luftdichtheitsschicht.

Firstgebinde
Mit der Firstlinie gleichlaufendes Gebinde aus rechten oder linken, decksteinähnlichen Firststeinen und einem Schlussstein. Das luvseitige Firstgebinde überragt das der Gegenseite um etwa 5 cm.

Firstbleche
Abdeckung einer ohne Überstand hergestellten Firstdeckung durch sattelförmig gekantete Zink- oder Kupferbleche. Üblich in Ostdeutschland.

Flachdach
Umgangssprachlicher, nicht eindeutig definierter Begriff, da »flach« relativ. Wird meistens auf Dächer bis zu 10° Gefälle mit Dachabdichtung bezogen.

Flachdachgaube
Gaube mit einem 5 bis etwa 15° geneigten Dach und bahnenförmiger Dachabdichtung oder Metalldeckung, zum Beispiel Doppelstehfalzdeckung aus Kupferblechen.

Flach geneigtes Dach
Umgangssprachlicher, nicht eindeutig definierter Begriff. Wird meistens auf Dächer mit Neigung < 30° bezogen.

Fledermausgaube
Geschweifte Gaube mit einem aus drei Segmentbogen konstruierten Stirnbogen. Für Schieferdächer nur geeignet, wenn die Scheitellinie des Gaubensattels mindestens 25° nach vorn geneigt ist.

Fliehende Kehle
Siehe »ausgehende Wangenkehle«.

Föttche
Ältere niederdeutsche Bezeichnung für die Ferse des Decksteins.

Fugenversatz
Grundregel bei Rechteckdoppeldeckung. Im Normalfall regelmäßig eine halbe Steinbreite.

Fußgebinde
Aus Fußsteinen und Gebindestein bestehendes Gebinde längs der Traufe, zum Ansetzen eines Decksteingebindes.

Gattieren
Sortieren von Decksteinen nach Höhe.

Gattungshöhe
Gleichbedeutend mit Decksteinhöhe.

Gaubenscheitel
Bei Fledermausgauben die vom Stirnrahmen zur Hauptdachfläche mittig über der Gaubenwölbung verlaufende Linie.

Gebindesteigung
Steigungswinkel der Deckgebinde zur Waagerechten (Traufe). Bemessungsgröße für Mindeststeigung ist die Dachneigung, für Höchstgebindesteigung das Decksteinformat.

Gebindestein
Ansetzstein am Ende eines Fußgebindes. Auf dem Gebindestein wird einerseits der erste Deckstein eines Deckgebindes und andererseits der erste Fußstein des folgenden Fußgebindes angesetzt.

Geschweifte Schleppgaube
Schleppgaube mit geschweiften Wangen und ebenflächigem, mindestens 25° geneigtem Dach. Ein- oder ausgehende Wangenkehlen. Gaubendach mit beiderseits überstehender Ortdeckung.

Giebelortgang
Seitlicher Abschluss einer Dachfläche bei Pult- oder Satteldächern. Konstruktionsbeispiel: Über Giebelwand vorkragende Dachschalung, Hängebrett, Windfeder, überstehende Ortdeckung. Möglich auch mit mehrfach gekanteten, beweglich befestigten Blechformteilen.

Gleichhüftige Kehle
Hauptkehle zwischen Dachflächen gleicher Neigung.

Grat
Schnittkante von zwei Dachflächen eines Walmdaches, die an einer ausspringenden Traufenecke zusammenstoßen. Im Normalfall Eindeckung durch Anfang- und Endorte; bei ungünstiger Dachgeometrie auch Gratdeckung durch aufgelegte Orte.

Gratanfallpunkt
Schnittpunkt der Gratlinien mit dem Endpunkt einer Firstlinie.

Gratgrundlinie
Projektion des Grates im Dachgrundriss. Bei gleicher Dachneigung die Winkelhalbierende der ausspringenden Traufenecke.

Gratschifter
Zwischen Traufe und Gratsparren angeordneter Sparren mit ebener Schmiegenfläche.

Harte Bedachung
Gegen Flugfeuer und strahlende Wärme widerstandsfähige Dachdeckung. Anforderungen in DIN 4102-7.

Haubrücke
Werkzeug des Dachdeckers zum Behauen des Dachschiefers mit dem Schieferhammer (Deckhammer). Besteht aus gebogenem Flacheisen (Rücken) mit gebogener Einschlagspitze.

Hauptkehle
An einer einspringenden Gebäudeecke zwischen zwei Dachflächen gebildete Kehle.

Hauptwindrichtung
Überwiegende Richtung des Schlagregens. Zu berücksichtigen bei einseitig überstehender Grat- und Firstdeckung sowie bei der Deckrichtung von Bogenschnittschablonen.

Hechtgaube
Schleppgaube mit geschweiften Wangen.

Herzkehle
Kehldeckung bei gleicher Neigung der angrenzenden Dachflächen. Benannt nach den über der Kehllinie deckenden Herzwassersteinen. Von diesen ausgehend verlaufen die Kehlgebinde mit rechten und linken Kehlsteinen zu den Dachflächen. Auch als untergelegte Kehle möglich.

Hieb von oben
Durch Behauen eines Schiefers an dessen Unterseite entstehende Absplitterung der Steinkante (Bruchkante). Bewirkt schadlose Ableitung des bis dahin vordringenden Wassers. Erforderlich bei allen seitlich überdeckten Steinkanten.

Hieb von unten
Bei behauenen Steinen die nach außen weisende Kantenabsplitterung. Wird angewendet bei allen nach der Verlegung auf dem Dach sichtbaren Steinkanten.

Höhenüberdeckung
An der Höhenmesslinie gemessener Abstand zwischen Höhenüberdeckungslinie (Gebindelinie) und Decksteinkopf.

Höhenüberdeckungslinie
Beim Deckstein die im Abstand der Höhenüberdeckung parallel zum Kopf abgetragene Linie. Entspricht der Deckgebindelinie bzw. Fußlinie des Deckgebindes.

Holzfeuchte
In den Zellen des Holzes gebundenes Wasser, ausgedrückt in Prozent einer darrtrockenen Holzprobe. Abgrenzung der mittleren Holzfeuchte von Schnittholz nach DIN 4074:
Frisch: über 30 %
Halbtrocken: über 20 % und höchstens 30 %
Trocken: bis 20 %.

Kantenfläche
Schmalseite bei Brettern, Bohlen und Latten.

Kantholz
Schnittholz mit quadratischem oder rechteckigem Querschnitt. Breite mehr als 40 mm, Dicke bzw. Höhe höchstens 120 mm (DIN 4074-1).

Kapillarität
Durch Adhäsions- und Kohäsionskräfte bewirktes Aufsteigen von Flüssigkeiten in Kapillare (Haarröhrchen). Vergleichbar das Hochkriechen des Wassers in die Überdeckung von schlüssig aufeinander liegenden Schiefern mit glatter Oberfläche.

Kehlanschlusssteine
Wasserstein und Einfäller für den Anfang sowie Wasserstein, Schwärmer oder decksteinähnlicher Übergangsstein für das Ende des Kehlgebindes.

Kehlgebindesteigung
Richtung der Kehlgebindelinie. Bei eingehender Wangenkehle: auf der Einfällerseite maximal wie Deckgebinde, auf der Wassersteinseite mindestens rechtwinklig zur Kehle. Bei ausgehender Wangenkehle: etwa 30 bis 45° zur Waagerechten. Bei linker Hauptkehle: mindestens rechtwinklig zum Kehlbrett. Bei rechter Hauptkehle: nach Maßgabe des jeweiligen Kehlverbandes.

Kehlgrundlinie
Projektion des Kehlsparrens im Dachgrundriss. Bei gleicher Dachneigung die Winkelhalbierende der einspringenden Traufenecke, unabhängig von deren Winkelgröße.

Kehlklauenschifter
Sparren, der mit einer Klaue auf einem nicht ausgekehlten Kehlsparren aufliegt und sich mit einer Schmiegenfläche seitlich daran anschmiegt.

Kehlschalung
Deckunterlage für Schieferkehlen. Je nach Größe des Kehlwinkels aus etwa 15 cm breitem, vollkantigem Brett und mehreren, 5 bis 10 cm breiten Dreikantleisten. Bei ausgehender Wangenkehle Kehlbrett auch axial konisch.

Kehlschifter
Mit einer ebenen Schmiegenfläche an einen Kehlsparren angeschmiegter Sparren.

Kehlstein
Aus Rohschiefersortierung für Kehlsteine handbehauener, mindestens 13 cm breiter Zubehörstein für Schieferkehlen.
Format: gerader Rücken mit kurzem, rundem oder langem Bruch sowie runder Rücken und runder Bruch. Brusthieb scharfkantig von oben.

Kehlübergang
Anschluss der Kehlgebinde an richtungsgleich weiterzuführende Deckgebinde, zum Beispiel bei rechter Kehle und Rechtsdeckung auf der Dachfläche rechts. Ausbildung des Kehlübergangs mit decksteinähnlichen Kehlanschlusssteinen.

Kette
Streifenförmiges Ornament zur Gliederung einer Wandbekleidung aus Schiefer. Besteht meistens aus mehreren Reihen, in denen unterschiedlich geformte Schablonenschiefer zu einem sich wiederholenden Dekor kombiniert sind.

Klammerhaken
S-förmig gebogenes Befestigungsmittel für Rechteckdoppeldeckung auf Dachlatten. Aus nicht rostendem Stahl, Werkstoff-Nr. 1.4571.

Klangprobe
Abläuten (Abklopfen) eines zugerichteten Schiefers zur Feststellung von Gefügeschäden.

Kopf
Geradlinig verlaufende, die Schieferung rechtwinklig durchschneidende, mit Mineralien belegte Schnittfläche eines Schieferlagers.

Köpfen
Zerteilen eines Schieferblockes von Hand in kleinere Teile entsprechend der im Block vorhandenen Störungslinien. Linksrheinisch wurde das Köpfen Ende der 30er-Jahre durch die Steinsäge ersetzt.

Kragengebinde
Umgangssprachlich Kragen. Mit (kehlsteinähnlichen) Kragensteinen gedeckter Abschluss einer Schieferkehle. Eingehender Kragen verläuft von der Dachfläche zur Gaubenwange, ausgehender Kragen entgegengesetzt. Bei Wangenkehlen ist eingehender Kragen regensicherer und ausführungstechnisch problemloser.

Kurzer Bruch
Geringfügig abgeschrägte (gestutzte) Ferse bei Kehlsteinen mit geradem Rücken. Einst im Sauerland und Thüringen üblich.

Langer Bruch
Auffallend hoch angesetzte Abschrägung der Ferse bei Kehlsteinen mit geradem Rücken. Einst am Mittelrhein üblich. Relevant nur bei breiten Kehlsteinen und niedriger Kehlgebindehöhe.

Länghaken
S-förmiger Haken aus Flachstahl mit geringer Weite zum Aneinanderkoppeln von Dachleitern, zum Beispiel beim Verlegen der Vordeckbahnen senkrecht zur Traufe.

Latte
Schnittholz mit einer Dicke bzw. Höhe ≤ 40 mm und einer Breite < 80 mm. DIN 4074-1.

Lattweite
Bei Schieferdeckung auf Dachlatten der Abstand zwischen zwei Dachlatten, von Oberkante zu Oberkante gemessen.

Laus
Passgenau behauenes Füllstück, mit dem bei nicht korrekter Deckung die Lücke zwischen Decksteinspitze und darunter befindlichem Decksteinrücken geschlossen wird.

Lei, Ley, Lay
Im Mittelrheingebiet mundartlich für Stein oder Fels, unter anderem auch (aber nicht nur) für Schiefer. Sinngemäß stand »Leyen« auch für Decksteine, Leyenkaul für Schiefergrube und Leyendecker für Schieferdecker.

Leistbruch
Siehe Dachbruch.

Linke Kehle
Deckrichtung der Kehlgebinde von rechts nach links. Anwendung, wenn größere oder steilere Seite in Blickrichtung links. Bei Rechtsdeckung der Dachflächen beginnen Kehlgebinde auf Wasserstein, Anschluss an Deckgebinde mittels Schwärmer.

Linkort
Ältere Bezeichnung für Anfangort.

Linksdeckung
Deckrichtung von rechts nach links mit linken Decksteinen oder linken Bogenschnittschablonen.

Lüfterfirst
Holzkonstruktive Ausbildung eines durchgehenden Entlüftungsspaltes auf der Leeseite des Firstes. Auch mit Blechformteilen möglich. Lüfterfirste sind nicht schneedicht.

Mindestdachneigung
Kleinster Neigungswinkel einer Dachfläche oder Teildachfläche, bis zu dem eine Dachdeckung unter normalen Bedingungen regensicher hergestellt werden kann.

Mindestgebindesteigung
Von der Dachneigung abhängiger kleinster Steigungswinkel der Deckgebinde, gemessen in cm auf 100 cm waagerechter Traufe. Kann tabellarisch oder grafisch ermittelt werden.

Mindesthöhenüberdeckung
Bei Decksteinen 29 % der Decksteinhöhe. Bei Decksteinhöhe ≤ 17 cm Höhe mindestens 5 cm.
Bei Bogenschnittschablonen abhängig von der Dachneigung. Bei Kehlsteinen ein Drittel mehr als das Deckgebinde, auf dem das Kehlgebinde angesetzt wird.

Mindestseitenüberdeckung
Bei Decksteinen im normalen Hieb 29 %, im scharfen Hieb 38 % der Decksteinhöhe. Bei Bogenschnittschablonen 9 cm. Bei Kehlsteinen im Regelfall halbe Kehlsteinbreite.

Mittelschifter
Zwischen Walmtraufe und Firstendpunkt angeordneter, an zwei Gratsparren angeschmiegter Sparren.

Nase
Ältere Bezeichnung für Decksteinspitze.

Nebendachfläche
Bei zusammengesetzten Dächern die an einer Kehle angrenzende Dachfläche mit dem kleineren Sparrengrundmaß.

Nocke
Winkelblech (Schichtstück) ohne Falzumschlag für den Anschluss der Deckgebinde an seitlich angrenzende Wandfläche. Seitenüberdeckung der Nocken durch die Ortgebinde 12 bis 15 cm je nach Dachneigung. Höhenüberdeckung der Nocken untereinander mindestens ein Drittel mehr als im anzuschließenden Deckgebinde [1].

Nockenkehle
Verdeckte Metallkehle bei Rechteckdoppeldeckung. Jedes auf einen gemeinsamen Punkt der Kehllinie zusammengeführte Deckgebindepaar ist mit einem Schichtstück (Nocke) aus Zink- oder Kupferblech unterlegt. Erfordert beiderseits gleiche Dachneigung beiderseits der Kehle.

Normaler Hieb
Deckstein mit formatbedingter Seitenüberdeckung von 29 % der Decksteinhöhe. Brustwinkel 74°, Rückenwinkel 125°.

Nummernsteine
In Thüringen und Sachsen die auf der Sortierbank nach Gattungshöhen als Maßsteine ausgebreiteten Decksteine. Die Nummernsteine hatten eine Höhendifferenz von 0,5 bis 1 cm, umgangssprachlich »Strohhalmbreite«.

Oberländer
Ältere Bezeichnung für Doppelort.

Ort
Kurzform für Giebelortgang, Anfang- und Endort.

Orteinspitzer
Rückenseitig beigehauener Deckstein für den Anfang der Deckgebinde ohne Anfangort.

Ortgang
Seitlicher Abschluss der Schieferdeckung. Bei Altdeutscher oder vergleichbarer Deckung durch Anfang- oder Endortgebinde, bei Rechteckdoppeldeckung im Normalfall durch Halbverband mit ganzer und halber Steinbreite.

Ortgangrinne
Mehrteilige, bewegliche Blechkonstruktion am Giebelortgang mit U-för-

mig gekanteter, unter Niveau der Dachdeckung liegender Entwässerungsrinne.

Pultdach
Dachform aus einer geneigten Dachfläche über meistens rechtwinkliger Dachgrundfläche. Dachbegrenzungslinien: Traufe, Giebelortgänge, Pultdachfirst.

Rastnagel
Auflager für eingebauten Dachhaken. Verhindert Bruch des darunter befindlichen Schiefers bei Belastung des Hakens.

Rechte Kehle
Schieferkehle mit Deckrichtung der Kehlgebinde von links nach rechts. Dabei größere oder steilere Dachfläche in Blickrichtung rechts.

Rechtort
Ältere Bezeichnung für Endort.

Rechtsdeckung
Deckrichtung von links nach rechts mit rechten Decksteinen oder rechten Bogenschnittschablonen.

Regeldachneigung
Die untere Dachneigungsgrenze, bei der sich eine Dachdeckung in der Praxis als ausreichend regensicher erwiesen hat [1].

Regensicher
Vom Dachdeckerhandwerk zugesicherter Funktionsumfang einer fachgerechten Dachdeckung. Besagt, dass bei einer fachgerechten Dachdeckung und unter normalen klimatischen und konstruktiven Bedingungen kein fließendes Wasser durch die Überdeckungs- und Anschlussfugen nach innen eindringen wird.

Reis
Historische Bezeichnung für eine Reihe = 2,33 m senkrecht und dicht nebeneinander gestapelter Rohschieferplatten. Ein Reis enthielt etwa 350 bis 380 Steine (in Frankfurt im 17. und 18. Jahrhundert 2,28 m, in Langhecke 10 Fuß = etwa 3 m, im Hunsrück 1857 7 Fuß = 2,20 m).

Reis
Ältere Bezeichnung für Decksteinfuß. Abzuleiten von engl. *rise (rise up)* »aufstehen«. Sinngemäß die Kante, mit der ein Deckstein auf der Gebindelinie aufsteht.

Reislinie
Schnürung der Deckgebindelinie.

Rheinischer Hieb
Nach 1990 Bezeichnung der Thüringer Schieferbrüche für ihre im normalen Hieb gemäß den »Regeln für Deckungen mit Schiefer« zugerichteten Decksteine.

Rohschiefer
Durch Spalten der Rohblöcke zu Platten von 4 bis 6 mm Dicke aufbereiteter Dachschiefer.

Rückenwinkel
An der Decksteinferse von Fuß und Rückenführungslinie gebildete Winkel. Bemessungsgröße für Decksteinkonstruktionen: beim normalen Hieb 125°, beim scharfen Hieb 135°.

Runder Bruch
Abgerundete Kehlsteinferse.

Runder Kehlstein
Breiter Kehlstein mit rundem Rücken und ausholend rundem Bruch. Einst besonders im Großraum Frankfurt verbreitet. Nur für Steildächer und niedrige Gebindehöhe geeignet.

Rußschiefer
In Thüringen auf dem Grundgebirge aufliegender Schiefer. Schwarzer Stein mit hohem Gehalt an fein verteiltem Kohlenstoff und Schwefelkies. Als Dachschiefer unbrauchbar.

Satteldach
Giebeldach aus zwei gleich oder ungleich geneigten Dachflächen mit gleicher oder ungleicher Traufenhöhe über meistens rechtwinkliger Dachgrundfläche. Dachbegrenzungslinien: Traufen, Giebelortgänge, First.

Sattelgaube
Gaube mit Sattel- oder Walmdach, überwiegend für Einzelfenster. Anschluss der Wangen an Dachfläche durch eingehende, bei Dachneigung über 50° auch ausgehende Wangenkehle. Eindeckung der Sattelkehlen wie rechte oder linke Hauptkehlen.

Sattelkehle
Rechte oder linke Schieferkehle zwischen Gaubensattel und Hauptdachfläche. Deckrichtung von der Sattel- zur Hauptdachfläche.

Schablonenschiefer
In vielen Formen und Größen jeweils kongruent zugeschnittene Schiefer. Markteinführung 1840 nach Einführung der Schieferschere durch den Oertelsbruch (Thüringen). Dort zunächst Zuschnitt von Rechteckschablonen. Im Jahre 1844 Entwurf von fünf- und sechseckigen Schablonenschiefern durch Landesbaurat Döbner, Meiningen. Etwa seit 1930 Deutsche Schuppenschablonen im Decksteinformat, etwa seit 1980 Bogenschnittschablonen.

Scharfer Hieb
Funktionssicheres, schönes Decksteinformat. Seitenüberdeckung etwa 38 Prozent der Steinhöhe. Decksteine

meist breiter als vergleichbar hohe im normalen Hieb. Materialaufwand etwa 34 kg/m².

Schieferschere
Auf den Thüringer Schieferbrüchen 1840 eingeführtes Werkzeug zum Zurichten des gespaltenen Rohschiefers von Hand. Bestand aus der Scherenbrücke und dem etwa 65 cm langen, hebelförmigen Drücker mit Handgriff. Brücke und Drücker waren mit je einem 35 cm langen verstellbaren Scherenblatt mit Hohlschliff bestückt.

Schnitt
Haarfeine, geradlinig verlaufende, mit Mineralen besetzte Kluft im Schiefer.

Schnurschlag
Mittels eingefärbter Schnur auf eine Fläche abgetragene Linie, zum Beispiel zur Markierung der Deckgebindelinien oder zur Einteilung einer Fläche in Deckgebinde.

Schornsteinkopf
Teil des Schornsteins über Dach. Bauart durch bauaufsichtliche Vorschriften geregelt. Seitlicher Anschluss an Schieferdachfläche durch eingehende, bei Dachneigung über 50° auch ausgehende Wangenkehlen. Rückseitiger Anschluss an Dachfläche durch Metallkehle.

Schornsteinwangen
Außenwände eines Schornsteins oder einer Schornsteingruppe.

Schoßkehle
Regional für Anschlusskehle (angehende Kehle) vor aufgehenden Bauteilen, zum Beispiel Stirnfläche von Gauben oder Schornsteinköpfen.

Schreiben
Das Abtragen einer Linie, insbesondere der Gebindelinie, per Schnurschlag (Schnürung) oder Anriss mit der Spitze des Schieferhammers entlang einer geraden Latte (Schreiblatte).

Schwärmer
Anschlussstein am Ende der Kehlgebinde, wenn Kehl- und Deckgebinde gegensätzliche Deckrichtung haben. Typisch für linke Kehlen bei Rechtsdeckung der Dachfläche links.

Sedimentation
Abfolge zwischen Abtragung anstehender Gesteine durch Verwitterung oder Erosionen und nachfolgender Ablagerung der feinstklastischen Stoffe nach Transport durch Gletscher, Wind oder Wasser. Ursächlich für die Bildung von Dachschieferlagerstätten.

Seite
Beim Schnittholz, zum Beispiel Brett und Latte, die breiteren Schnittflächen.

Seitenüberdeckung
Bei Decksteinen im normalen Hieb mindestens 29 Prozent, im scharfen Hieb mindestens 38 Prozent der Steinhöhe. Bei Kehlsteinen im Regelfall halbe Steinbreite, bei versetzter Deckung etwa 2 cm mehr als halbe Steinbreite.

Sicherheitsdachhaken
Festpunkt auf der Dachfläche zum Einhängen der Dachleiter und Anschlagen des Anseilschutzes. Zugelassen sind nur Sicherheitsdachhaken gemäß der Europäischen Norm EN 517. Diese Norm enthält auch Einbauvorschriften. Eindeckung der Dachhaken auf Blechunterlage oder Rastnagel.

Sortieren
Ordnen (Gattieren) der angelieferten Decksteine nach ihrer Höhe vor Beginn der Schieferdeckungsarbeiten. Sortiermaß meistens Zollstock, regional auch Maßsteine (Nummernsteine).

Sparrengrundmaß
Projektion des Dachsparrens auf der Dachgrundfläche. Umgangssprachlich Grundmaß. Wichtigste Bezugsgröße bei Bewertung der Mindestdachneigung und Steinüberdeckung.

Sperrung
Unregelmäßigkeit in der Planlage der Schieferdeckung. Zeigt sich durch nicht schlüssiges Aufliegen eines Schiefers auf dem anderen. Mögliche Ursachen: Unebene Deckunterlage oder Ausführungsmängel, z. B. Nichtbeachtung der Steindicke; bei Kehldeckung auch unzweckmäßige Kehlschalung.

Spitze
Beim Deckstein der Schnittpunkt von Brust und Fuß.

Spitzgaube
Gaube mit dreieckigem Stirnrahmen zur Belüftung oder Belichtung nicht ausgebauter Dachräume. First waagerecht oder fallend. Deckrichtung der Kehlgebinde von der Gaube zur Hauptdachfläche.

Stehendes Anfangort
Alternative Gratdeckung aus schmalen, rechtwinklig zur Gebindelinie angeordneten Ortsteinen. Problemlösung, wenn herkömmliche Anfangortgebinde objektbedingt nicht gedeckt werden können.

Steildach
In technischen Regeln nicht eindeutig definierter Begriff. Wird meistens auf Dächer mit mindestens 30° Neigung bezogen.

Steindicke
Querschnittabmessung der gespaltenen Schieferplatten, je nach Steingröße 4 bis 6 mm.

Stichort
Endort aus Endortstichstein und Endortstein.

Stichstein
Aus Kehlsteinen oder Materialbruch zugerichteter erster Stein im Anfangortgebinde. Deckt gegen den Rücken des ersten Decksteins im vorherigen Deckgebinde.

Stirnfläche
Vordere Wandfläche einer Gaube oder eines Schornsteinkopfes.

Strackort
Siehe Aufgelegtes Ort.

Strackortstein
Aus Rohschiefer (Zubehörformate) nach Schablone zugerichtetes Deckelement für Aufgelegtes Ort am Grat.

Strossen
Im ehemaligen Thüringer Großtagebau ein terrassenförmiger Absatz von bis zu 12 m Höhe und mindestens 3 m Breite. Abbau von oben nach unten.

Stuhlgerüst
Bei Schieferdeckungsarbeiten auf der Dachfläche aufliegendes, aus Gerüststühlen und Gerüstbohlen bestehendes Arbeitsgerüst. Wird an Seilen aufgehängt und kann, dem Arbeitsfortschritt entsprechend, auf der Dachfläche hochgezogen werden.

Stutzen
Schräger Bruch einer Schieferecke, zum Beispiel bei Rechteckschiefern.

Thüringer Hieb
Von den Thüringer Schieferbrüchen eingeführtes, mit der Schieferschere freihändig zugerichtetes Decksteinformat für Altdeutsche Deckung. Kennzeichen: Wenig gerundeter Rücken, zur Brust hin ansteigender Kopf mit beiderseits schrägen Abschnitten, Brustwinkel etwa 75°, Rückenwinkel etwa 175°.

Traufblech
Rinneneinhang. Wird in den hinteren Falzumschlag der Dachrinne oder in die Federn der Rinnenhalter eingehängt. Reicht etwa 120 bis 150 mm auf die Dachfläche. Schiefer deckt bis Vorderkante Traufbleche.

Traufe
Untere, meistens mit Dachrinne und Traufblech ausgestattete Kante einer Dachfläche. Eindeckung bei Altdeutscher oder vergleichbarer Deckung mit Fuß- und Gebindesteinen; bei Rechteckdoppeldeckung mit Traufsteinen im Rechteckformat (Gebindehöhe plus Höhenüberdeckung).

Überlappung
Bezeichnung für Überdeckung bahnenförmiger oder streifenförmiger Elemente, zum Beispiel Dachbahnen oder Bleche.

Übersetzung
Möglichkeit zur Verwertung aller in einer Liefermenge enthaltenen Decksteinbreiten durch Aufsetzen von zwei schmalen auf einen breiten Deckstein oder von einem breiten auf zwei schmale Decksteine.

Überstand
Über ein Bauteil, zum Beispiel Außenwand oder Dachfläche, vorkragende Ort- oder Firstdeckung.

Ungleichhüftige Kehle
Hauptkehle zwischen Dachflächen mit ungleicher Neigung. Auch Einhüftige Kehle genannt.

Unterdach
Regensichere oder wasserdichte Ebene unterhalb der Dachdeckung. Erweitert deren Funktionsumfang, z.B. bei riskanter Dachneigung. Besteht aus Dachschalung und Dachabdichtung aus Bitumen- oder Kunststoffbahnen mit wasserdichten Nahtverbindungen und Abdichtungsanschlüssen.

Untergelegte Kehle
Kehldeckung aus gekanteten Kehlblechen mit beiderseitigem Wasserfalz. Gegebenenfalls mit vertieftem Wasserlauf oder Mittelsteg. Auch als Schieferkehle möglich. Die Dachdeckung überdeckt jede Seite der Kehle 10 bis 12 cm.

Verfallgrat
Beim zusammengesetzten Walmdach der Grat zwischen den Endpunkten von unterschiedlich hoch gelegenen Firstlinien, zum Beispiel zwischen Anbau- und Hauptdachfirst.

Verschneidelinie
Bei zusammengesetzten Dächern eine unter Neigung verlaufende Linie, an der zwei Dachflächen zusammenstoßen, zum Beispiel Grat, Kehle, Verfallgrat.

Versetzte Kehle
Rechte, gelegentlich auch linke Schieferkehle mit seitlicher Doppeldeckung der Kehlsteine. Dadurch nicht geradlinig verlaufende Kehlsteinrücken.

Vertiefte Kehle
Kehldeckung aus mehrfach gekanteten Kehlblechen mit einem über der Kehllinie tiefer gelegten Entwässerungskanal.

Viertelmethode
Grafisches Verfahren zur Konstruktion der Stirnbogenlinie von Fledermausgauben.

Vordeckung
Eindeckung der Dachschalung mit Bitumenbahnen oder diffusionsoffenen Bahnen. Schützt Dachschalung bis zur Fertigstellung der Schieferdeckung gegen Niederschläge und verhindert später Schnee-Eintrieb in den Dachraum.

Walmdach
Dachform aus trapezförmigen Hauptdachflächen und Walmen.

Wandanschluss
Dichtung der Anschlussfuge zwischen Dachdeckung und angrenzender Wandfläche. Ausführung je nach Wandbaustoff mit Anschlussblechen, Schichtstücken, Wand- oder Wangenkehle.

Wandkehle
Wandanschluss mit Kehlsteinen an nicht geschalte Wandfläche. Kehlgebinde aus 4 bis 5 Kehlsteinen. Anschluss der Kehlgebinde an Wandbaustoff durch Schichtstücke oder Winkelbleche sowie Wandanschlussprofil und Fugendichtung.

Wangen
Seitenflächen einer Gaube. Bekleidung kleinerer Wangen aus durchgedeckten Kehlgebinden der Wangenkehle. Bekleidung größerer Wangen mittels waagerechter Deckgebinde.

Wangenkehle
Anschluss der Deckgebinde mit Kehlsteinen an geschalte Wand oder Gaubenwange. Bevorzugt wird Deckrichtung von der Dachfläche zur Wange (eingehende Wangenkehle). Bei Dachneigung über 50° auch gegensätzliche Deckrichtung möglich (ausgehende oder fliehende Wangenkehle).

Wasserdicht
Funktion einer aus feuchtigkeitsbeständigen Bahnen hergestellten Dachabdichtung. Besagt, dass kein fließendes, stehendes oder rückstauendes Wasser an irgendeiner Stelle des Daches, der Dachränder oder Abdichtungsanschlüsse nach innen eindringen wird. Bei Schieferdeckung wegen offener Deckfugen nicht möglich.

Wasserstein
Anschlussschiefer für den Kehlgebindeanfang bei gegensätzlicher Deckrichtung der Kehl- und Deckgebinde sowie für den Kehlgebindeanschluss mit Wasserstein und Schwärmer bei gleicher Deckrichtung der Kehl- und Deckgebinde. Zurichtung aus Rohschiefer.

Wechselkehle
Schieferkehle aus teils rechten, teils linken Kehlgebinden.

Wohnraumdachfenster
Verbundfenster mit Eindeckrahmen zur Belichtung ausgebauter Dachräume. Erfordert bauphysikalisch richtigen Anschluss der Wärmedämmung, Dampf- und Windsperre. Seitlicher Anschluss der Schieferdeckung an den Eindeckrahmen durch übergreifende Ortgebinde.

Zeltdach
Pyramidenförmiges Dach aus vier Walmen. Bei quadratischer Dachgrundfläche gleiche, bei rechteckiger Dachgrundfläche ungleiche Dachneigung.

Zubehörformate
Im Schieferbergwerk nach Form und Größe sortierter Rohschiefer für Fuß, Ort und Kehlen.

Zusammengesetztes Dach
Durch Verschneidelinien, zum Beispiel Grat, Kehle und Verfallgrat sich darstellende Dachform über gegliedertem Baukörper.

Zweischalendach
Dachsystem mit bewegter Luftschicht (Lüftungsraum) zwischen Wärmedämmung und Dachdeckung. Auf der Raumseite der Wärmedämmschicht fugendichte Dampf- und Windsperre. Die Luftschicht befördert unter definierten Normbedingungen den von innen durch Diffusion und/oder Konvektion in das Dachsystem eindringenden Wasserdampf ins Freie.

Zwischenstein
Zwischen Stichstein und Anfangortstein deckender Schiefer mit Rückenhieb der Anfangortsteine. Verlängert das Anfangortgebinde um je eine Decksteinbreite.

Anhang 4
Literatur

[1] Fachregel für Dachdeckungen mit Schiefer. Hrsg. Zentralverband des Deutschen Dachdeckerhandwerks e.V. Ausgabe September 1999.

[2] DIN 4108-3 »Wärmeschutz im Hochbau. Klimabedingter Feuchteschutz; Anforderungen und Hinweise für Planung und Ausführung«. August 1981.

[3] Merkblatt »Wärmeschutz bei Dächern«. Hrsg. Zentralverband des Deutschen Dachdeckerhandwerks e.V. Ausgabe September 1997.

[4] DIN 4108-2 »Wärmeschutz im Hochbau. Wärmedämmung und Wärmespeicherung; Anforderungen und Hinweise für Planung und Ausführung«. August 1981.

[5] Hinweise Holz und Holzwerkstoffe. Hrsg. Zentralverband des Deutschen Dachdeckerhandwerks e.V. Ausgabe September 1997.

[6] DINV 4108-4 »Wärmeschutz und Energie-Einsparung in Gebäuden; Wärme- und feuchteschutztechnische Kennwerte«. Oktober 1998.

[7] Liersch, K. W.: Belüftete Dach- und Wandkonstruktionen. Band 3: Dächer. Wiesbaden und Berlin 1986.

[8] Schulze, Horst: Hausdächer in Holzbauart. Düsseldorf 1987.

[9] Hinweise zur Lastenermittlung. Hrsg. Zentralverband des Deutschen Dachdeckerhandwerks e.V. Ausgabe September 1997.

[10] Technische Fachinformationen. Hrsg. Ewald Dörken AG. Herdecke 1995.

[11] Merkblatt für Unterdächer, Unterdeckungen und Unterspannungen. Hrsg. Zentralverband des Deutschen Dachdeckerhandwerks e.V. Ausgabe September 1997.

[12] Grundregeln im Deutschen Dachdecker-Handwerk. Ausgabe Mai 1926. Hrsg. Reichsverband des Deutschen Dachdeckerhandwerks. Berlin 1926.

[13] Dauber, Reinhard: Fachregeln für die Schiefereindeckung. In: Deutsches Dachdecker-Handwerk.

[14] Regeln für Deckungen mit Schiefer. Hrsg. Zentralverband des Deutschen Dachdeckerhandwerks e. V. Ausgabe Juli 1977, Nachdruck 1983.

[15] Sterly, Hans-Jürgen: Kehlen im Ziegeldach. 5. Auflage, Köln 1999.

[16] Sangué/Beaulieu: La Couverture en Ardoise. Chambre Syndicale des Ardoisière de l'Ouest. 1969.

[17] Regeln für Deckungen mit Bitumendachschindeln. Hrsg. Zentralverband des Deutschen Dachdeckerhandwerks. Ausgabe 1977/1988, Ziffer 7.1 sowie Regeln für Deckungen mit Bitumenwellplatten. 1983/1988, Ziffer 8.2.

[18] Wanckel: Über Schieferbedachung. Berlin 1868.

[19] Römer: Verhältnis der Dachhöhen bei verschiedenem Deckmaterial. Berlin 1865.

[20] Schmitt, Eduard: Die Hochbau-Constructionen. 2. Band, 4. Heft, 36. Kapitel.

[21] Opderbecke, Adolf: Der Dachdecker und Bauklempner. Leipzig 1901.

[22] DIN 4074-1 »Sortierung von Nadelholz nach der Tragfähigkeit; Nadelschnittholz«. Ausgabe September 1989.

[23] DIN 52183 »Prüfung von Holz; Bestimmung des Feuchtigkeitsgehaltes«. Ausgabe November 1977.

[24] DIN 1052-1 »Holzbauwerke; Berechnung und Ausführung«. Ausgabe April 1988. Änderungen A1 Oktober 1996.

[25] DIN 68800-2 »Holzschutz im Hochbau; Vorbeugende bauliche Maßnahmen«. Mai 1996.

[26] DIN 68 800-3 »Holzschutz; Vorbeugender chemischer Holzschutz«. April 1990.

[27] VOB, Teil C: Allgemeine Technische Vertragsbedingungen für Bauleistungen (ATV); Dachdeckungs- und Dachabdichtungsarbeiten – DIN 18338. Ausgabe Mai 1998.

[28] Rathscheck Schieferbergbau: Fachberater für Schieferverlegetechnik. Mayen 1999.

[29] Prüfzeugnis Nr. H 8114 (Anlage Nr.1) vom 8. 9. 1981 der Universität Karlsruhe; im Auftrag der Firma Ludwig Künzel, Arzberg.

[30] Regeln für Metallarbeiten im Dachdeckerhandwerk. Hrsg. Zentralverband des Deutschen Dachdeckerhandwerks e.V. Ausgabe Februar 1999.

[31] Diese Ziffer ist nicht belegt.

[32] Fachregeln des Klempnerhandwerks. Hrsg. Zentralverband Sanitär Heizung Klima. St. Augustin 1985.

[33] Kupfer im Hochbau. Hrsg. Deutsches Kupfer-Institut e.V. Berlin 1987.

[34] Rheinzink-Anwendung in der Architektur. Hrsg. Rheinzink GmbH. Datteln 1993.

[35] Richtlinien für die Planung und Ausführung von Dächern mit Abdichtung – Flachdachrichtlinien. Hrsg. Zentralverband des Deutschen Dachdeckerhandwerks e.V. Ausgabe Mai 1991.

[36] DIN 18160-1 »Hausschornsteine; Anforderungen, Planung und Ausführung«. Februar 1987.

[37] DIN 5034-1 »Tageslicht in Innenräumen«. Oktober 1999.

[38] Schlenker, Herbert: Die Fachkunde der Bauklempnerei. 8. Auflage Stuttgart 1997.
[39] DIN EN 517 »Vorgefertigte Zubehörteile für Dacheindeckungen – Sicherheitsdachhaken«. Ausgabe August 1995.
[39a] DIN 4426 »Sicherheitseinrichtungen zur Instandhaltung baulicher Anlagen; Absturzsicherungen«. Ausgabe 2000.
[39b] Merkblatt für Sicherheitsdachhaken (ZH 1/21). Hrsg. Hauptverband der gewerblichen Berufsgenossenschaften, Fachausschuss »Bau«. Ausgabe April 1985.
[40] VOB, Teil A: Allgemeine Bestimmungen für die Vergabe von Bauleistungen DIN 1960. Ausgabe Dezember 1992.
[41] VOB, Teil C: Allgemeine Technische Vertragsbedingungen für Bauleistungen (ATV). Allgemeine Regelungen für Bauarbeiten jeder Art – DIN 18299. Ausgabe Juni 1996.
[42] Des Couvertures en ardoises. Paris 1863.
[43] Eternit-Dächer; Eternit Europa Dachplatten; Anwendungstechnik; Teil 2: Doppeldeckung/Waagerechte Deckung. Berlin 1973.
[44] VOB, Teil C: Allgemeine Technische Vertragsbedingungen für Bauleistungen (ATV); Klempnerarbeiten – DIN 18339. Ausgabe Mai 1998.
[45] Grundregeln des Dachdeckerhandwerks. Aufgestellt und herausgegeben vom Zentralverband des Deutschen Dachdeckerhandwerks e.V. Ausgabe 1985/1988. Grundregel für Dachdeckungen, Abdichtungen und Außenwandbekleidungen. Aufgestellt und herausgegeben vom Zentralverband des Deutschen Dachdeckerhandwerks e. V. Ausgabe September 1997.
[46] Brenneke, Wolfang/Folkerts, Heiko/Haferland, Friedrich/Hart, Franz: Dach Atlas; Geneigte Dächer. München 1975.
[47] Schunck, Eberhard/Finke, Thomas/Jenisch, Richard/Oster, Hans Jochen: Dach Atlas; Geneigte Dächer. 2. Auflage München 1996.
[48] Kuhnlein/Wünsche: Dachdeckerarbeiten. 3. Auflage, Berlin 1987.
[49] Anleitung für die Ausbildung von Dachdeckerlehrlingen. 5. Auflage. Hrsg. Zentralverband des Dachdeckerhandwerks.
[50] Jungblut, Nikolaus: Lehr- und Musterbuch über Schieferbedachungen. 3. Auflage.
[51] Hildebrand, Konrad: Die Architektur des Schieferdaches. 2. Auflage.
[52] Zentralverband des Deutschen Dachdeckerhandwerks. Leitfaden für die Altdeutsche Schieferdeckung. Neuwied 1949.
[53] Freckmann, Klaus/Wierschem, Franz: Schiefer; Schutz und Ornament. Köln 1982.
[54] Fingerhut, Paul: Altdeutsche Schieferdeckung; Technik und Gestaltung. Bochum 1958.
[55] ders.: Schiefer regional. Teil 2: Das Dach. In: DDH Das Dachdecker-Handwerk 15/92.
[56] Liersch, Klaus W./Fingerhut, Paul: Europa Dachplatten; Anwendungstechnik; Teil 1: Deutsche Deckung. Berlin 1972.
[57] TGL 117-0051 Blatt 1: Dach- und Wandschiefer; Formen, Abmessungen, Technische Lieferbedingungen. Hrsg. Fachbereich FSB Bauwesen. Ausgabe Mai 1966.
[58] Pfeiffer, Heinz: Fachkunde für den Schieferbergbau. Leipzig 1955.
[59] Otto, F. A.: Das Schieferdach von deutschem Schablonenschiefer. Halle 1885.
[60] Koch, Hugo: Dachdeckungen aus natürlichem Steinmaterial (Schieferdächer). In: Handbuch der Architektur; Die Hochbau-Constructionen. Hrsg. Josef Durm. Stuttgart 1899.
[61] Des Couvertures en ardoises système Hugla. Paris 1864.
[62] Kass, Pierre: Rechteck-Doppeldeckung (Artikelserie). In: DDH Das Dachdecker-Handwerk, Köln 1993/1994.
[63] Getz, Josef: Das holländische Dach und die englische Deckung. In: DDH – Das Dachdecker-Handwerk 14/58.
[64] Fingerhut, Paul: Schieferdächer. 1. Auflage. Köln 1982.
[65] Krämer, Franz: Austragen der Stirn-, Innen- und Kehlbohlen zur geschweiften Schleppgaupe. In: Der Zimmermann 2/80.
[66] Starha, Friedrich: Fachbuch für Dachdecker. Teil II. Wien 1980.
[67] Wärmeschutzverordnung; Verordnung über einen energiesparenden Wärmeschutz bei Gebäuden. August 1994/Januar 1995.
[68] Fath, Friedrich: Ein langer Weg. In: db Deutsche Bauzeitung 12/94.
[69] Schulze, Horst: holzbau handbuch, Reihe 3, Teil 5, Folge 1: Holzschutz – Bauliche Empfehlungen. März 1997. Folge 2: Baulicher Holzschutz. September 1997.
[70] »Diffusionswiderstand von Natur- und Kunstschiefer sowie gefalzten Kupferblechen«. Wilhelm-Klaudnitz-Institut – Fraunhofer-Arbeitsgruppe für Holzforschung: Untersuchungsbericht U 11/52/94.

Anhang 5
Stichwortverzeichnis

A

Altdeutsche Doppeldeckung   153
Anfangort   53 ff.
-gebinde   54
-stein   53
Anschlussbleche   124
-stein   83
Aufgelegtes Ort   65
Aufgelegte Gratdeckung
bei Rechteckdoppeldeckung   174

B

Bahnen, diffusionsoffene   29
Baumkante   26
Behauen   35 f.
–, »auf Lager«   36
Bitumendachbahnen   29
Blechkehle   180
»Breiter Weg«   30
Bruch   32, 76 f.
Brückenblech   50
Brust   33, 76
Brustschmiege   86
Brustwinkel   33

D

Dachhaken   149
–, Eindecken von   150
Dachknick   71
– mit Gesims   71
Dachreparatur   183
Dachrinne   49
Dachschalung   26
Dächer, belüftete   13
Deckgebindehöhe   33
Deckrichtung   41, 73
Deckstein   33, 52
–, Breite des   34
-ferse   44
-größen   40
-höhe   33, 40
-proportionen   30
-sortierung   40
Deutsche Deckung mit Bogenschnitt   156

Doppelort   57
-gebinde   57
-stein   57
Doppelstehfalzdeckung   129
Drittelüberdeckung   44

E

Eckfirststein   70
Eckfußstein   52
Einfäller   38, 84
Einfällerkehle ohne Schwärmer   96
Endort   57
–, am Grat   63
-gebinde   54
-stein   38, 57, 59
Endstichort   59
-gebinde   59
Englische Deckung   163

F

Ferse   33, 76
Fersendurchhang   45
-versatz   44 f.
First   70
-gebinde   70
-steine   70
Flachdachgaube   129
Fledermausgaube   142 ff.
Fuß   76
-gebinde   52
-stein   52

G

Gattungshöhen   38
Gaubendach, Abdichtung des   130
Gaubenwange   115
Gebindelinie   34
Gebindesteigung   46
Gesims   71 f.
Giebelortgang   54, 172
– bei Rechteckdoppeldeckung   172
Gleichort   58
Grat   60

H

Halbverband bei Rechteckdoppeldeckung   163
Haubrücke, gebogene   36
Hauptkehle   73, 80
–, linke   90
Herzkehle   108
–, eingebundene   108 ff.
–, untergelegte   110
Hieb   31 ff.
-folge   37
–, stumpfer   42
–, von oben   36
–, von unten   36
-verlust   32
Höhenmesslinie   33
Höhenüberdeckung   34, 43, 77
–, eines Kehlgebindes   78
Höhenüberdeckungslinie   33
»Hoher Weg«   30

K

Kehle, versetzte   104
–, linke   87
–, rechte   97
Kehldeckung   73
Kehlenverband, regelmäßiger   94
Kehlgebinde   73
Kehlgebindeanfang mit Wasserstein und Endortstein   101
Kehlgebindeanschluss   91
–, durchgedeckter   121
–, regelmäßiger   121
Kehlgebindeanschluss mit Kehlanschlusssteinen   121
– mit Schwärmer   120
– mit Wasserstein und Schwärmer   101, 122
Kehlgebindesteigung   118
Kehlschalung   79, 116
–, Verlegen der   91
Kehlsparrenneigung   74
Kehlsteine   31, 73
–, Lager der   81
–, Verlegen der   81
Kehlsteinformate   76
Kehlverband, unregelmäßiger   90
–, regelmäßiger   94
Kehlwinkel   79
Kopf   76
Kragen, Metallabdeckung des   114

Kragengebinde, ausgehendes   113
–, eingehendes   114
Kragensteine   113

L

Leistungsbeschreibung   185
Linksdeckung   41
Lochen   36, 38

M

Mansarddächer   71
Maßsteine   39
Metallkehlen   180
Mindestdachneigung   21
Mindestgebindesteigung   46
Mindesthöhenüberdeckung   44

N

Neigungsregel   74
Nocken   124
Nockenkehle   181 f.
Normaler Hieb   32, 42
Nummernsteine   39

O

Ortdeckung   54
Ortgang   54
Ortgebinde   54
Ortsteine   31

P

Pfostenbekleidung   152

R

Rechteckdoppeldeckung   163, 180 f.
– auf Dachlatten   181
–, Mindestdachneigung bei   164
–, Steinbefestigung   171
Rechtsdeckung   41
Reparaturgebinde   53

Rinneneisen 49
Rinnenhalter 49
Rohschiefersortierung 31
Rücken 76
Rückenwinkel 33

S

Sattelgaube 117, 139
– mit Walm 139
Sattelkehlen 73 f.
Scharfer Hieb 32, 42
Schichtstücke, seitlicher Anschluss mit 126
Schieferdächer, nicht belüftete 16
Schieferhammer 36
Schieferkehlen 73
Schiefernägel 48
Schieferschraubstifte 48
Schleppdach 131
Schleppgaube 131
–, abgewalmte 134
–, geschweifte 135
– mit eingehenden Wangenkehlen 134
Schlussstein 70, 86
Schnürabstand 33
Schnüren, des Kehlgebindeanfangs 91
Schnürung 92
– des Kehlverbandes 95
Schornsteinkopf 147
Schwärmer 38, 86 ff.
Seitenüberdeckung 34, 42, 77
Sortierbank 39
Sortieren 35, 38
Sparrengrundmaß 22, 74
Spitze 76
Spitzgaube mit fallendem First 141
Stehendes Anfangort 62
Steinbefestigung 48
Steindicke 31
Stichstein 54, 57, 59
Stirnbogenlinie 137, 143
Stirnflächenanschluss 127
– durch Ankehlung 128
– mit Anschlussblechen 127
Stirnflächenbekleidung 147
Stirnrahmenschweifung 137

T

Thüringer Hieb 33, 39
Traufbleche 50
Traufe 49
Traufengebinde 53
Tropfnase 44

U

Überdeckung 42, 169
– bei der Rechteckdoppeldeckung 169
– der Kehlgebinde 78
Übersetzen 67

V

Verbrauchsmenge 32
Viertelmethode 137, 142
Vordeckbahnen 29
Vordeckung 29

W

Wandanschluss 124
– durch eingehende Wandkehle 126
Wandkehle 73, 80
–, Anschluss durch 124
Wangen 137
-bekleidung 115, 122
-gebinde 115
Wangenkehle 73, 80, 133
–, ausgehende 75, 116
–, eingehende 74, 111
Wasserstein 83, 86
Werkstoffaufwand 32
Wohnraumdachfenster 148

Z

Zubehörformate 31, 35
Zurichten 35
Zwischenortsteine 38

Danksagung

Zahlreiche Dachdeckungsbetriebe, Baubehörden und Gebäudeeigner boten im Zuge der Manuskripterstellung die Gelegenheit, Dachbaustellen zu begehen und Schieferdeckungsarbeiten im Detail zu fotografieren. Dies hat zum Informationswert dieser Auflage wesentlich beigetragen. Mein besonderer Dank richtet sich unter anderem an folgende Firmen:

* Davon auch die Fotos 15.2 und 15.10.

Balkenohl, 59872 Freienohl

Gebr. Behrend Dachtechnik, 24306 Plön

H. Blotzki GmbH, 42657 Solingen

Joh. Bollwerk, 46459 Rees

Clasen Schieferdächer GmbH, 25463 Halstenbek

Dachdecker-Fachschule, 56727 Mayen

Reinhard Dauber, Inh. Theo Kaes, 56727 Mayen

Glückauf Dachdecker GmbH, 96515 Sonneberg

Joh. und Baptist Heitger, 56073 Koblenz

H-T-J Bedachung GmbH, 53773 Hennef (Sieg)

W. Josef Krings, 52499 Baesweiler

Lehestener Dachdecker eG, 07349 Lehesten

Ockenfels GmbH, 50321 Brühl*

Prange GmbH, 59929 Brilon

Prein GmbH, 57392 Schmallenberg

Rameil, 57368 Saalhausen

Vieth Asphalt, 49832 Freren